Future CHUKONG 未来书库

Cocos2d-x 学习笔记

完全掌握 JS API 与游戏项目开发

Cocos2d-x Learning Notes：the Definitive Guide to JS API and Game Projects Development

赵志荣 关东升 著
Zhao Zhirong Guan Dongsheng

清華大學出版社
北 京

内 容 简 介

本书系统论述Cocos2d-x JS API游戏编程和开发技术，内容涵盖Cocos2d-x中的核心类、数据结构、瓦片地图、物理引擎和AudioEngine音频引擎等知识。

全书分为16章：本书约定、JavaScript语言基础、Cocos2d-x JS API开发环境搭建、Cocos2d-x引擎、游戏中文字、菜单、精灵、场景与层、动作和动画、用户事件、AudioEngine音频引擎、粒子系统、瓦片地图、物理引擎、Cocos2d-x多分辨率屏幕适配，以及游戏项目实战。

本书适合作为普通高校计算机、动漫设计、数字媒体等相关专业的游戏开发课程的教材，也适合作为手机游戏开发培训机构的培训教材及广大手机游戏开发者的自学参考用书。

图书在版编目(CIP)数据

Cocos2d-x学习笔记：完全掌握JS API与游戏项目开发/赵志荣，关东升著. —北京：清华大学出版社，2016
(未来书库)
ISBN 978-7-302-43047-6

Ⅰ. ①C…　Ⅱ. ①赵…　②关…　Ⅲ. ①移动电话机－游戏程序－JAVA语言－程序设计　②便携式计算机－游戏程序－JAVA语言－程序设计　Ⅳ. ①TN929.53　②TP312　③TP368.32

中国版本图书馆CIP数据核字(2016)第034691号

责任编辑：盛东亮　赵晓宁
封面设计：范华明
责任校对：白　蕾
责任印制：杨　艳

出版发行：清华大学出版社
　网　　址：http://www.tup.com.cn，http://www.wqbook.com
　地　　址：北京清华大学学研大厦A座　　**邮　　编**：100084
　社 总 机：010-62770175　　**邮　　购**：010-62786544
　投稿与读者服务：010-62776969，c-service@tup.tsinghua.edu.cn
　质量反馈：010-62772015，zhiliang@tup.tsinghua.edu.cn
　课件下载：http://www.tup.com.cn，010-62795954
印 刷 者：清华大学印刷厂
装 订 者：三河市新茂装订有限公司
经　　销：全国新华书店
开　　本：186mm×240mm　**印　张**：20.25　**插　页**：1　**字　数**：455千字
版　　次：2016年5月第1版　**印　次**：2016年5月第1次印刷
印　　数：1～2500
定　　价：49.00元

产品编号：068568-01

丛书序

FOREWORD

在策划“未来书库”这套丛书时，我有一个愿望，就是希望在泛 IT 行业知识快速更新的时代，可以为读者提供一套规范、专业、系统的学习资料。我们应该都有这样的体验，在互联网时代，各类学习资料可以用海量来形容，而且更新变化十分快，随之而来的体验是遴选困难、无所适从。为此，我们邀请并组织了业内各个领域的专业人士共同策划出版这套图书。

“未来书库”定位于泛 IT 行业的新技术。力求为广大读者，包括广大高校师生提供一套适应时代需求、符合技术发展潮流的专业书籍。这套书将涵盖计算机技术、互联网技术、移动开发技术、游戏开发技术……从零基础到进阶提升，都有所涉及，适合读者系统学习，并适合作为高校相关课程的教材。

在此要感谢“未来书库”的各位作者，是各位作者的鼎力支持，促成了这套图书的出版。各位作者将自己多年的工作经验和专业知识进行了系统整理，并无私分享。这些作者，很多也都是多年的朋友和同事，在繁忙的工作之余，对于丛书的编写和审校付出了大量的心血，确保了丛书中每一本图书的优良品质。

当然，也要感谢清华大学出版社的各位朋友，正是你们和作者的共同努力，才使得“未来书库”得以持续完成，并以一流的装帧和出版水平呈现给读者。

泛 IT 行业的技术和知识更新很快，除了我们持续进行内容的增加和版本更新以外，我们也非常希望国内外专家、从业者和广大的读者为这套图书建言献策，开发出更多优秀图书产品。同时，也欢迎更多的朋友和同行加入我们的丛书作者行列，共同为广大读者分享开发经验、分享新技术，传道授业。

李志远

触控未来 CEO

序

FOREWORD

经过短短数年的发展，在刚刚过去的 2015，中国移动游戏市场实际销售收入已经达到了 514.6 亿，这个看似疯狂的数字又一次验证了移动游戏市场的飞速增长。虽说这个市场已经变得愈发复杂多样，但不断涌现的现象级产品依然屡次刷新着整个行业的认知。

从 2010 年发布第一个版本开始，Cocos2d-x 很幸运地成为了手游行业飞速发展的见证者，也是一直坚守在行业底层技术领域的支持者。

在过去数年间，基于 Cocos 引擎诞生了大量的标杆产品，直到现在——App Annie 畅销排行前 10 的产品中，Cocos 一直占据着 50％的份额。市场和开发者的认可，是对 Cocos 引擎团队多年来的坚持和专注最好的回馈。

一直以来，Cocos 引擎团队始终秉承开源的精神，致力于为开发者提供更优质的开发体验，带来更高的开发效率。在不断推出的新功能、新工具中，也为众多 Cocos 开发者带来了回报，帮助整个行业产出了更大的价值。

关东升与赵志荣老师合作的这套“Cocos2d-x 学习笔记”系列图书，非常详细地介绍了 Cocos2d-x 所支持的三个语言 C++、Lua 和 JavaScrip 的 API 使用，覆盖了核心类、数据结构、物理引擎、内存管理等各个方面，从编程语言准备、环境搭建开始，到精灵、对象、场景、层等细节以及动作、特效、动画等动态特性的完善和处理，都有很详尽的解释，并通过实战项目进行验证，具有非常高的实用性和参考价值，非常值得阅读。

希望本系列图书可以很好地完成它们的使命，使得教育和游戏产业的结合更加紧密，帮助越来越多的想要加入 Cocos 开发者阵营的新人步入游戏开发者的行列，也为已经深耕在这个行业的众多开发者提供更有价值的参考。

Cocos 引擎创始人

前言

PREFACE

手机游戏产业的发展越来越火热，很多公司推出了自己的游戏引擎，北京触控科技有限公司的 Cocos2d-x 游戏引擎就是其中的佼佼者，它的优势在于实现了"一个平台开发、多个平台发布"。截止到 2016 年初，Cocos2d-x 游戏引擎在全球 199 个国家和地区有超过 40 万开发者使用，已经成为全球使用率最高的手机游戏引擎之一。

为了推动 Cocos2d-x 游戏引擎在我国高校与相关行业的应用与普及，提高相关专业人才培养及游戏产业发展的水平，进一步提高普通高校计算机、动漫设计、数字媒体等专业游戏类课程的教学质量，满足各大高校不断增长的人才培养需求、教学改革与课程改革要求，北京触控科技有限公司与清华大学出版社立项开展了《未来书库》的建设工作。我有幸受触控教育部门之邀，专门为广大高校师生、培训机构及有志于从事 Cocos2d-x 游戏开发的读者撰写此书。

Cocos2d-x 游戏引擎提供了 3 种语言(C++/JavaScript/Lua)的 API，开发者可以根据自己的技术背景选择不同语言。本书专门论述 JavaScript 语言 API，并以游戏项目开发的实例，抛砖引玉，教会读者动手实践。

关于源代码

为了更好地为广大读者提供服务，我们专门为本书建立了一个网站 http://www.51work6.com/book/cocos2.php，大家可以查看相关出版进度，并对书中内容发表评论，提出宝贵意见。

勘误与支持

我们在网站 http://www.51work6.com/book/cocos2.php 中建立了一个勘误专区，及时地把书中的问题、失误和纠正反馈给广大读者。如果您在阅读本书过程中，发现了任何问题，可以在网上留言，可以发送电子邮件到 eorient@sina.com，也可以在新浪微博中与我们联系：@tony_关东升。我们会在第一时间回复您。

本书主要由赵志荣、关东升执笔撰写。此外，智捷课堂的赵浩丞、赵大羽、关锦华也参与了部分内容的编写工作。在此感谢触控教育部门的李志远和清华大学出版社的盛东亮给我们提供了宝贵的意见。感谢我的家人容忍我的忙碌，以及对我的关心和照顾，使我能抽出很多时间，全神贯注地编写此书。

由于时间仓促，书中难免存在不妥之处，请读者提出宝贵意见。

赵志荣　关东升

2016年3月于北京

目录
CONTENTS

第1章 本书约定

当你拿到这本书的时候,你会说:“哇!我应该怎么开始呢?”这一章我们不讨论技术,而是告诉读者本书的一些约定,以及如何使用本书的案例。

1.1 使用实例代码

作为一本介绍编程方面的书,本书中有很多实例代码,我们下载本书代码并解压代码,目录结构如图1-1所示。

code
ch2
ch4
4.2.5
4.2.6
4.4.2
4.4.3
4.5.3
ch5
ch6
6.2
6.3
6.4
ch7
ch8
ch9
ch10
ch11
ch12
ch13
ch14
ch15
ch16
LostRoutes

图1-1 实例代码目录结构

图中的ch4表示第4章代码,在ch目录下一般是各节的内容,例如,4.2.5表示第4.2.5节。在节目录下一般是src和res等目录,其中src是程序代码文件,res是资源文件目录。我们需要将这些目录中的内容复制到Cocos2d-x JS API模板生成工程中,如图1-2所示,使用鼠标把4.2.5(表示第4.2.5节的实例)目录中的所有内容拖曳到工程名目录,覆盖对应的目录和文件。如果发生错误,请先删除对应的目录和文件,然后再复制。

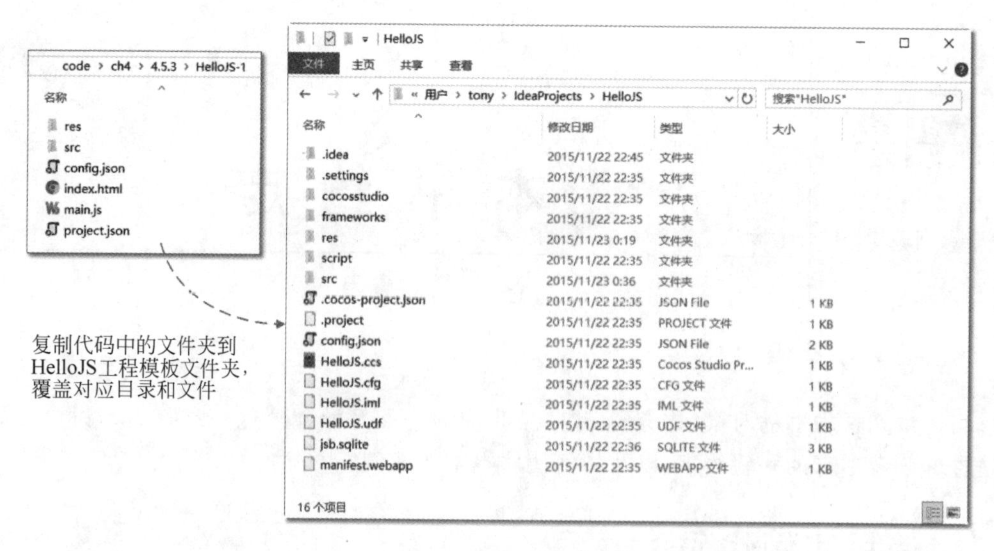

图 1-2　使用实例代码

1.2　图示的约定

为了有效地说明知识点或描述操作，本书添加了很多图示，下面简要说明图示中的一些符号的含义。

1.2.1　图中的箭头

如图 1-3 所示，箭头用于说明用户的动作，一般箭尾是动作开始的地方，箭头指向动作结束的地方。

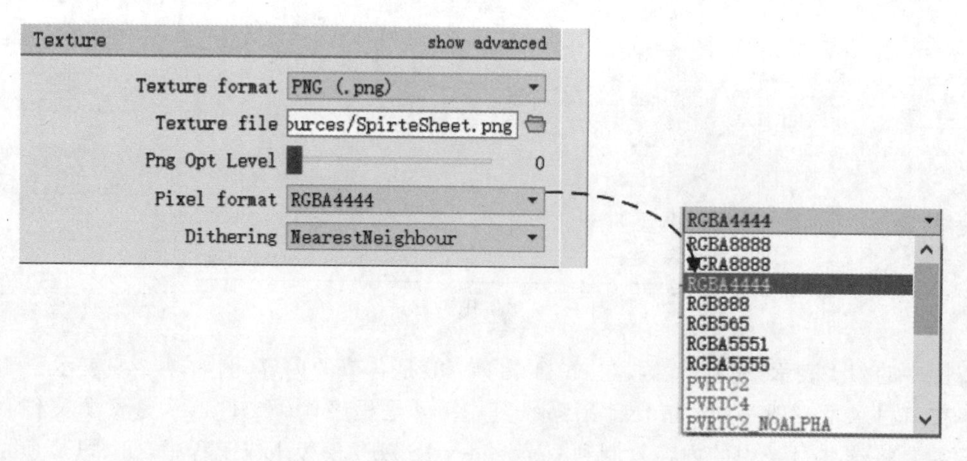

图 1-3　图中的箭头

1.2.2　图中的手势

为了描述操作,我们在图中放置了 等手势符号,这说明单击了该处的按钮,如图 1-4 所示。

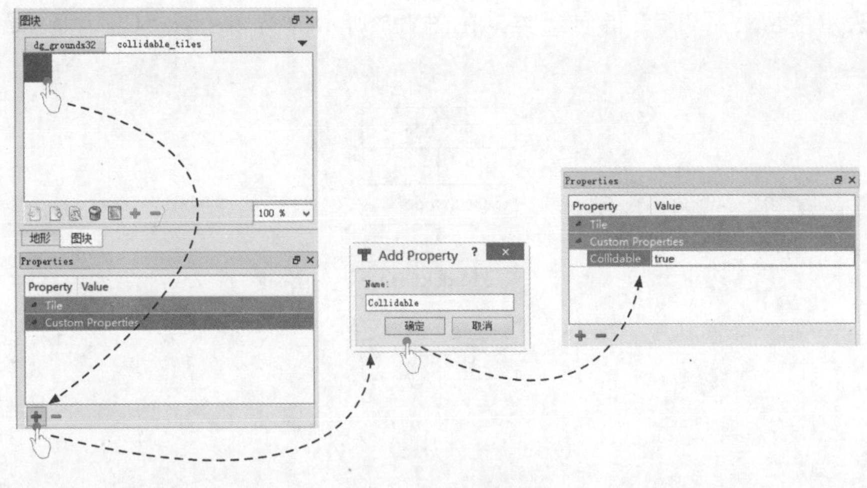

图 1-4　图中的手势

1.2.3　图中的圈框

有时,读者会看到如图 1-5 所示的圈框,其中的内容是选中的要重点说明的内容。

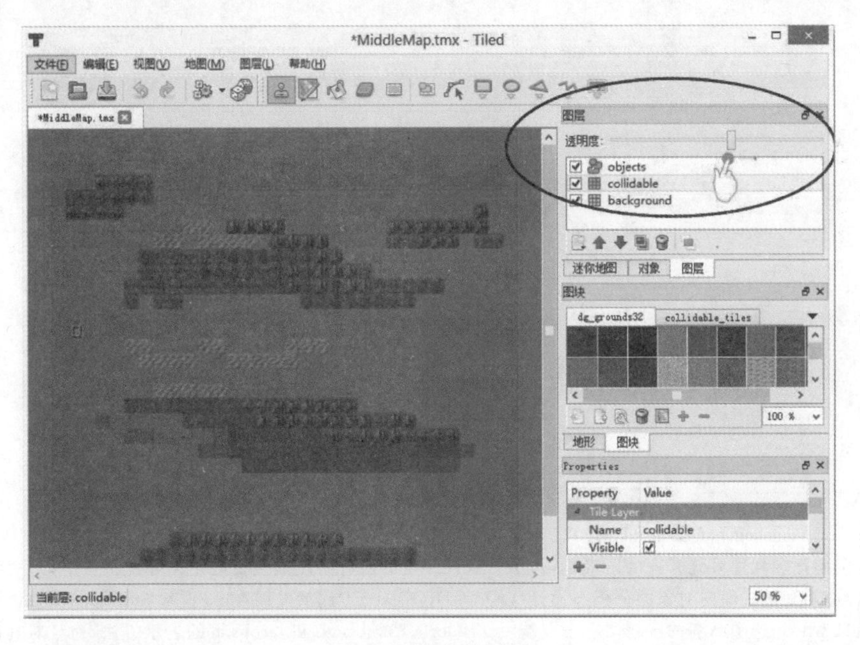

图 1-5　图中的圈框

1.2.4 类图

为了剖析和解释代码，书中还用到了一些 UML① 图，其中使用最多的是类图，它描述了类之间的静态结构，如图 1-6 所示，每个矩形表示一个类，之间的连线是"实线＋空心三角箭头"表示继承关系，箭头指向父类。在图 1-6 所示的类图中，cc. Class 是 cc. Node 的父类。

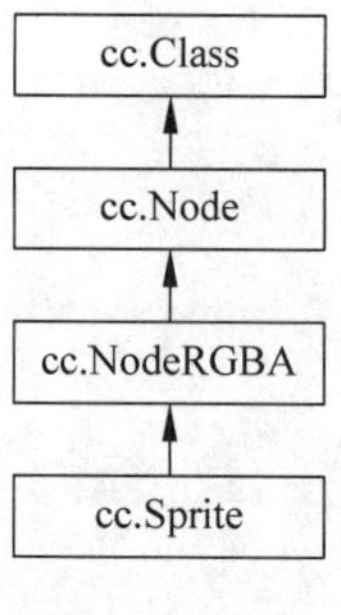

图 1-6　类图

---

① Unified Modeling Language (UML)又称统一建模语言或标准建模语言，是始于 1997 年的一个 OMG 标准，它是一个支持模型化和软件系统开发的图形化语言，为软件开发的所有阶段提供模型化和可视化支持，包括由需求分析到规格，到构造和配置。面向对象的分析与设计(OOA&D，OOAD)方法的发展在 20 世纪 80 年代末至 90 年代中出现了一个高潮，UML 是这个高潮的产物。它不仅统一了 Booch、Rumbaugh 和 Jacobson 的表示方法，而且对其作了进一步的发展，并最终统一为大众所接受的标准建模语言。——引自百度百科 http://baike.baidu.com/view/174909.htm

第2章 JavaScript 语言基础

我们即将学习的 Cocos2d-x JS API 游戏引擎进行游戏开发，也是采用 JavaScript 脚本语言[①]。JavaScript 是由 Netscape 公司开发的，它被设计用来在 Web 浏览器上运行，与 HTML 结合起来，用于增强功能，并提高与最终用户于之间的交互性能。虽然设计之初是在浏览器端运行，但是现在的 JavaScript 用途已经超过了这个限制，我们学习 Cocos2d-x JS API 可以通过 Cocos2d-x JSB(JS-Binding，JavaScript 绑定)技术，使 JavaScript 程序脱离浏览器环境运行。此外，还有 Node.js[②] 技术可以使用 JavaScript 程序在 Web 服务器端运行，编写服务器端程序。

JavaScript 是一种描述性语言，Netscape 公司虽然给它取名为 JavaScript，但是它与 Java 语言没有什么关系，只是在结构和语法上与 Java 类似。

1997 年，JavaScript 1.1 作为一个草案提交给欧洲计算机制造商协会(ECMA)，从此 JavaScript 走上了中立于厂商的、通用的和跨平台标准化之路，该协会发布了名为 ECMAScript 的全新脚本语言。从此 Web 浏览器就开始努力将 ECMAScript 作为 JavaScript 实现的基础。

2.1 JavaScript 开发环境搭建

我们要想编写和运行 JavaScript 脚本，就需要 JavaScript 编辑工具和 JavaScript 运行测试环境。

2.1.1 下载 WebStorm 工具

最简单的 JavaScript 编辑工具可以是一些文本编辑工具，但是它们往往缺少语法提示，

---

① 脚本语言又被称为扩建的语言，或者动态语言，是一种编程语言，用来控制软件应用程序，脚本通常以文本(如 ASCII)保存，只在被调用时进行解释或编译。——引自于百度百科 http://baike.baidu.com/view/76320.htm

② Node.js 是 Ryan Dahl 2009 年 2 月在博客上宣布编写的一个基于 Google V8 JavaScript 引擎 2，是一个轻量级的 Web 服务器并提供配套库。2009 年 5 月，Ryan Dahl 在 GitHub 上发布了最初版本的部分 Node.js 包。Node.js 使用 V8 引擎，并且对 V8 引擎进行优化，提高 Node.js 程序的执行速度。

有的语法关键字还没有高亮显示，最重要的是它们一般不支持调试。考虑到易用性，我们推荐使用付费的 JavaScript 开发工具——WebStorm，WebStorm 是 Jetbrains 公司研发的一款 JavaScript 开发工具，可以编写 HTML5 和 JavaScript 代码，并且可以调试。Jetbrains 公司开发的很多工具都好评如潮，其中 Java 开发工具 IntelliJ IDEA 被认为是最优秀的产品。WebStorm 与 IntelliJ IDEA 同源，继承了 IntelliJ IDEA 强大的 JavaScript 语法提示和运行调试功能。WebStorm 也是 Cocos2d-x JS API 游戏开发的重要工具。

WebStorm 可以到网站 http://www.jetbrains.com/webstorm/download/下载，如图 2-1 所示，WebStorm 有多个不同的平台版本，可根据需要下载特定平台版本文件。WebStorm 软件可以免费试用 15 天，超过 15 天则需要输入软件许可(License key)，即需要购买许可。

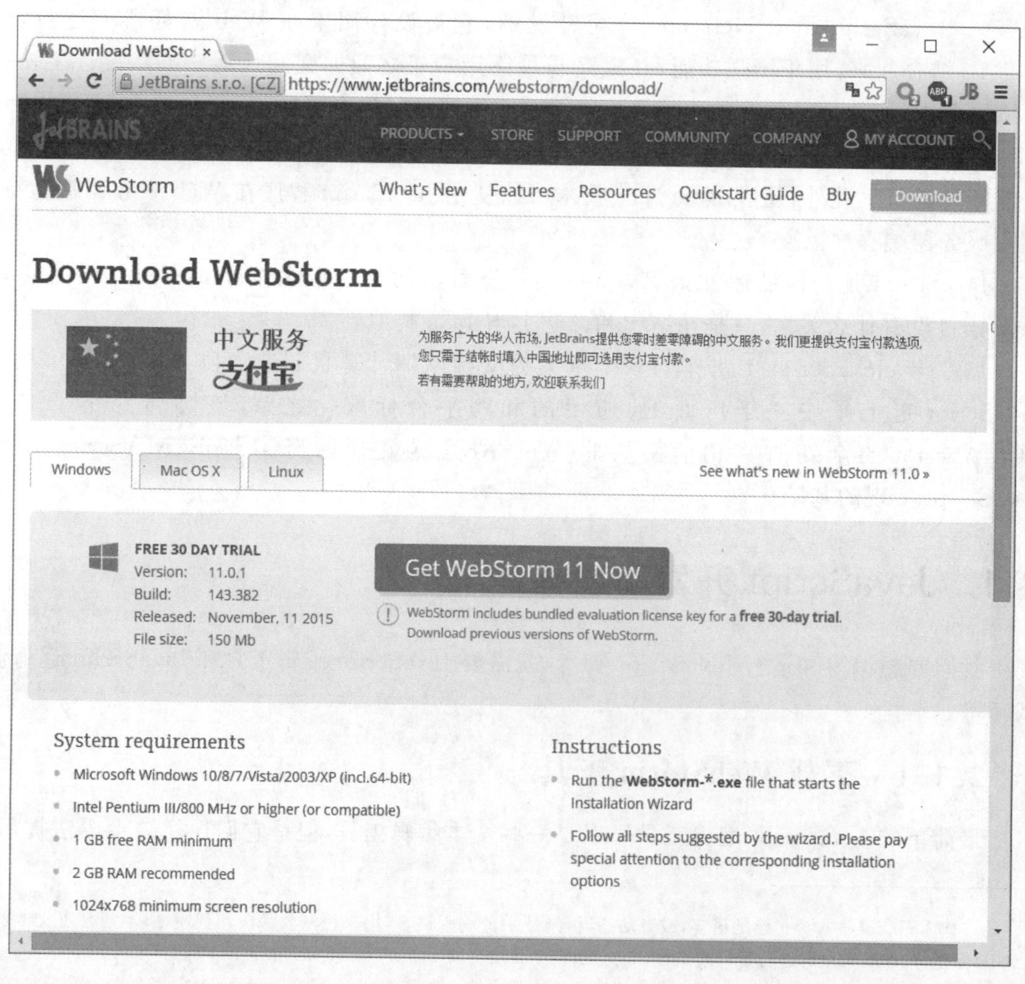

图 2-1 WebStorm 下载

2.1.2 JavaScript运行测试环境

如果让编写好的JavaScript文件运行，还需要配置运行测试环境，这个环境主要包含一个JavaScript引擎，WebStorm本身不包含这个运行环境。如果我们编写的JavaScript文件嵌入到HTML文件运行，可以安装浏览器Google Chrome、FireFox或Opera(注意IE浏览器对JavaScript支持不好)。如果只是运行和测试JavaScript文件，可以安装Node.js。关于安装浏览器我们就不再介绍了，本节我们重点介绍安装Node.js。

Node.js安装包括：Node.js运行环境安装和Node.js模块包管理。首先安装Node.js运行环境，该环境在不同的平台下的安装文件也不同，可以在http://nodejs.org/download/页面找到需要下载的安装文件，目前Node.js运行环境支持Windows、Mac OS X、Linux和SunOS等系统平台。若计算机是Windows 10的64操作系统，则可以下载node-v4.2.2-x64.msi文件，下载完成后进行安装就可以了。

安装完成后需要确认一下，Node.js的安装路径(C:\Program Files\nodejs\)是否添加到系统Path环境变量中，我们需要打开图2-2所示的对话框，在系统变量Path中查找是否有这个路径。

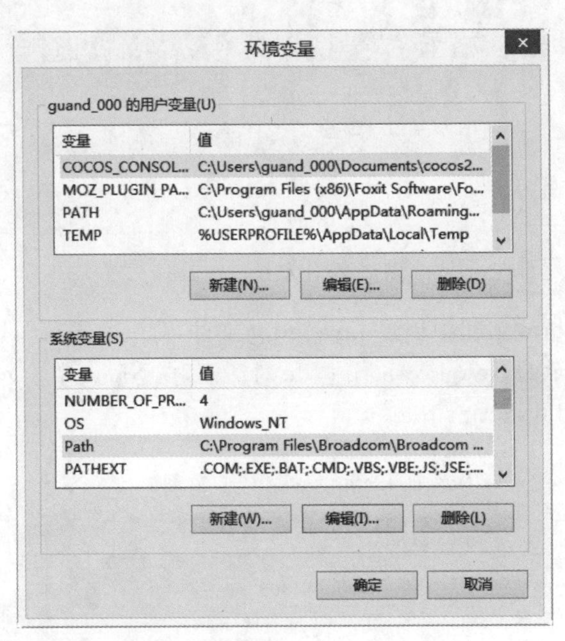

图2-2 系统变量Path配置

2.1.3 HelloJS实例测试

搭建好环境后，需要测试一下。首先需要使用WebStorm工具创建工程，单击欢迎界面Create New Project按钮，或选择菜单File→New Project，弹出工程模板对话框，如图2-3所示，选择 Empty Project 工程模板，在 Location 是工程文件保存位置。输入完成后，单击 Create 按钮创建工程。

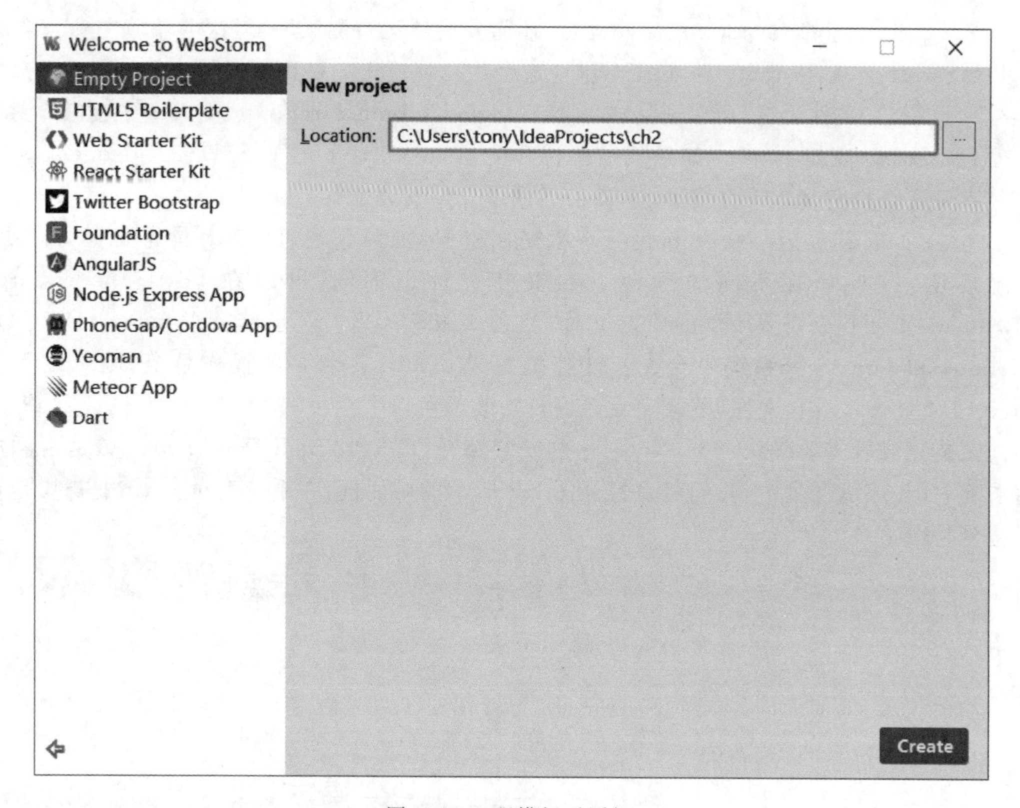

图 2-3 工程模板对话框

如果要在 WebStorm 工程中创建 JavaScript 文件，可以右键菜单选中 New→JavaScript File，弹出如图 2-4 所示的 New JavaScript file 对话框，在 Name 中输入 HelloJS，这是创建 js 文件名，Kind 中选择 JavaScript file。

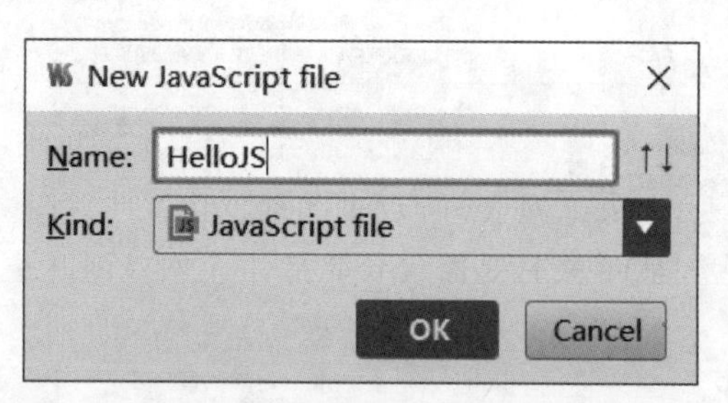

图 2-4 New JavaScript file 对话框

在 New JavaScript file 对话框中输入相关内容后，单击 OK 按钮创建 HelloJS.js 文件，创建成功 WebStorm 界面如图 2-5 所示。

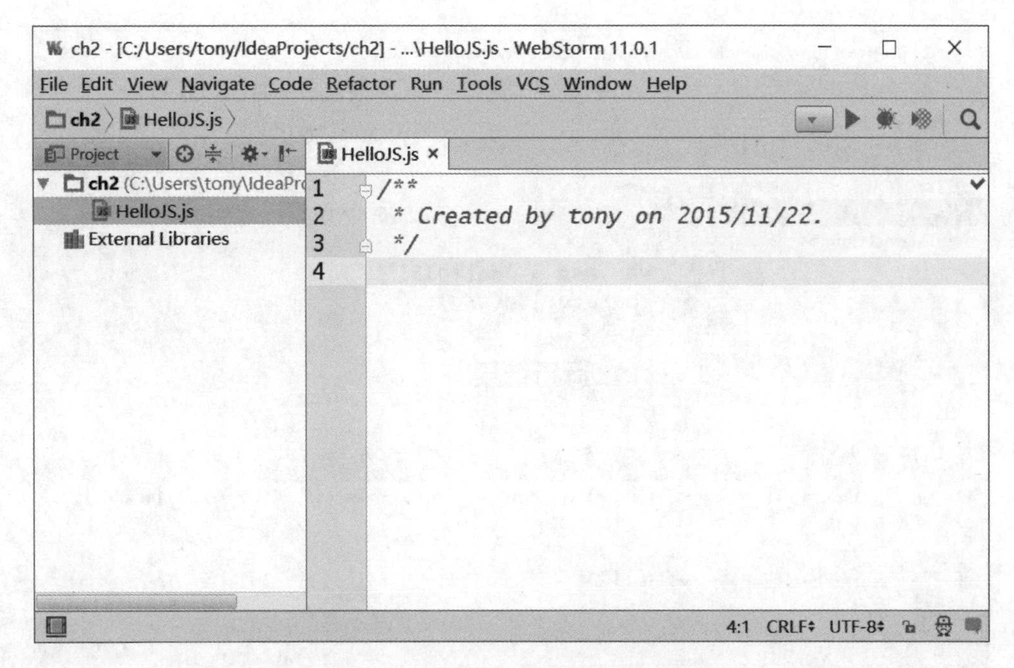

图 2-5　WebStorm 创建成功界面

在编辑界面中输入如下代码：

```
var msg = 'HelloJS!'
console.log(msg);
```

其中代码 var msg = 'HelloJS!'是把字符串赋值给 msg 变量，console.log(msg)是将 msg 变量内容输出到控制台。如果要想运行 HelloJS.js 文件，选择 HelloJS.js 文件，弹出图 2-6 所示的右键菜单，选中 Run 'HelloJS.js'并运行。运行结果输入到日志窗口，如图 2-7 所示。

如果想调试程序，可以设置断点，如图 2-8 所示，在行号后面的位置单击，设置断点。

调试运行过程，在图 2-6 所示的右键菜单中选择 Debug 'HelloJS.js'运行。如图 2-9 所示，程序运行到第 5 行挂起。

在 Debugger 中的 Variables 中查看变量，从中可以看到 msg 变量的内容。在 Debugger 窗口中有很多调试工具栏按钮，这些按钮的含义说明如图 2-10 所示。

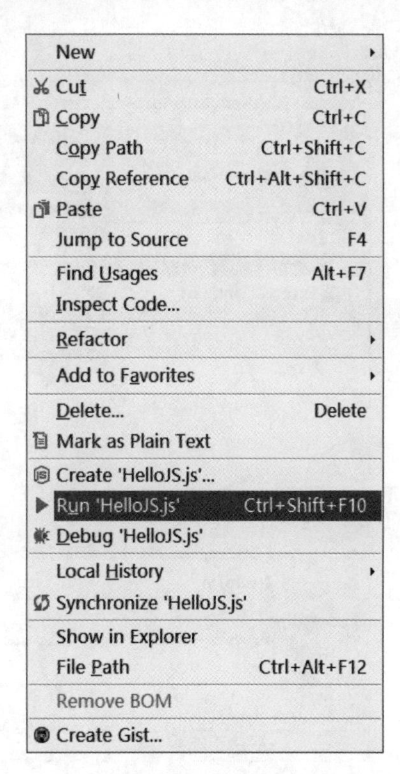

图 2-6　运行 HelloJS.js 文件菜单

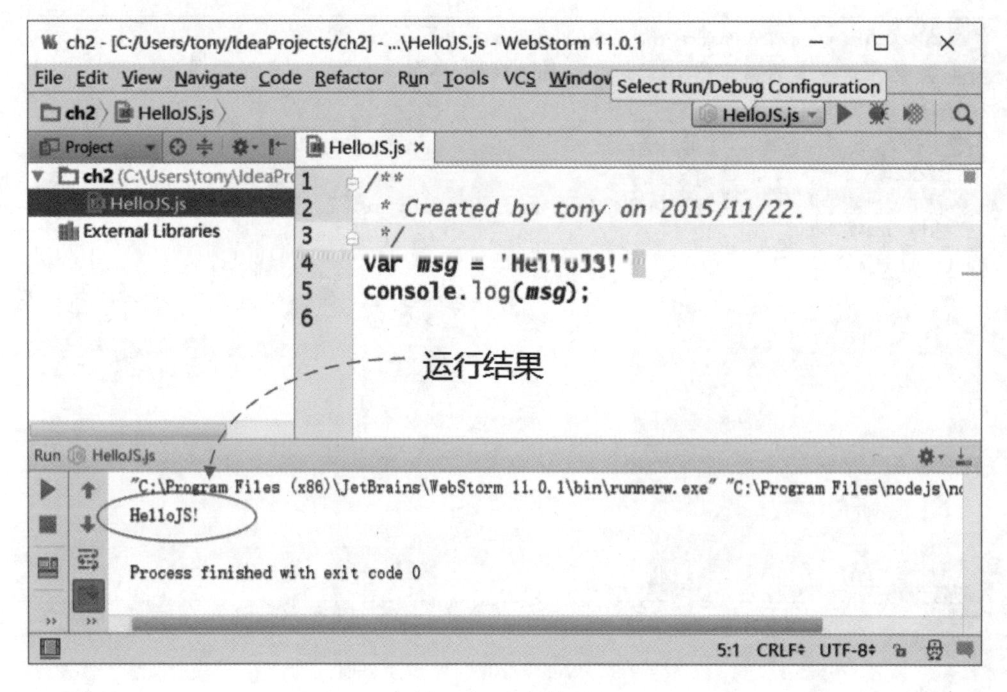

图 2-7　运行结果

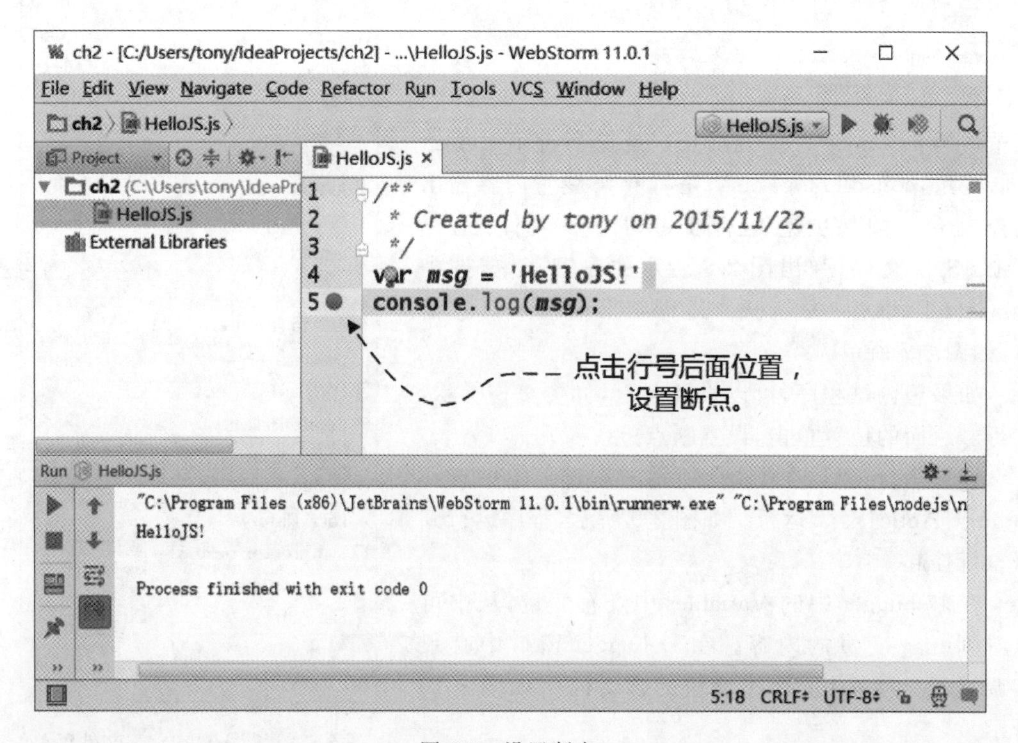

图 2-8　设置断点

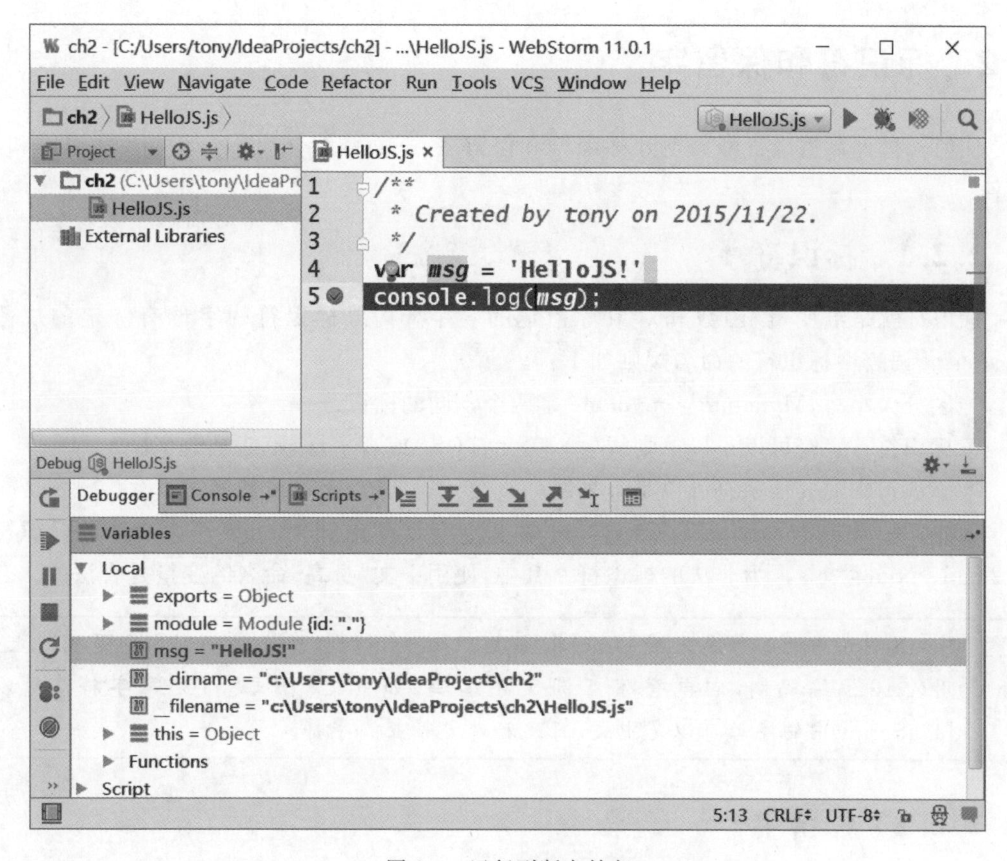

图 2-9　运行到断点挂起

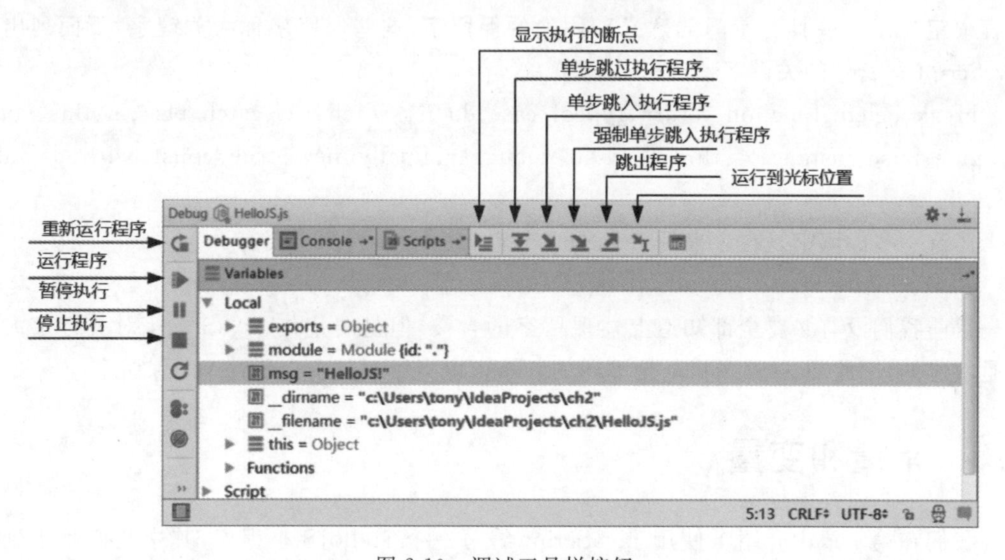

图 2-10　调试工具栏按钮

2.2 标识符和保留字

任何一种计算机语言都离不开标识符和保留字，下面详细介绍 JavaScript 标识符和关键字。

2.2.1 标识符

标识符就是给变量、函数和对象等指定的名字。构成标识符的字母有一定的规范，JavaScript 语言中标识符的命名规则如下：

- 区分大小写，Myname 与 myname 是两个不同的标识符。
- 标识符首字符可以是以下划线(_)、美元符($)或者字母，不能是数字。
- 标识符中的其他字符可以是下划线(_)、美元符($)、字母或数字。

例如，identifier、userName、User_Name、_sys_val、身高、$change 等为合法的标识符，而 2mail、room#、class 为非法的标识符。其中，使用中文“身高”命名的变量是合法的。

注意 JavaScript 中的字母是采用 Unicode 规则(Unicode 叫做统一编码制)，它是国际上通用的 16 位编码制，它包含了亚洲文字编码，如中文、日文、韩文等字符。所以，JavaScript 中的字母可以是中文、日文和韩文等亚洲字符。

2.2.2 保留字

保留字是语言中定义具有特殊含义的标识符，保留字不能作为标识符使用。JavaScript 语言中定义了一些具有专门的意义和用途的保留字，这些保留字称为关键字，下面列出了 JavaScript 语言中的关键字：

break、delete、function、return、typeof、case、do、if、switch、var、catch、else、in、this、void、continue、false、instanceof、throw、while、debugger、finally、new、true、const、with、default、for、null、try

还有一些保留字是在未来的 JavaScript 版本使用的，它们主要有：

class、enum、export、extends、import、super

目前我们没有必要全部知道上述保留字的含义，但是要记住 JavaScript 对关键字大小写是敏感的，因此 class 和 Class 是不同的，Class 也当然不是 JavaScript 的保留字。

2.3 常量和变量

我们在第 1 章中介绍了使用 JavaScript 编写一个 HelloJS 小程序，其中我们就用到了变量。常量和变量是构成表达式的重要组成部分。

2.3.1 常量

在声明和初始化变量时，在标识符的前面加上关键字 const，就可以把该变量指定为一个常量。顾名思义，常量是其值在使用过程中不会发生变化的量，示例代码如下：

```
const NUM = 100;
```

NUM 标识符就是常量，只能在初始化的时候被赋值，我们不能再次给 NUM 赋值。

2.3.2 变量

在 JavaScript 中声明变量，是在标识符的前面加上关键字 var，示例代码如下：

```
var scoreForStudent = 0.0;
```

该语句声明 scoreForStudent 变量，并且初始化为 0.0。如果在一个语句中声明和初始化了多个变量，那么所有的变量都具有相同的数据类型：

```
var x = 10, y = 20;
```

在多个变量的声明中，也能指定不同的数据类型：

```
var x = 10, y = true;
```

其中 x 为整型，y 为布尔型。

2.3.3 命名规范

养成良好的编程习惯很重要，在使用常量和变量时，命名要规范，这样程序可读性更好。

1. 常量名

基本数据类型的常量名全为大写，如果是由多个单词构成，可以用下划线隔开，例如：

```
var YEAR = 60;
var WEEK_OF_MONTH = 3;
```

2. 变量名

变量的命名有几个风格，主要以清楚易懂为主。有些程序员为了方便，使用一些单个字母作为变量名称，如 j 和 i 等，这会造成日后程序维护的困难，命名变量时发生同名的情况也会增加。单个字母变量一般只用于循环变量，因为这时它们的作用于只是在循环体内。

过去，计算机语言对变量名称的长度有限制；但现在计算机语言已无这种限制，因此我们鼓励用清楚的名称来表明变量作用，通常会以小写字母作为开始，并在每个单字开始时第一个字母使用大写，例如：

```
var maximumNumberOfLoginAttempts = 10;
var currentLoginAttempt = 0;
```

像这样的名称可以让人一眼就看出这个变量的作用。

除了常量和变量命名要规范，其他的语言对象也需要讲究命名规范。例如，对象等类型的命名规范通常是：大写字母作为开始，并在每个单字开始时第一个字母使用大写，如HelloWorldApp。函数名往往由多个单词合成，第一个单词通常为动词，通常以小写字母开始，并在每个单字开始时第一个字母使用大写，如balanceAccount和isButtonPressed。

2.4 注释

JavaScript程序有两类注释：单行注释(//)和多行注释(/ * … * /)，这些注释方法跟C、C++及Java都是类似的。

1. 单行注释

单行注释可以注释整行或者某一行中的一部分。它一般不用于注释连续多行，然而，可以用它来注释掉连续多行的代码段。以下是几种注释风格的例子：

```
if x > 1 {
    //注释 1
} else {
    return false;                                   //注释 2
}

//if x > 1 {
//                                                  //注释 1
//} else {
//    return false;                                 //注释 2
//}
```

2. 块注释

一般用于连续多行的注释，但它也可以对单行进行注释。以下是几种注释风格的例子：

```
if x > 1 {
    /* 注释 1 */
} else {
    return false;                                   /* 注释 2 */
}

/*
if x > 1 {
    //注释 1
} else {
    return false;                                   //注释 2
}
*/
```

```
/*
if x > 1 {
    /* 注释 1 */
} else {
    return false;                           /* 注释 2 */
}
*/
```

JavaScript 多行注释有一个其他语言没有的优点，就是它们可以嵌套，上述示例的最后一种情况是实现了多行注释嵌套。

对容易引起误解的代码，进行注释是必要的，但应避免对已清晰表达信息的代码进行注释。需要注意的是，频繁的注释有时反映出代码质量低。当你觉得被迫要反复注释的时候，可考虑重写代码以使其更清晰。

2.5 JavaScript 数据类型

数据类型在任何计算机语言中都比较重要，JavaScript 语言也是面向对象的。

2.5.1 数据类型

JavaScript 数据类型可以分为数值类型、布尔类型、字符串类型、对象类型和数组等类型。

1. 数值类型

数值类型包括整数和浮点数。整数可以是十进制、十六进制和八进制数。十进制数由一串数字序列组成，它的第一个数字不能为 0；如果为 0，则表示它是一个八进制数；而如果开头为 0x，则表示它为一个十六进制数。

浮点数必须包含一个数字、一个小数点或“e”(或“E”)。浮点数示例如下：

3.1415、−3.1E12、0.1e12 和 2E-12。

2. 布尔类型

布尔类型有两种值：true 和 false。

3. 字符串类型

字符串是若干封装在双括号(")或单括号(')内的字符。字符串示例如下：

```
"fish"
'fish'
"5467"
"a line"
```

4. 对象类型

用 new 生成一个新的对象，var currentDay = new Date()。

5. 数组类型

数组类型 Array 也是一个对象，可以通过 var arr = new Array(3)语句创建。其中

3是数组的长度，我们可以通过arr.length属性取得数组的长度。

2.5.2 数据类型字面量

数据类型字面量(Literals)是在程序中使用的字符表示数据的方式。例如，常见的型字面量如下：

```
12                                          // 12 整数
1.2                                         // 1.2 浮点数
"hello world"                               // 一个内容为 hello world 的字符串
true                                        // 表示"真"布尔类型值
false                                       // 表示"假"布尔类型值
{height:10,width:20}                        // 表示一个对象
[1,2,3,4,5]                                 // 表示数组对象
null                                        // 表示不存在的对象
```

2.5.3 数据类型转换

JavaScript提供了类型转换函数，这些转换包括转换成字符串、转换成数字和强制类型转换。

1. 转换成字符串

我们可以将布尔类型和数值类型转换为字符串类型，布尔类型和数值类型都以toString()函数实现转换。示例代码如下：

```
var found = false;
console.log(found.toString());              //输出 false

var num1 = 10;
var num2 = 10.0;
console.log(num1.toString());               //输出 "10"
console.log(num2.toString());               //输出 "10"

console.log(num2.toString(2));              //输出二进制形式 "1010"
console.log(num2.toString(8));              //输出八进制形式 "12"
console.log(num2.toString(16));             //输出十六进制形式 "A"
```

提示 在面向对象分析和设计过程中，toString()应该叫做“方法”，而不是“函数”，方法要有主体，而函数没有主体。但是为了尊重JavaScript习惯，本书还是把类似toString()的方法称为函数。

---

2. 转换成数字

把非数字的原始值转换成数字的函数：parseInt()和parseFloat()。示例代码如下：

```
var num3 = parseInt("12345red");            //返回 12345
```

```
var num4 = parseInt("0xA");                    //返回 10
var num5 = parseInt("56.9");                   //返回 56
var num6 = parseInt("red");                    //返回 NaN              ①

var num6 = parseInt("10", 2);                  //返回 二进制数 2        ②
var num7 = parseInt("10", 8);                  //返回 八进制数 8
var num8 = parseInt("10", 10);                 //返回 十进制数 10
var num9 = parseInt("AF", 16);                 //返回 十六进制数 175

var num10 = parseFloat("12345red");            //返回 12345
var num11 = parseFloat("0xA");                 //返回 NaN              ③
var num12 = parseFloat("11.2");                //返回 11.2
var num13 = parseFloat("11.22.33");            //返回 11.22            ④
var num14 = parseFloat("0102");                //返回 102
var num15 = parseFloat("red");                 //返回 NaN              ⑤
```

上述代码第①、③和⑤行返回 NaN 表示无法转换有效的数值。第②行代码的 parseInt 函数有两个参数，第二个参数是基数，基数表示数值的进制。

3. 强制类型转换

我们还可以使用强制类型转换来处理转换值的类型，JavaScript 提供了三种强制类型转换函数如下：

- Boolean(value)：把给定的值转换成布尔型。
- Number(value)：把给定的值转换成数值。
- String(value)：把给定的值转换成字符串。

使用 Boolean 函数的示例代码如下：

```
var b1 = Boolean("");                          //false - 空字符串       ①
var b1 = Boolean("hello");                     //true - 非空字符串      ②
var b1 = Boolean(50);                          //true - 非零数字        ③
var b1 = Boolean(null);                        //false - null           ④
var b1 = Boolean(0);                           //false - 零             ⑤
var b1 = Boolean({name: 'tony'});              //true - 对象            ⑥
```

Boolean 函数可以转换任何类型为布尔类型，其中第①行的""值、第④行的 null 值和第④行的 0 值转换后为 false，第②行的"hello"值、第③行的 50 值和第⑥行的对象值转换后为 true。

使用 Number 函数的示例代码如下：

```
var n1 = Number(false);                        //0
var n1 = Number(true);                         //1
var n1 = Number(undefined);                    //NaN                    ①
var n1 = Number(null);                         //0                      ②
var n1 = Number("1.2");                        //1.2
var n1 = Number("12");                         //12
```

```
var n1 = Number("1.2.3");                       //NaN                ③
var n1 = Number({name: 'tony'});                //NaN                ④
var n1 = Number(50);                            //50
```

Number 函数可以转换任何类型为数值类型，其中第①行的 undefined 值、第③行的"1.2.3"值和第④行的对象值转换后为 NaN，第②行的 null 值转换后为 0。

提示 null 表示无值，而 undefined 表示一个未声明的变量，或已声明但没有赋值的变量，或一个并不存在的对象。

使用 String 函数的示例代码如下：

```
var s1 = String(null);                          //"null"
var s1 = String({name: 'tony'});                //"[object Object]"
```

String 函数可以转换任何类型为字符串类型，其中对象情况比较复杂。

2.6 运算符

运算符是进行科学计算的标识符。常量、变量和运算符共同组成表达式，表达式是组成程序的基本部分。

2.6.1 算术运算符

JavaScript 中的算术运算符用来组织整型和浮点型数据的算术运算。按照参加运算的操作数的不同，算术运算符可以分为一元运算符和二元运算符。

1. 一元运算符

一元运算共有 3 个：－、＋＋和－－。－a 是对 a 取反运算。a＋＋或 a－－是指表达式运算完后，再给 a 加 1 或减 1。＋＋a 或－－a 是先给 a 加 1 或减 1，然后进行表达式运算。对一元运算符的说明如表 2-1 所示。

表 2-1 一元算术运算

运算符	名　称	说　明	例　子
－	取反符号	取反运算	b＝－a
＋＋	自加 1	先取值，再加 1 或先加 1，再取值	a＋＋或＋＋a
－－	自减 1	先取值，再减 1 或先减 1，再取值	a－－或－－a

下面看一个一元算术运算符示例：

```
var a = 12;
console.log(-a);                                                     ①

var b = a++;                                                         ②
```

```
console.log(b);

b = ++a;                                                                    ③
console.log(b);
```

输出结果：

```
-12
12
14
```

上述代码第①行－a是把a变量取反，结果输出是－12。在第②行代码是把a++赋值给b变量，a是先赋值后++，因此输出结果是12。第③行代码是把++a赋值给b变量，a是先++后赋值，因此输出结果是14。

2. 二元运算符

二元运算符包括＋、－、＊、/和％，这些运算符对整型和浮点型数据都有效。对二元运算符的说明如表2-2所示。

表2-2 二元算术运算

运算符	名称	说明	示例
＋	加	求a加b的和，还可用于String类型，进行字符串连接操作	a+b
－	减	求a减b的差	a-b
*	乘	求a乘以b的积	a*b
/	除	求a除以b的商	a/b
%	取余	求a除以b的余数	a%b

下面看一个二元算数运算符示例：

```
//声明一个整型变量
var intResult = 1 + 2;
console.log(intResult);

intResult = intResult - 1;
console.log(intResult);

intResult = intResult * 2;
console.log(intResult);

intResult = intResult / 2;
console.log(intResult);

intResult = intResult + 8;
intResult = intResult % 7;
console.log(intResult);
```

```
console.log(" ------- ");
//声明一个浮点型变量
var doubleResult = 10.0;
console.log(doubleResult);

doubleResult = doubleResult - 1;
console.log(doubleResult);

doubleResult = doubleResult * 2;
console.log(doubleResult);

doubleResult = doubleResult / 2;
console.log(doubleResult);

doubleResult = doubleResult + 8;
doubleResult = doubleResult % 7;
console.log(doubleResult);
```

输出结果如下：

```
3
2
4
2
3
-------
10.0
9.0
18.0
9.0
3.0
```

上述例子中分别对整型和浮点型进行了二元运算，对具体语句不再解释。

3. 算术赋值运算符

算术赋值运算符只是一种简写，一般用于变量自身的变化。对算术赋值运算符的说明如表 2-3 所示。

表 2-3 算术赋值符

运 算 符	名 称	示 例
+=	加赋值	a+=b,a+=b+3
-=	减赋值	a-=b
*=	乘赋值	a*=b
/=	除赋值	a/=b
%=	取余赋值	a%=b

下面看一个算术赋值运算符示例：

```
var a = 1;
var b = 2;
a += b;                                     // 相当于 a = a + b
console.log(a);

a += b + 3;                                 // 相当于 a = a + b + 3
console.log(a);
a -= b;                                     // 相当于 a = a - b
console.log(a);

a * = b;                                    // 相当于 a=a*b
console.log(a);

a /= b;                                     // 相当于 a=a/b
console.log(a);

a % = b;                                    // 相当于 a=a%b
console.log(a);
```

输出结果如下：

```
3
8
6
12
6
0
```

上述例子中分别对整型进行了+=、-=、*=、/=和%=运算，对具体语句不再解释。

2.6.2 关系运算符

关系运算是比较两个表达式大小关系的运算，它的结果是真(true)或假(false)，即布尔型数据。如果表达式成立则结果为 true，否则为 false。关系运算符有 8 种：==、!=、>、<、>=、<=、===和!==。对关系运算符的说明如表 2-4 所示。

表 2-4 关系运算符

运算符	名称	说明	示例
==	等于	a 等于 b 时返回 true，否则 false。==与=的含义不同，可以比较两个不同类型值	a==b
!=	不等于	与==恰恰相反	a!=b
>	大于	a 大于 b 时返回 true，否则 false	a>b
<	小于	a 小于 b 时返回 true，否则 false	a<b

续表

运算符	名　称	说　明	示　例
>=	大于等于	a 大于等于 b 时返回 true，否则 false	a>=b
<=	小于等于	a 小于等于 b 时返回 true，否则 false	a<=b
===	严格等于	a 等于 b 返回 true，否则 false。===与==的含义不同。必须是比较两个相同类型值	a===b
!==	非严格等于	与===恰恰相反	a!==b

下面看一个关系运算符示例：

```
var value1 = 1;
var value2 = 2;
if (value1 == value2) {
    console.log("value1 == value2");
}

if (value1 != value2) {
    console.log("value1 != value2");
}

if (value1 > value2) {
    console.log("value1 > value2");
}

if (value1 < value2) {
    console.log("value1 < value2");
}

if (value1 <= value2) {
    console.log("value1 <= value2");
}

var a = 3;
var b = "3";                                //改为 3 表达式 a === b 为 true
if (a == b) {                                                               ①
    console.log("a == b");
}

if (a === b) {                                                              ②
    console.log("a === b");
}
```

输出结果如下：

```
value1 != value2
value1 < value2
```

```
value1 <= value2
a == b
```

对上述例子,我们重点解释有标号行的代码。其中,第①行是通过==比较数值 a 和字符串 b 是否相等,结果是相对的。同样,使用===比较数值 a 和字符串 b 是否相等,第②行代码所示的比较结果是不等的。

2.6.3 逻辑运算符

逻辑运算符是对布尔型变量进行运算,其结果也是布尔型。对逻辑运算符的说明如表 2-5 所示。

表 2-5 逻辑运算符

运算符	名 称	说 明	示 例
&	逻辑与	ab 全为 true 时,计算结果为 true,否则为 false	a&b
|	逻辑或	ab 全为 false 时,计算结果为 false,否则为 true	a|b
!	逻辑反	a 为 true 时,值为 false,a 为 false 时,值为 true	!a
^	逻辑异或	ab 相反时,计算结果为 true,否则为 false	a^b
&&	短路与	ab 全为 true 时,计算结果为 true,否则为 false	a&&b
||	短路或	ab 全为 false 时,计算结果为 false,否则为 true	a||b

&& 和 || 都具有短路计算的特点。例如,x && y,如果 x 为 false,则不计算 y(因为不论 y 为何值,“与”操作的结果都为 false)。例如,x || y,如果 x 为 true,则不计算 y(因为不论 y 为何值,“或”操作的结果都为 true)。

所以,我们把 && 称为短路与,|| 称为短路或的原因,就是它们在计算的过程中就像电路短路一下采用最优化的计算方式,从而提高了效率。

为了进一步理解它们的区别,可以看看下面的例子:

```
var i = 0;
var a = 10;
var b = 9;

if ((a > b) || (i++ == 1)) {                    // 换成 | 试一下          ①
    console.log("或运算为 真");                                          ②
} else {
    console.log("或运算为 假");                                          ③
}
console.log("i = " + i);                                                ④

i = 0;
if ((a < b) && (i++ == 1)) {                    // 换成 & 试一下          ⑤
    console.log("与运算为 真");                                          ⑥
} else {
    console.log("与运算为 假");                                          ⑦
```

```
}
console.log("i = " + i);                                         ⑧
```

上述代码运行输出结果如下：

```
或运算为 真
i = 0
与运算为 假
i = 0
```

其中第①行代码是进行短路或计算，由于(a > b)是 true，后面的表达式(i++ == 1)不再计算，因此结果 i 不会加 1，第④行输出的结果为 i = 0。如果我们把第①行短路或换成逻辑或，结果则是 i = 1。

类似第⑤行代码是进行短路与计算，由于(a < b)是 false，后面的表达式(i++ == 1)不再计算，因此结果 i 不会加 1，第⑧行输出的结果为 i = 0。如果我们把第⑤行短路与换成逻辑与，结果则是 i = 1。

2.6.4 位运算符

位运算是以二进制位(bit)为单位运算的，操作数和结果都是整型数据。位运算有如下几个运算符：&，|，^，~，>>，>>>，<<。对位运算符的说明如表 2-6 所示。

表 2-6 位运算符

运算符	名 称	说 明	示 例
~	位反	将 x 的值按位取反	~x
&	位与	x 与 y 位进行位与运算	x&y
|	位或	x 与 y 位进行位或运算	x&y
^	位异或	x 与 y 位进行位异或运算	x^y
>>	右移	x 有符号右移 a 位，有符号整数高位采用符号位补位	x>>a
>>>	无符号右移	x 无符号右移 a 位，高位采用 0 补位	x>>>a
<<	左移	x 左移 a 位，低位位补 0	x<<a

为了进一步理解，我们看看下面的例子：

```
var a = 178;                                    //二进制 10110010
var b = 94;                                     //二进制 01011110

console.log("a | b = " + (a | b));              //二进制 11111110
console.log("a & b = " + (a & b));              //二进制 00010010
console.log("a ^ b = " + (a ^ b));              //二进制 11101100
console.log("~a = " + (~a)); //二进制 11111111 11111111 11111111 01001101，十进制 -179   ①

console.log("a >> 2 = " + (a >> 2));            //二进制 00101100
console.log("a >>> 2 = " + (a >>> 2));          //二进制 00101100
console.log("a << 2 = " + (a << 2));            //二进制 1100100
```

```
var c = -12;                                   //二进制-1100
console.log("c >> 2 = " + (c >> 2));           //二进制-00000011
console.log("c >>> 2 = " + (c >>> 2));         //十进制1073741821    ②
console.log("c << 2 = " + (c << 2));           //二进制-00110000
```

输出结果如下：

```
a | b = 254
a & b = 18
a ^ b = 236
~a = -179
a >> 2 = 44
a >>> 2 = 44
a << 2 = 712
c >> 2 = -3
c >>> 2 = 1073741821
c << 2 = -48
```

上述代码第①行是对a变量取反，178(32位十进制)取反后的二进制表示11111111 11111111 11111111 01001101。二进制11111111 11111111 11111111 01001101是－179(32位十进制)补码表示。

提示　十进制负数使用二进制补码表示时，补码＝反码＋1，但这些计算都是二进制位运算。例如－12(32位十进制)补码表示为11111111 11111111 11111111 11110100，计算过程是12(二进制1100)取反表示为11111111 11111111 11111111 11110011，然后＋1结果就是11111111 11111111 11111111 11110100。

第②行代码是－12无符号右移2位，－12的补码表示方式是11111111 11111111 11111111 11110100，无符号右移2位高位采用0补位，结果是00111111 11111111 11111111 11111101，十进制表示为1073741821。

2.6.5　其他运算符

除了前面介绍的主要运算符，还有其他一些运算符，它们包括：

- 三元运算符(?:)：例如，x?y:z;，其中x，y和z都为表达式。
- 括号：起到改变表达式运算顺序的作用，它的优先级最高。
- 引用号(.)：调用属性、函数等操作符console.log()。
- 赋值号(＝)：赋值时用等号运算符(＝)进行。
- 下标运算符[]。
- 对象类型判断运算符instanceof。
- 内存分配运算符new。
- 强制类型转换运算符(类型)。

三元运算符示例：

```
var score = 80;
var result = score > 60 ? "及格" : "不及格";
console.log(result);
```

输出结果：及格

2.7 控制语句

结构化程序设计中的控制语句有三种，即顺序、分支和循环语句，而且只能用这三种结构来完成程序。JavaScript 程序通过控制语句来执行程序流，完成一定的任务。程序流是由若干个语句组成的，语句可以是单一的一条语句，也可以是用大括号{}括起来的多条语句。JavaScript 中的控制语句有以下几类：

- 分支语句：if-else、switch。
- 循环语句：while、do-while、for。
- 与程序转移有关的跳转语句：break、continue、return。

2.7.1 分支语句

分支语句提供了一种控制机制，使得程序具有了“判断能力”，能够像人类的大脑一样分析问题。分支语句又称为条件语句，条件语句使部分程序可根据某些表达式的值有选择地执行。

1. 条件语句 if-else

由 if 语句引导的选择结构有 if 结构、if-else 结构和 else-if 结构。

如果条件表达式为 true 就执行语句组，否则就执行 if 结构后面的语句。语句组是单句时大括号可以省略。语法结构如下：

```
// if 结构
if(条件表达式) {
   语句组;
}

// if-else 结构
if(条件表达式) {
   语句组 1;
} else {
   语句组 2
}

// if-else 结构
if(条件表达式 1)
    语句组 1;
```

```
else if(条件表达式 2)
    语句组 2;
else if(条件表达式 3)
    语句组 3;
…
else if(条件表达式 n)
    语句组 n;
else
    语句组 n+1;
```

条件语句 if-else 示例代码如下：

```
var score = 95;

console.log('------ if 结构示例 -------');
if (score >= 85) {
    console.log("您真优秀!");
}

if (score < 60) {
    console.log("您需要加倍努力!");
}

if (score >= 60 && score < 85) {
    console.log("您的成绩还可以,仍需继续努力!");
}

console.log('------ if…else 结构示例 ------');
if (score < 60) {
    console.log("不及格");
} else {
    console.log("及格");
}

console.log('------ elseif 结构示例 ------');

var testscore = 76;
var grade;

if (testscore >= 90) {
    grade = 'A';
} else if (testscore >= 80) {
    grade = 'B';
} else if (testscore >= 70) {
    grade = 'C';
} else if (testscore >= 60) {
    grade = 'D';
```

```
} else {
    grade = 'F';
}
console.log("Grade = " + grade);
```

运行结果如下：

```
------ if结构示例 -------
您真优秀!
------ if…else结构示例 ------
及格
------elseif结构示例 ------
Grade = C
```

2. 多分支语句 switch

switch 语句也称开关语句，它引导的选择结构也是一种多分支结构。具体内容如下：

```
switch(条件表达式){
    case 判断值 1: 语句组 1
    case 判断值 2: 语句组 2
    case 判断值 3: 语句组 3
    …
    case 判断值 n: 语句组 n
    default: 语句组 n+1
}
```

当程序执行到 switch 语句时，先计算条件表达式的值，假设值为 A，然后拿 A 与第 1 个 case 语句中的判断值相比，如果相同则执行语句组 1，否则拿 A 与第 2 个 case 语句中的判断值相比，如果相同则执行语句组 2，以此类推，直到执行语句组 n。如果所有的 case 语句都没有执行，就执行 default 的语句组 n+1，这时才跳出 switch 引导的选择结构。

使用 switch 语句需要注意如下问题：

- case 子句中的值必须是常量，而且所有 case 子句中的值应是不同的。
- default 子句是可选的。
- break 语句用来在执行完一个 case 分支后，使程序跳出 switch 语句，即终止 switch 语句的执行（在一些特殊情况下，多个不同的 case 值要执行一组相同的操作，这时可以不用 break）。

示例代码如下：

```
var date = new Date();
var month = date.getMonth();

switch (month) {
    case 0:
        console.log("January");
        break;
```

```
    case 1:
        console.log("February");
        break;
    case 2:
        console.log("March");
        break;
    case 3:
        console.log("April");
        break;
    case 4:
        console.log("May");
        break;
    case 5:
        console.log("June");
        break;
    case 6:
        console.log("July");
        break;
    case 7:
        console.log("August");
        break;
    case 8:
        console.log("September");
        break;
    case 9:
        console.log("October");
        break;
    case 10:
        console.log("November");
        break;
    case 11:
        console.log("December");
        break;
    default:
        console.log("Invalid month.");
}
```

如果当前的月份是7月，则程序的运行结果为：July。但是，如果case 7没有break语句，我们的程序又是什么结果呢？结果会是输出：

```
July
August
```

这是由于没有break，程序会继续运行下去，而不管有没有case语句，直到遇到一个break语句才跳出switch语句。

2.7.2 循环语句

循环语句使语句或代码块得以重复进行。JavaScript 支持三种循环构造类型：for、while 和 do-while，for 和 while 循环是在执行循环体之前测试循环条件，而 do-while 是在执行完循环体之后测试循环条件。这就意味着 for 和 while 循环可能连一次循环体都未执行，而 do-while 将至少执行一次循环体。跳转语句主要有 continue 语句和 break 语句。

1. whilc 语句

while 语句是一种先判断的循环结构，语句格式如下：

```
[initialization]
while (termination){
    body;
    [iteration;]
}
```

其中，中括号部分可以省略。

下面的程序代码是通过 while 实现查找平方小于 100000 的最大整数：

```
var i = 0;

while (i * i < 100000) {
    i++;
}
console.log(i + "" + i * i);
```

输出结果：317 100489

这段程序的目的是找到平方数小于 100000 的最大整数。使用 while 循环需要注意几点：while 循环语句中只能写一个表示式，而且是一个布尔型表达式，那么如果循环体中需要循环变量，就必须在 while 语句之前做好处置的处理，如上例中先给 i 赋值为 0，其次在循坏体内部，必须通过语句更改循环变量的值。否则将会发生死循环。

2. do-while 语句

do-while 语句的使用与 while 语句的使用相似，不过 do-while 语句是事后判断的循环结构，语句格式如下：

```
[initialization]
do {
    body;
    [iteration;]
} while (termination);
```

下面程序代码是使用 do-while 实现了查找平方小于 100000 的最大整数：

```
var i = 0;
do{
    i++;
```

```
} while (i * i < 100000)
console.log(i + " " + i * i);
```

输出结果：317 100489

当程序执行到 do-while 语句时，首先无条件执行一次循环体，然后计算条件表达式，它的值必须是布尔型，如果值为 true，则再次执行循环体，然后到条件表达式准备再次判断，如此反复，直到条件表达式的值为 false 时跳出 do-while 循环。

3. for 语句

for 语是应用最为广泛的一种循环语句，也是功能最强的一种，使用格式如下：

```
for (初始化; 终止; 迭代){
    body;
}
```

当程序执行到 for 语句时，先执行初始化语句，它的作用是初始化循环变量和其他变量，如果它含有多个语句就用逗号隔开。然后，程序计算循环终止语句的值，终止语句的值必须是个布尔值，所以可以用逻辑运算符组合成复杂的判断表达式，如果它的值为 true，程序继续执行循环体，执行完成循环体后计算迭代语句，之后返回到终止语句准备再次进行判断，如此反复，直到终止语句的值为 false 时跳出循环。如果表达式的值为 false，则直接跳出 for 循环。终止语句一般用来改变循环条件的，它可对循环变量和其他变量进行操作，它和初始化语句一样也可由多个语句，并以逗号相隔。

下面程序代码是使用 for 循环实现平方表：

```
var i;
console.log("n n*n");
console.log("---------");
for (i = 1; i < 10; i++) {
    console.log(i + " " + i * i);
}
```

运行结果：

```
n n*n
---------
1 1
2 4
3 9
4 16
5 25
6 36
7 49
8 64
9 81
```

这个程序的循环部分初始时给循环变量 i 赋值为 1，每次循环实现判断 i 的值是否小于

10,如果是就执行循环体,然后给i加1,因此,最后的结果是打印出从1～9每个数的平方。

for语句执行时,首先执行初始化操作,然后判断终止条件是否满足,如果满足,则执行循环体中的语句,最后执行迭代部分。完成一次循环后,重新判断终止条件。

初始化、终止以及迭代部分都可以为空语句(但分号不能省略),三者均为空的时候,相当于一个无限循环。

空的for语句示例:

```
for(; ;) {
    ……
}
```

在初始化部分和迭代部分可以使用逗号语句,来进行多个操作。逗号语句是用逗号分隔的语句序列。程序代码如下所示:

```
for (i = 0, j = 10; i < j; i++, j-- ) {
    ……
}
```

循环语句与条件语句一样,如果循环体中只有一条语句,可以省略大括号;但是从程序的可读性角度,不要省略。

4. for-in 语句

for-in 语句可以帮助我们方便地遍历数组或集合对象。一般格式如下:

```
for (循环变量 in 数组或集合对象) {
    ……
}
```

下面的程序代码是使用 for 语句示例:

```
var numbers = [1, 2, 3, 4, 5, 6, 7, 8, 9, 10];
for (var i = 0; i < numbers.length; i++) {
    console.log("Count is: " + numbers[i]);
}
```

下面的程序代码是使用 for-in 语句示例:

```
var numbers = [1, 2, 3, 4, 5, 6, 7, 8, 9, 10];
for (var item in numbers) {
    console.log("Count is: " + numbers[item]);
}
```

从上例的对比中可以发现,item是循环变量,而不是集合中的元素,in后面是数组或集合对象。for-in语句在遍历集合的时候要简单方便得多。

2.7.3 跳转语句

跳转语句有三种:break语句、continue语句和return返回语句。

1. break 语句

break 语句可用于 switch 引导的分支结构及以上三种循环结构，它的作用是强行退出循环结构，不执行循环结构中剩余的语句。break 语句可分为带标签和不带标签两种格式。

break 语句格式如下：

```
break;                                          //不带标签
break label;                                    //带标签,label 是标签名
```

标签是后面跟一个冒号的标识符。不带标签的 break 语句使持续跳出它所在那一层的循环结构，而带标签的 break 语句使持续跳出标签指示的循环结构。

找到元素 12 在第 1 行，第 0 列。在上例中程序第 22 行可以使循环跳转到第 18 行的外循环。如果 break 语句没有标签，则跳出本循环。

不带标签的 break 语句示例：

```
var numbers = [1, 2, 3, 4, 5, 6, 7, 8, 9, 10 ];
for (var i = 0; i < numbers.length; i++) {
    if (i == 3) {
        break;
    }
    console.log("Count is: " + i);
}
```

在上例中，当条件 i==3 的时候执行 break 语句，程序运行结果是：

```
Count is: 0
Count is: 1
Count is: 2
```

当循环遇到 break 语句的时候，就会终止循环。

带标签的 break 语句示例：

```
var arrayOfInts = [
    [ 32, 87, 3, 589],
    [ 12, 1076, 2000, 8 ],
    [622, 127, 77, 955]
];

var searchfor = 12;
var i, j = 0;
var foundIt = false;

search: for (i = 0; i < arrayOfInts.length; i++) {
    for (j = 0; j < arrayOfInts[i].length; j++) {
        if (arrayOfInts[i][j] == searchfor) {
            foundIt = true;
            break search;
```

```
            }
        }
    }

    if (foundIt) {
        console.log("找到元素 " + searchfor + " 在第" + i + "行, 第" + j + "列");
    } else {
        console.log(searchfor + "在数组中没有找到!");
    }
```

程序运行结果是：

```
找到元素 12 在第 1 行,第 0 列
```

2. continue 语句

continue 语句用来结束本次循环，跳过循环体中下面尚未执行的语句，接着进行终止条件的判断，以决定是否继续循环。对于 for 语句，在进行终止条件的判断前，还要先执行迭代语句。

continue 语句格式如下：

```
continue;                                       //不带标签
continue label;                                 //带标签,label 是标签名
```

不带标签的 continue 语句示例：

```
var numbers = [1, 2, 3, 4, 5, 6, 7, 8, 9, 10 ];
for (var i = 0; i < numbers.length; i++) {
    if (i == 3) {
        continue;
    }
    console.log("Count is: " + i);
}
```

在上例中，当条件 i==3 的时候执行 continue 语句，程序运行结果是：

```
Count is: 0
Count is: 1
Count is: 2
Count is: 4
Count is: 5
Count is: 6
Count is: 7
Count is: 8
Count is: 9
```

当循环遇到 continue 语句的时候，终止本次循环，在循环体中 continue 之后的语句将不再执行，接着进行下次循环，所以输出结果中没有 3。

带标签的 continue 语句示例：

```
var n = 0;
outer: for (var i = 101; i < 200; i++) {                    // 外层循环
    for (var j = 2; j < i; j++) {                           // 内层循环
        if (i % j == 0) {
            continue outer;                                                      ①
        }
    }
    console.log("i = " + i);
}
```

在上例中，程序运行结果是：

```
i = 101
i = 103
……
i = 199
```

素数就是一个只能被 1 和自身整除的数，上述代码第①行的作用就是这个数如果能够被非 1 和非自身整除，就终止本次循环。这里的 continue 语句不能使用换成 break 语句，因为如果是 break 语句，程序第一次满足条件进入 if 语句时会终止外循环，程序不会再循环了，只有使用 continue 语句才可以满足需要。

3. return 返回语句

return 语句可以从当前函数中退出，返回到调用该函数的语句处。返回语句有两种格式：

```
return expression ;
return;
```

2.8 数组

数组是一串有序的相同类型元素构成的集合，数组中的集合元素是有序的。JavaScript 中数组声明与初始化很灵活，如下代码都可以声明和初始化数组：

```
var studentList = ["张三","李四","王五","董六"];

var studentList = new Array("张三","李四","王五","董六");

var studentList = new Array();
studentList[0] = "张三";
studentList[1] = "李四";
studentList[2] = "王五";
studentList[3] = "董六";
```

可以直接通过中括号“[]”声明和初始化数组，也可以通过 Array 对象创建数组。此外，还可以创建多维数组，上一节的 arrayOfInts 变量就是二维数组，代码如下：

```
var arrayOfInts = [
    [ 32, 87, 3, 589],
    [ 12, 1076, 2000, 8 ],
    [622, 127, 77, 955]
];
```

使用数组的示例代码如下：

```
var studentList = new Array("张三","李四","王五","董六");
for (var item in studentList) {
    console.log(studentList[item]);
}
```

输出结果如下：

```
张三
李四
王五
董六
```

2.9 函数

我们将程序中反复执行的代码封装到一个代码块中，这个代码块模仿了数学中的函数，具有函数名、参数和返回值。

JavaScript 中的函数很灵活，它可以独立存在，作全局函数；也可以在别的函数中，作函数嵌套；也可以在对象中定义。

2.9.1 使用函数

使用函数首先需要定义函数，然后在合适的地方调用该函数，函数的语法格式如下：

```
function 函数名(参数列表) {
    语句组
    [return 返回值]
}
```

在 JavaScript 中定义函数时关键字是 function，“函数名”需要符合标识符命名规范；“参数列表”可以有多个并用逗号(,)分隔，极端情况下可以没有参数。

如果函数有值，需要使用 return 语句将值返回；如果没有返回值，则函数体中可以省略 return 语句。

函数定义示例代码如下：

```
function rectangleArea(width, height) {                                    ①
```

```
    var area = width * height;
    return area;                                                    ②
}
console.log("320×480 的长方形的面积:" + rectangleArea(32, 64));      ③
```

上述代码第①行是定义计算长方形面积的函数 rectangleArea，它有两个参数，分别是长方形的宽和高。第②行代码是返回函数计算结果。调用函数的过程是通过代码第③行中的 rectangleArea(32, 64)语句实现，调用函数时需要指定函数名和参数值。

2.9.2　变量作用域

变量可以定义在函数体外，即全局变量；可以在函数内定义，即局部变量，局部变量作用域是在函数内部有效，如果超出函数体就会失效。

我们看看下面示例代码：

```
var global = 1;                                                     ①
function f() {
    var local = 2;                                                  ②
    global++;                                                       ③
    return global;
}

f();

console.log(global);                                                ④
console.log(local);                                                 ⑤
```

上述代码第①行是定义全局变量 global，第②行代码是定义局部变量 local，local 是在函数体内部定义的。第④行代码是打印全局变量 global，第⑤行代码是打印局部变量 local，该语句在运行时会发生错误，因为 local 是局部变量，作用域是在 f 函数体内部。

2.9.3　嵌套函数

在此之前定义的函数都是全局函数，它们定义在全局作用域中，也可以把函数定义在另外的函数体中，称作嵌套函数。

下面看一个示例：

```
function calculate(opr, a, b) {                                     ①

    //定义 + 函数
    function add(a, b) {                                            ②
        return a + b;
    }
```

```
    //定义 - 函数
    function sub(a, b) {                                        ③
        return a - b;
    }

    var result;

    switch (opr) {
        case "+" :
            result = add(a, b);                                 ④
            break;
        case "-" :
            result = sub(a, b);                                 ⑤
    }
    return result;                                              ⑥
}

var res1 = calculate("+", 10, 5);                               ⑦
console.log("10 + 5 = " + res1);

var res2 = calculate("-", 10, 5);                               ⑧
console.log("10 - 5 = " + res2);
```

上述代码第①行定义 calculate 函数，它的作用是根据运算符进行数学计算，它的参数 opr 是运算符，参数 a 和 b 是要计算的数值。在 calculate 函数体内，第②行定义嵌套函数 add，对两个参数进行加法运算。第③行定义嵌套函数 sub，对两个参数进行减法运算。第④行代码是在运算符为“+”号情况下使用 add 函数进行计算，并将结果赋值给 result。第⑤行代码是在运算符为“-”号情况下使用 sub 函数进行计算，并将结果赋值给 result。第⑥行代码是返回函数变量 result。

第⑦行代码调用 calculate 函数进行加法运算。第⑧行代码调用 calculate 函数进行减法运算。

程序运行结果：

```
10 + 5 = 15
10 - 5 = 5
```

在函数嵌套中，默认情况下嵌套函数的作用域是在外函数体内。

2.9.4 返回函数

我们可以把函数作为另一个函数的返回类型使用。下面看一个示例：

```
//定义计算长方形面积函数
function rectangleArea(width, height) {
    var area = width * height;
```

```
        return area;
    }

    //定义计算三角形面积函数
    function triangleArea(bottom, height) {
        var area = 0.5 * bottom * height;
        return area;
    }

    function getArea(type) {                                            ①
        var returnFunction;                                             ②
        switch (type) {
            case "rect":                        //rect 表示长方形
                returnFunction = rectangleArea;                         ③
                break;
            case "tria":                        //tria 表示三角形
                returnFunction = triangleArea;                          ④
        }
        return returnFunction;                                          ⑤
    }

    //获得计算三角形面积函数
    var area = getArea("tria");                                         ⑥
    console.log("底 10 高 13,三角形面积: " + area(10, 15));              ⑦

    //获得计算长方形面积函数
    var area = getArea("rect");                                         ⑧
    console.log("宽 10 高 15,计算长方形面积: " + area(10, 15));          ⑨
```

上述代码第①行定义函数 getArea(type),第②行代码是声明 returnFunction 变量保存要返回的函数名。第③行代码是在类型 type 为 rect(即长方形)情况下,把前面定义的 rectangleArea 函数名赋值给 returnFunction 变量。第④代码是在类型 type 为 tria(即三角形)情况下,把前面定义的 triangleArea 函数名赋值给 returnFunction 变量。第⑤代码是将 returnFunction 变量返回。

第⑥行和⑧行代码是调用函数 getArea,返回值 area 是函数类型。第⑦行和⑨行代码中的 area(10,15)是调用函数。

上述代码运行结果如下:

```
底 10 高 13,三角形面积: 75.0
宽 10 高 15,计算长方形面积: 150.0
```

此外,还可以采用匿名函数作为返回值。修改上面的示例代码如下:

```
function getArea(type) {
    var returnFunction;
    switch (type) {
```

```
            case "rect":                                //rect 表示长方形
                returnFunction = function rectangleArea(width, height) {        ①
                    var area = width * height;
                    return area;
                };
                break;
            case "tria":                                //tria 表示三角形
                returnFunction = function triangleArea(bottom, height) {        ②
                    var area = 0.5 * bottom * height;
                    return area;
                };
        }
        return returnFunction;
    }

    //获得计算三角形面积函数
    var area = getArea("tria");
    console.log("底 10 高 13,三角形面积: " + area(10, 15));

    //获得计算长方形面积函数
    var area = getArea("rect");
    console.log("宽 10 高 15,计算长方形面积: " + area(10, 15));
```

我们采用匿名函数赋值给 returnFunction 变量,第①行和第②行代码采用匿名函数表达式。

2.10 JavaScript 中的面向对象

面向对象是一种新兴的程序设计方法,是一种新的程序设计规范,其基本思想是使用对象、类、继承、封装、消息等基本概念来进行程序设计。从现实世界中客观存在的事物(即对象)出发来构造软件系统,并且在系统构造中尽可能运用人类的自然思维方式。

面向对象最重要的两个概念是对象和类。

对象是系统中用来描述客观事物的一个实体,它是构成系统的一个基本单位。一个对象由一组属性和对这组属性进行操作的一组函数组成。

类是具有相同属性和函数的一组对象的集合,它为属于该类的所有对象提供了统一的抽象描述,其内部包括属性和函数两个主要部分。需要注意的是,JavaScript 语言中并没有提供类的定义能力,我们只能直接创建对象。

2.10.1 创建对象

JavaScript 语言中虽然不能定义类,但可以直接创建对象,面向对象的效果是一样的。JavaScript 语言中创建对象代码的写法与其他常见语言(如 Java、C# 和 C++等)完全不同,有多种函数可以创建 JavaScript 中的对象。下面分别介绍。

1. 采用字面量创建对象

JavaScript 中的对象与数值、字符串等都属于基本数据类型，它们可以使用字面量来表示。对象字面量类似于 JSON[①] 对象，采用对象字面量表示的 JavaScript 对象是一个无序的"名称/值"对集合，一个对象以"{"(左括号)开始，"}"(右括号)结束。每个"名称"后跟一个":"(冒号)，"名称-值"对之间使用","(逗号)分隔，语法如图 2-11 所示。

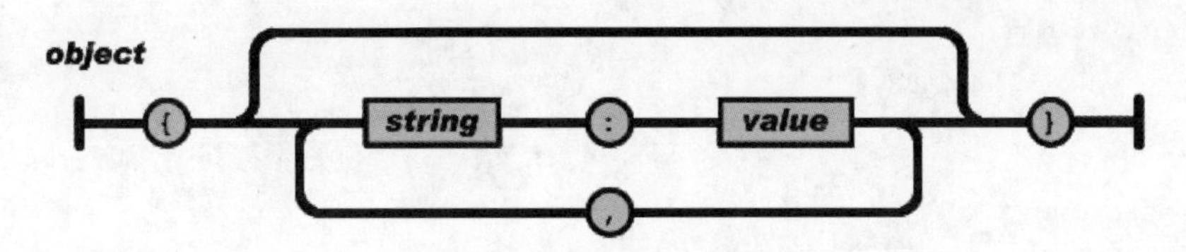

图 2-11 JavaScript 对象字面量表示语法结构图

字面量的每一个"名称/值"对就是对象的一个属性。

示例代码如下：

```
var Person = {                                                    ①
    name: "Tony",                                                 ②
    age : 18,                                                     ③
    description : function() {                                    ④
        var rs = this.name + "的年龄是:" + this.age;               ⑤
        return rs;
    }
}

var p = Person;                                                   ⑥
console.log(p.description());                                     ⑦
```

上述代码创建了 Person 对象，其中第①行代码是声明对象名为 Person，第②行代码是定义 Person 对象的 name 属性，第③行代码是定义 Person 对象的 age 属性，它们都采用"名称/值"对方式。

第④行代码很特殊，它是定义对象的 description 函数，也是采用"名称/值"对结构，但是"值"部分是一个函数。第⑤行代码是访问对象的 name 和 age 属性，我们需要使用 this 关键字，this 关键字指代当前对象。

第⑥行代码 var p = Person 是将 Person 对象赋值给 p 变量，这时 p 和 Person 是同一个东西。第⑦行代码调用 Person 对象 description() 函数。

2. 使用 Object.create() 函数创建对象

使用 Object.create() 函数的优势在于能够在原来对象基础上复制出一个新的对象。

---

① JSON (JavaScript Object Notation)，是一种轻量级的数据交换格式。

示例代码如下：

```
var Person = {                                                      ①
    name: "Tony",
    age: 18,
    description: function () {
        var rs = this.name + "的年龄是:" + this.age;
        return rs;
    }
}

var p = Person;
console.log(p.description());

var p1 = Object.create({                                            ②
    name: "Tom",
    age: 28,
    description: function () {
        var rs = this.name + "的年龄是:" + this.age;
        return rs;
    }
});
console.log(p1.description());

var p2 = Object.create(Person);                                     ③
p2.age = 29;                                                        ④
console.log(p2.description());

console.log(Person.description());                                  ⑤
```

运行结果：

```
Tony 的年龄是:18
Tom 的年龄是:28
Tony 的年龄是:29
Tony 的年龄是:18
```

上述代码第①行创建对象 Person，第②行和第③行代码都是通过 Object. create()函数创建对象。但是第②行 Object. create()函数的参数还是采用对象字面量标识。第③行的 Object. create()函数的参数为 Person 对象，相当于赋值了 Person 对象，而且是“深层复制”，但在第④行修改 p2 对象的 age 属性后，不会对 Person 对象产生任何影响，所有在第⑤行代码打印 Person 对象的内容仍然是“Tony 的年龄是:18”。

3. 使用函数对象

我们还可以通过构造函数创建对象，示例代码如下：

```
function Student(name, age) {                                       ①
```

```
    this.name = name;                                   ②
    this.age = age;                                     ③
    this.description = function () {                    ④
        var rs = this.name + "的年龄是:" + this.age;     ⑤
        return rs;
    }
}

var p3 = new Student('Tony', 28);                       ⑥
var p4 = new Student('Tom', 38);                        ⑦
console.log(p3.description());
console.log(p4.description());
```

上述代码第①行是声明构造函数，构造函数可以初始化对象属性，其中 name 和 age 是构造函数的参数。第②行代码 this. name = name 是通过 name 参数初始化 name 属性，第③行代码 this. age = age 是通过 age 参数初始化 age 属性。第④行代码很特殊，它是定义对象的 description 函数，第⑤行代码是访问对象的 name 和 age 属性，我们需要使用 this 关键字，this 关键字指当前对象。

第⑥行和第⑦行代码是创建 Student 对象 p3 和 p4，p3 和 p4 是两个不同的对象。

2.10.2 常用内置对象

JavaScript 中有一些常用的内置对象，它们是 Object、Array、Boolean、Number、String、Math、Date、RegExp 和 Error。

下面分别介绍 Object、String、Math 和 Date 类的使用。

1. Object 对象

Object 对象是所有 JavaScript 对象的根，每一个对象都继承于 Object 对象。示例代码如下：

```
var o = new Object();                                   ①

console.log(o.toString());                              ②
console.log(o.constructor);                             ③
console.log(o.valueOf());                               ④
```

运行结果如下：

```
[object Object]
[Function: Object]
{}
```

上述代码第①行是创建 Object 对象，第②行代码是调用 Object 对象的 toString()函数，该函数返回描述对象的字符串。第③行代码是调用 Object 对象的 constructor 属性，可以返回对象的构造函数。第④行代码是调用 Object 对象的 valueOf()函数，可以返回对象的对应的值。

2. String 对象

String 是字符串对象，String 对象有很多常用函数。示例代码如下：

```
var s = new String("Tony Guan");                            ①
console.log(s.length);                  //9                  ②
console.log(s.toUpperCase());           //TONY GUAN          ③
console.log(s.toLowerCase());           //tony guan          ④

console.log(s.charAt(0));               //T                  ⑤
console.log(s.indexOf('n'));            //2                  ⑥
console.log(s.lastIndexOf('n'));        //8                  ⑦

console.log(s.substring(5, 9));         //Guan               ⑧
console.log(s.split(" "));              //[ 'Tony', 'Guan' ] ⑨
```

上述代码第①行是创建 String 对象，第②行代码调用 String 对象的 length 属性，属性 length 是获得字符串的长度。第③行代码调用 String 对象的 toUpperCase() 函数，它将字符串中的字符转换为大写。第④行代码调用 String 对象的 toLowerCase() 函数，它将字符串中的字符转换为小写。

第⑤行代码调用 String 对象的 charAt(index) 函数，获得字符串 index 索引位置的字符。第⑥行代码调用 String 对象的 indexOf('n') 函数，从前面查找字符串中字符串 n 所在的位置。第⑦行代码调用 String 对象的 lastIndexOf('n') 函数，从后面查找字符串中字符串 n 所在的位置。

第⑧行代码调用 String 对象的 substring(5, 9) 函数，截取子字符串 5 为开始位置，9 为结束位置。第⑨行代码调用 String 对象的 split(" ") 函数，指定字符分割字符串，返回值是数组类型。

3. Math 对象

Math 对象是与数学计算有关系的对象。示例代码如下：

```
console.log(Math.PI);                                       ①
console.log(Math.SQRT2);                                    ②
console.log(Math.random());                                 ③

console.log(Math.min(1,2,3));                               ④
console.log(Math.max(1,2,3));                               ⑤

console.log(Math.pow(2, 3));                                ⑥
console.log(Math.sqrt(9));                                  ⑦
```

上述代码第①行 Math.PI 是获得圆周率常量，第②行 Math.SQRT2 是 2 的平方根，第③行 Math.random() 是获得 0～1 之间随机数。第④行是获得集合中的最小值，第⑤行是获得集合中的最大值。第⑥行 Math.pow(2, 3) 是计算 2 的 3 次幂。第⑦行 Math.sqrt(9)

是计算 9 的平方根。

4. Date 对象

Date 是日期对象。示例代码如下：

```
var d = new Date();                                              ①
console.log(d.toString());                                       ②

var d = new Date('2009 11 12');                                  ③
console.log(d.toString());

var d = new Date('1 2 2012');                                    ④
console.log(d.toString());
console.log(d.getYear());                    //112               ⑤
console.log(d.getMonth());                   //0                 ⑥
console.log(d.getDay());                     //1                 ⑦
```

运行结果：

```
Sat Aug 30 2014 15:06:44 GMT+0800 (中国标准时间)
Thu Nov 12 2009 00:00:00 GMT+0800 (中国标准时间)
Mon Jan 02 2012 00:00:00 GMT+0800 (中国标准时间)
112
0
1
```

上述代码第①行、第③行和第④行创建 Date 对象，它们提供了不同的构造函数，其中第①行代码的构造函数是空的，它能够获得当前系统时间。第③行代码的构造函数是通过年、月、日创建对象，第④行代码的构造函数是通过月、日、年格式创建对象。

第②行代码通过 toString()函数输出对象的描述信息，这些信息是对象日期相关信息。

第⑤行代码通过 getYear()函数获得日期对象的“年”信息，这个“年”需要＋1900 才是习惯的表示方式。第⑥行代码通过 getMonth()函数获得日期对象的“月”信息，这个“月”需要＋1 才是习惯的表示方式。第⑦行代码通过 getDay()函数获得日期对象的“星期”信息，如果是星期日，getDay()函数返回 0，如果是星期一，getDay()函数返回 1，以此类推，星期六返回 6。

2.10.3　原型

每一个 JavaScript 对象都是从一个原型继承而来的，可以通过它的 prototype 属性获得该原型对象。JavaScript 对象继承机制是建立在原型模型基础之上的。

下面通过矢量对象介绍原型的使用。我们知道，在物理学中矢量是有方向和大小的，因此需要两个属性分别表示大小和方向。矢量 Vector 对象代码如下：

```
function Vector(v1, v2) {                                        ①
    this.vec1 = v1;                                              ②
```

```
    this.vec2 = v2;                                               ③

    this.add = function (vector) {                                ④
        this.vec1 = this.vec1 + vector.vec1;                      ⑤
        this.vec2 = this.vec2 + vector.vec2;                      ⑥
    }

    this.toString = function () {                                 ⑦
        console.log("vec1 = " + this.vec1 + ", vec2 = " + this.vec2);
    }
}


var vecA = new Vector(10.5, 4.7);
var vecB = new Vector(32.2, 47);
//vecA = vecA + vecB 赋值给 vecA
vecA.add(vecB);
vecA.toString();
```

运行结果：

```
vec1 = 42.7, vec2 = 51.7
```

上述代码第①行声明 Vector 矢量对象，第②行和第③行定义的 vec1 和 vec2 属性分别代表矢量的大小和方向属性。第④行定义两个矢量相加函数，第⑤行是两个矢量的 vec1 属性相加，第⑥行是两个矢量的 vec2 属性相加。第⑦行是定义打印矢量内容函数。

随着需要的变化，还需要矢量相减函数。可以使用原型扩展矢量相减功能。示例代码如下：

```
function Vector(v1, v2) {
    this.vec1 = v1;
    this.vec2 = v2;

    this.add = function (vector) {
        this.vec1 = this.vec1 + vector.vec1;
        this.vec2 = this.vec2 + vector.vec2;
    }

    this.toString = function () {
        console.log("vec1 = " + this.vec1 + ", vec2 = " + this.vec2);
    }
}

Vector.prototype.sub = function (vector) {                        ①
    this.vec1 = this.vec1 - vector.vec1;                          ②
```

```
    this.vec2 = this.vec2 - vector.vec2;                                    ③
}

var vecA = new Vector(10.5, 4.7);
var vecB = new Vector(32.2, 47);
vecA.sub(vecB);
vecA.toString();
```

运行结果：

```
vec1 = -21.700000000000003, vec2 = -42.3
```

上述代码第①行是增加 sub(矢量相减)函数，Vector.prototype 是矢量对象的原型属性。第②行是两个矢量的 vec1 属性相减，第③行是两个矢量的 vec2 属性相减。

我们不仅可以使用原型扩展对象函数，还可以扩展对象的属性。

2.11 Cocos2d-x JS API 中 JavaScript 继承

JavaScript 语言本身没有提供类，没有其他语言的类继承机制，它的继承是通过对象的原型实现的，但这不能满足 Cocos2d-x JS API 的要求。由于 Cocos2d-x JS API 是从 Cocos2d-x C++API 演变而来的，在 Cocos2d-x JS API 的早期版本 Cocos2d-HTML 中几乎所有的 API 都是模拟 Cocos2d-x C++API 来设计的，其中很多对象和函数比较复杂，用 JavaScript 语言描述起来就有些力不从心了。

在开源社区中，John Resiq 在他的博客(http://ejohn.org/blog/simple-javascript-inheritance/)中提供了一种简单的 JavaScript 继承(Simple JavaScript Inheritance)方法。

John Resiq 的简单 JavaScript 继承方法灵感来源于原型继承机制，具有与 Java 等面向对象一样的类概念，他还设计了所有类的根类 Class，代码如下：

```
/* Simple JavaScript Inheritance
 * By John Resig http://ejohn.org/
 * MIT Licensed.
 */
// Inspired by base2 and Prototype
(function(){
  var initializing = false, fnTest = /xyz/.test(function(){xyz;}) ? /\b_super\b/ : /.*/;

  // The base Class implementation (does nothing)
  this.Class = function(){};

  // Create a new Class that inherits from this class
  Class.extend = function(prop) {
    var _super = this.prototype;
```

```
// Instantiate a base class (but only create the instance,
// don't run the init constructor)
initializing = true;
var prototype = new this();
initializing = false;

// Copy the properties over onto the new prototype
for (var name in prop) {
  // Check if we're overwriting an existing function
  prototype[name] = typeof prop[name] == "function" &&
    typeof _super[name] == "function" && fnTest.test(prop[name]) ?
    (function(name, fn){
      return function() {
        var tmp = this._super;

        // Add a new ._super() method that is the same method
        // but on the super - class
        this._super = _super[name];

        // The method only need to be bound temporarily, so we
        // remove it when we're done executing
        var ret = fn.apply(this, arguments);
        this._super = tmp;

        return ret;
      };
    })(name, prop[name]) :
    prop[name];
}

// The dummy class constructor
function Class() {
  // All construction is actually done in the init method
  if ( !initializing && this.init )
    this.init.apply(this, arguments);
}

// Populate our constructed prototype object
Class.prototype = prototype;

// Enforce the constructor to be what we expect
Class.prototype.constructor = Class;

// And make this class extendable
Class.extend = arguments.callee;

return Class;
```

```
  };
})();
```

与 Java 中的 Object 一样，所有类都直接或间接继承自 Class，下面是继承 Class 的实例：

```
var Person = Class.extend({                                              ①
    init: function (isDancing) {                                         ②
        this.dancing = isDancing;
    },
    dance: function () {                                                 ③
        return this.dancing;
    }
});

var Ninja = Person.extend({                                              ④
    init: function () {                                                  ⑤
        this._super(false);                                              ⑥
    },
    dance: function () {                                                 ⑦
        // Call the inherited version of dance()
        return this._super();                                            ⑧
    },
    swingSword: function () {                                            ⑨
        return true;
    }
});

var p = new Person(true);                                                ⑩
console.log(p.dance());                          // true                 ⑪

var n = new Ninja();                                                     ⑫
console.log(n.dance());                          // false                ⑬
console.log(n.swingSword());                     // true
```

如果你对 Java 语言的面向对象很熟悉，应该很容易看懂。其中，第①行代码是声明 Person 类，它继承自 Class，Class.extend()表示继承自 Class。第②行代码的定义构造函数 init，它的作用是初始化属性。第③行代码是定义普通函数 dance()，它可以返回属性 dancing。

第④行代码是声明 Ninja 类继承自 Person 类，第⑤行代码定义构造函数 init，在该函数中 this._super(false)语句是调用父类构造函数初始化父类中的属性，如代码第⑥行所示。第⑦行代码是重写 dance()函数，它会覆盖父类的 dance()函数。第⑧行代码是 this._super()是调用父类的 dance()函数。第⑨行代码是子类 Ninja 新添加的函数 swingSword()。

第⑩行代码通过 Person 类创建 p 对象，给构造函数的参数是 true。第⑪行代码是打印日志 p 对象 dance 属性，结果为 true。

第⑫行代码通过 Ninja 类创建 n 对象，构造函数的参数为空，默认初始化采用 false 初始化父类中的 dance 属性。因此，在代码第⑬行打印为 false。

这种简单的 JavaScript 继承方法事实上实现了一般意义上的面向对象概念的继承和多态机制。这种简单 JavaScript 继承方法是 Cocos2d-x JS API 继承机制的核心，Cocos2d-x JS API 稍微做了修改，熟悉简单 JavaScript 继承的用法对于理解和学习 Cocos2d-x JS API 非常重要。

本章小结

通过对本章的学习，读者可以了解 JavaScript 语言的基本语法，包括数据类型、表达式，还有对象等概念。

第 3 章

Cocos2d-x JS API 开发环境搭建

在详细介绍 Cocos2d-x 引擎的 JS API 之前，我们有必要介绍开发环境。这一章我们会介绍 Cocos2d-x JS API 开发环境搭建和 IDE 开发工具的使用。

3.1 搭建环境

在开发、编译、发布和运行 Cocos2d-x 游戏过程中都会用到一些工具，这些工具需要搭建环境。有两种方法可以搭建 Cocos2d-x 开发环境：一种是使用 Cocos2d-x 开发包，自己手动配置环境；另一种是使用 Cocos 引擎自动配置环境。第二种方式更适合初学者，本书重点介绍第二种方式搭建开发环境。

3.1.1 Cocos 引擎下载和安装

Cocos 开发团队提供了一个集成工具——Cocos 引擎，下载地址 http://www.cocos.com/download/，如图 3-1 所示，单击 Cocos 引擎图标，在页面的下方可以选择操作系统版本，然后单击后面的"立即下载"按钮下载。

下载完成之后，就可以双击安装文件进行安装了。Cocos 引擎安装成功后的目录(本例是 C:\Cocos)如图 3-2 所示，其中包含 Cocos Studio(Cocos 场景设计工具)、cocos-simulator-bin(Cocos 模拟器)、frameworks(Cocos2d-x 框架)、templates(Cocos2d-x 模板)和 tools(基本的环境工具 ant 和 Python27)。而且，Cocos 引擎安装还可设置系统环境变量。

3.1.2 Cocos Framework 下载和安装

如果安装目录下没有 frameworks，说明这个 Cocos 引擎不包含 frameworks，需要在 Cocos 引擎中下载和安装 frameworks。运行 Cocos 引擎的界面如图 3-3 所示，可以在"商店"中找 Cocos Framework，然后下载(参见图 3-4)。下载完成之后，可以在 Cocos 引擎"下载"→"已下载"中找到 Cocos Framework 安装文件进行安装。

图 3-1　Cocos 引擎

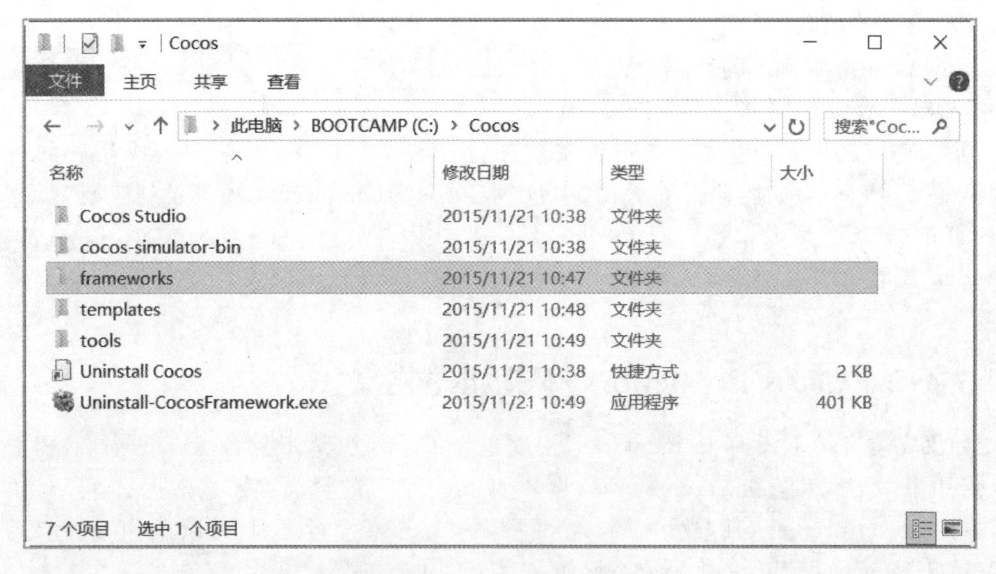

图 3-2　Cocos 引擎目录

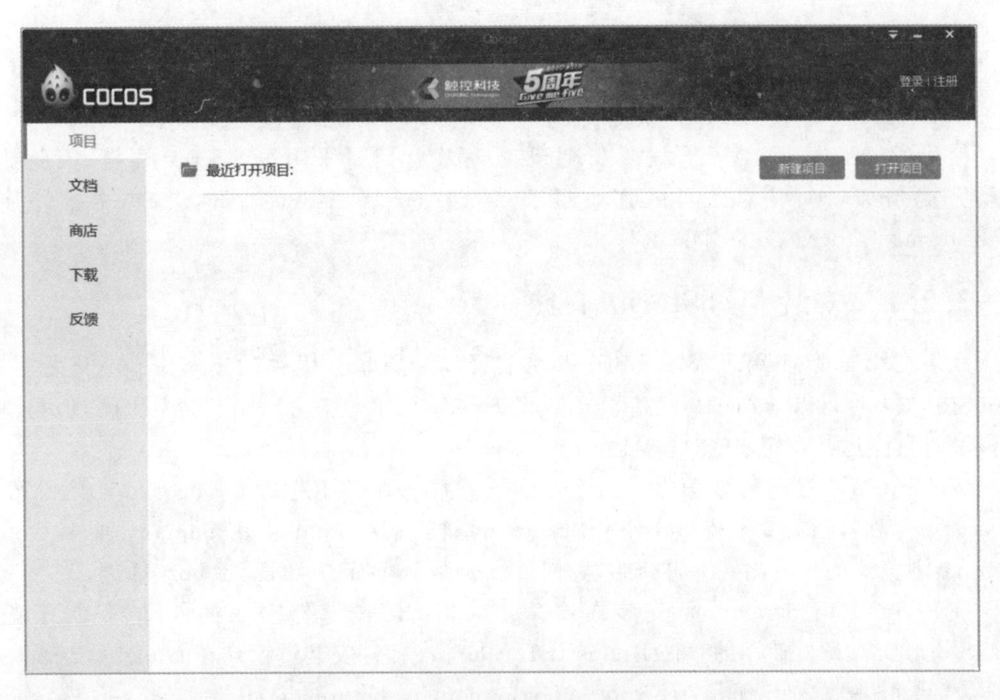

图 3-3 运行 Cocos 引擎界面

图 3-4 下载 frameworks 界面

3.2 集成开发工具

使用 Cocos2d-x JS API 开发游戏，主要的程序代码是采用 JavaScript 语言，因此凡是能够开发 JavaScript 语言工具的都适用于 Cocos2d-x JS API 游戏开发。本书推荐使用 WebStorm 和 Cocos Code IDE 工具。

3.2.1 安装 WebStorm 工具

我们在第 2 章使用了 WebStorm 开发工具，它是非常优秀的 JavaScript 开发工具，WebStorm 工具可以开发和调试基于 Cocos2d-x JS API 的 JavaScript 程序代码，但是测试和调试时只能运行在 Web 浏览器上。

WebStorm 安装过程在第 2 章已经介绍了，但是要想开发基于 Cocos2d-x JS API 的 JavaScript 程序，还需要安装 Google Chrome 浏览器和 JetBrains IDE Support 插件，Google Chrome 浏览器的安装此处不再介绍，我们重点介绍 JetBrains IDE Support 插件，

JetBrains IDE Support 是安装在 Google Chrome 浏览器上的插件，它是为了配合 WebStorm 工具调试使用的。JetBrains IDE Support 插件安装过程是在 Google Chrome 浏览器的网址中输入 https://chrome.google.com/webstore/detail/jetbrains-ide-support/hmhgeddbohgjknpmjagkdomcpobmllji 内容，安装页面如图 3-5 所示，在该页面中可以单击“已添加至 CHROME”按钮，安装插件。

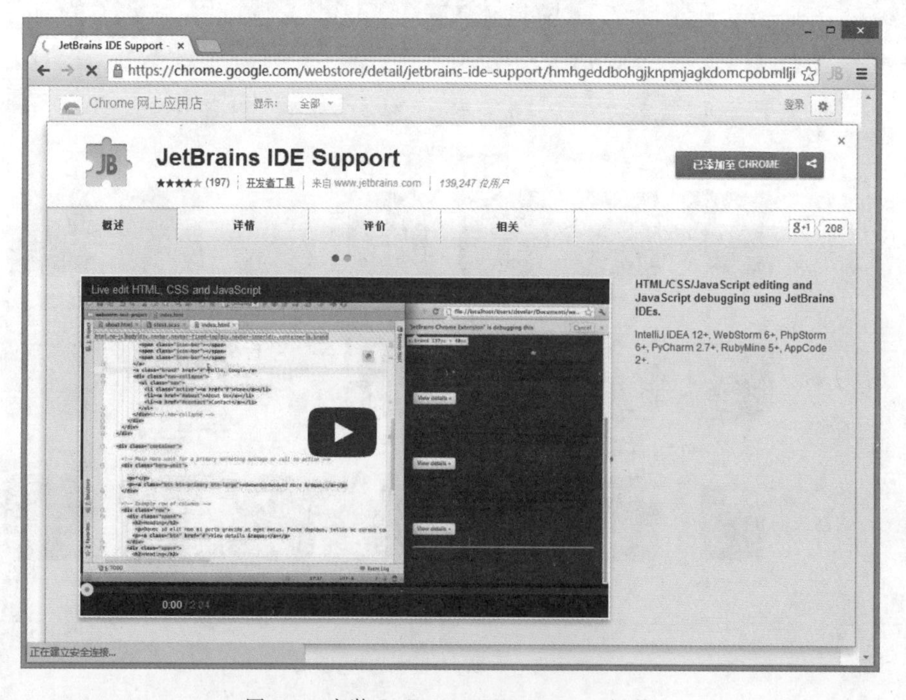

图 3-5 安装 JetBrains IDE Support 插件

安装成功后会在浏览器的地址栏后面出现“JB”图标，我们在后面的章节再介绍具体如何使用。

3.2.2　安装 Cocos Code IDE 工具

Cocos Code IDE 是 Cocos2d-x 团队开发的，目前版本是 2.0.0Beta，用于开发 Cocos2d-x JS API 和 Cocos2d-x Lua API 的开发工具。Cocos Code IDE 是基于 IntelliJ IDEA 平台的，IntelliJ IDEA 也是 jetbrains 公司开发，与 WebStorm 工具同源，因此需要安装 JDK 或 JRE，JDK 是 Java 开发工具包，JRE 是 Java 运行环境。

1. JDK 下载和安装

JDK 的版本要求为 JDK8 以上，图 3-6 是 JDK8 的下载界面。它的下载地址是 http://www.oracle.com/technetwork/java/javase/downloads/jdk8-downloads-2133151.html，其中有很多版本，注意选择对应的操作系统，以及 32 位还是 64 位安装的文件。

Java SE Development Kit 8u66

You must accept the Oracle Binary Code License Agreement for Java SE to download this software.

Thank you for accepting the Oracle Binary Code License Agreement for Java SE; you may now download this software.

Product / File Description	File Size	Download
Linux x86	154.67 MB	jdk-8u66-linux-i586.rpm
Linux x86	174.83 MB	jdk-8u66-linux-i586.tar.gz
Linux x64	152.69 MB	jdk-8u66-linux-x64.rpm
Linux x64	172.89 MB	jdk-8u66-linux-x64.tar.gz
Mac OS X x64	227.12 MB	jdk-8u66-macosx-x64.dmg
Solaris SPARC 64-bit (SVR4 package)	139.65 MB	jdk-8u66-solaris-sparcv9.tar.Z
Solaris SPARC 64-bit	99.05 MB	jdk-8u66-solaris-sparcv9.tar.gz
Solaris x64 (SVR4 package)	140 MB	jdk-8u66-solaris-x64.tar.Z
Solaris x64	96.2 MB	jdk-8u66-solaris-x64.tar.gz
Windows x86	181.31 MB	jdk-8u66-windows-i586.exe
Windows x64	186.65 MB	jdk-8u66-windows-x64.exe

图 3-6　下载 JDK

下载完成并默认安装完成之后，需要设置系统环境变量，主要是设置 JAVA_HOME 环境变量。打开环境变量设置对话框（如图 3-7 所示），可以在用户变量（上半部分，只影响当前用户）或系统变量（下半部分，影响所有用户）添加环境变量，一般情况下在用户变量中设置环境变量。

在用户变量部分单击“新建”按钮，然后弹出对话框，如图 3-8 所示。变量名为 JAVA_HOME，变量值为 C:\Program Files\Java\jdk1.8.0_66，注意变量值的路径。

为了防止安装了多个 JDK 版本对环境的不利影响，还可以在环境变量 Path 追加 C:\Program Files\Java\jdk1.8.0_66\bin 路径，如图 3-9 所示，在用户变量中找到 Path。双击打开 Path 修改对话框，如图 3-10 所示，追加 C:\Program Files\Java\jdk1.8.0_66\bin，注意 Path 之间用分号分隔。

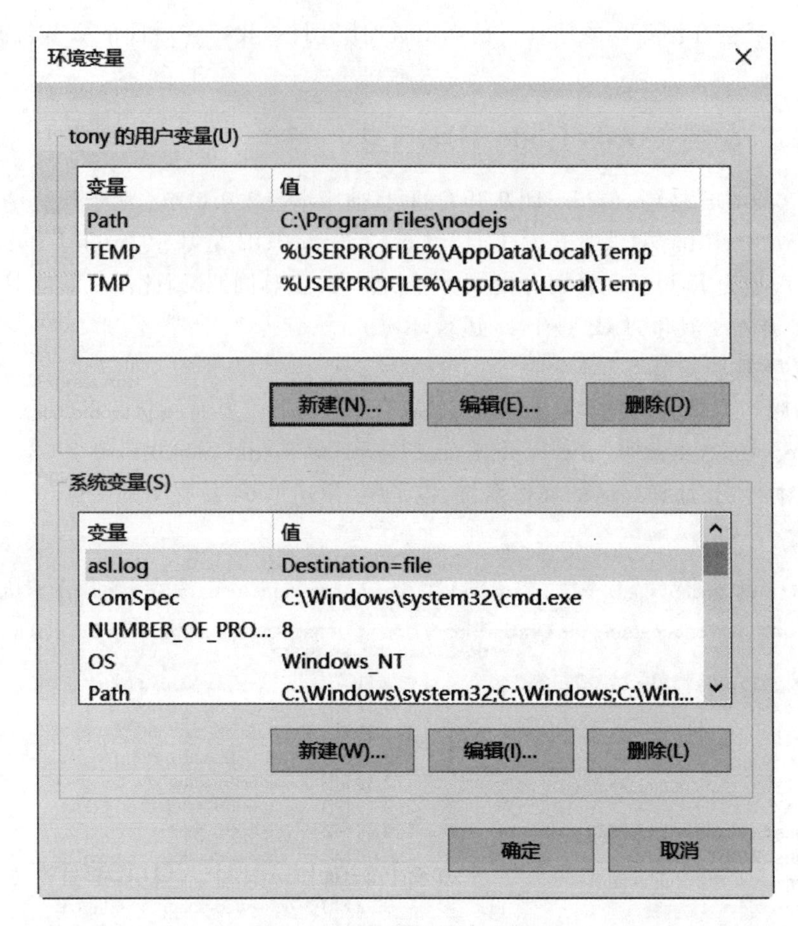

图 3-7 环境变量设置对话框

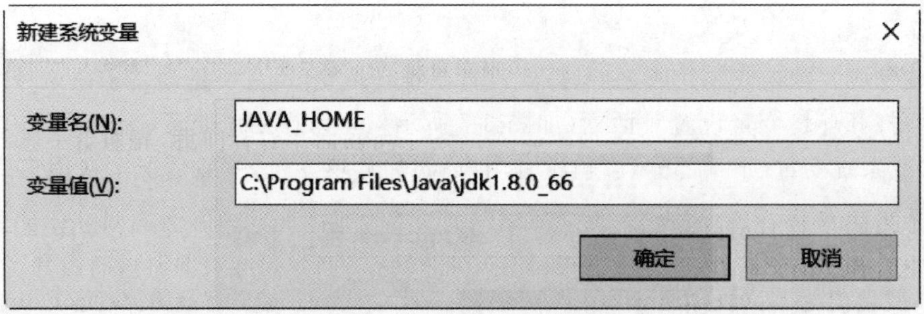

新建系统变量

变量名(N): JAVA_HOME

变量值(V): C:\Program Files\Java\jdk1.8.0_66

确定 取消

图 3-8 设置 JAVA_HOME

2. Cocos Code IDE 完整安装

完整的安装包含 IntelliJ IDEA 和 Cocos Code IDE 插件，下载地址：Windows 版本下载链接是 http://www.cocos2d-x.org/filedown/cocos-code-ide-2.0.0-beta.exe；Mac OS X 版

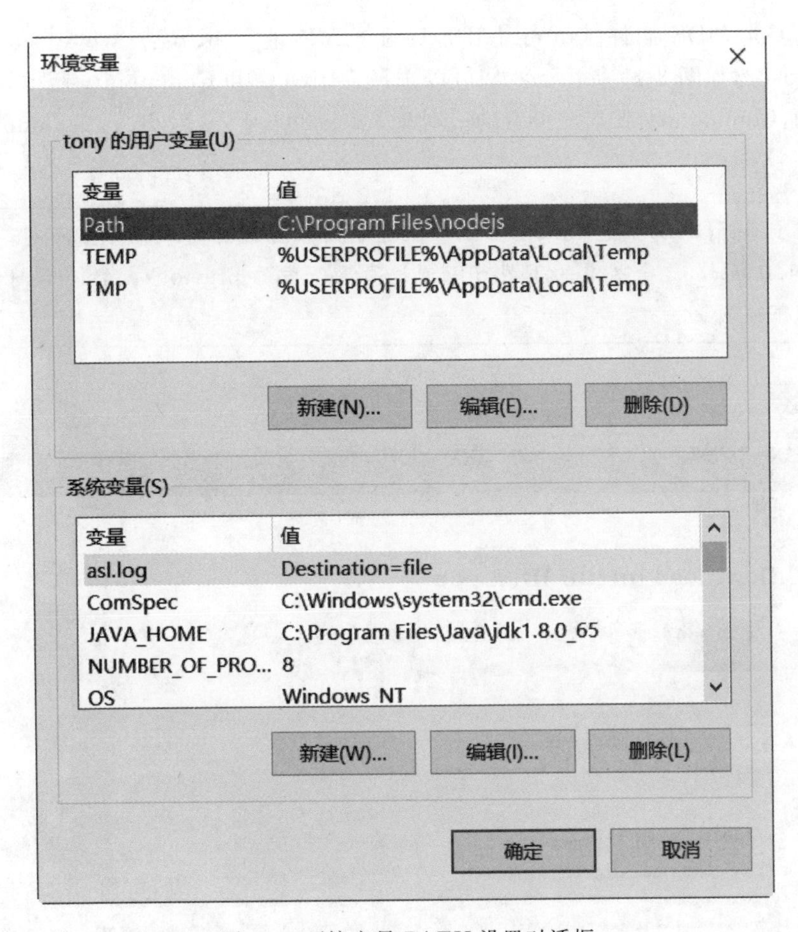

图 3-9 环境变量 PATH 设置对话框

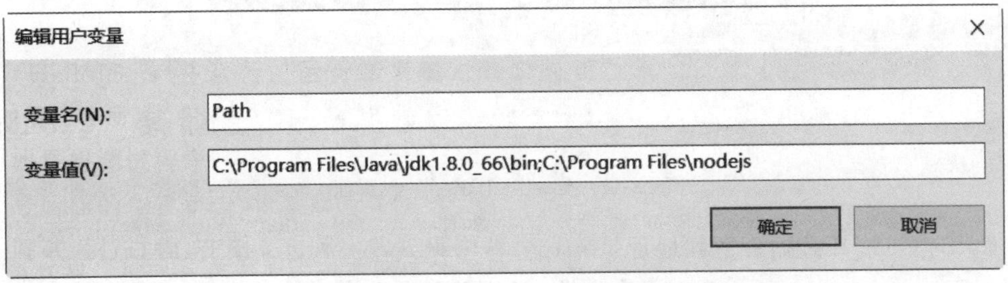

图 3-10 Path 修改对话框

本下载链接 http://www.cocos2d-x.org/filedown/cocos-code-ide-2.0.0-beta.dmg。这种方式安装比较简单，此处不过多介绍了。

3. Cocos Code IDE 插件安装

插件安装就是自己下载 Cocos Code IDE 插件和 IntelliJ IDEA，然后在 IntelliJ IDEA 中

配置 Cocos Code IDE 插件。IntelliJ IDEA 的下载地址是 https://www.jetbrains.com/idea/download/，如图 3-11 所示。我们可以选择 Ultimate 和 Community 版本，Ultimate 版本是收费的，Community 版本是免费的。对于 Cocos2d-x JS API 开发，Community 版本就够用。

提示 目前 IntelliJ IDEA 是 15.0.1 版本，在这个版本调试模式下有一些问题，笔者推荐使用 14.0 版本，这个版本的下载可以通过页面下方的 previous versions 超链接进入老版本下载页面。

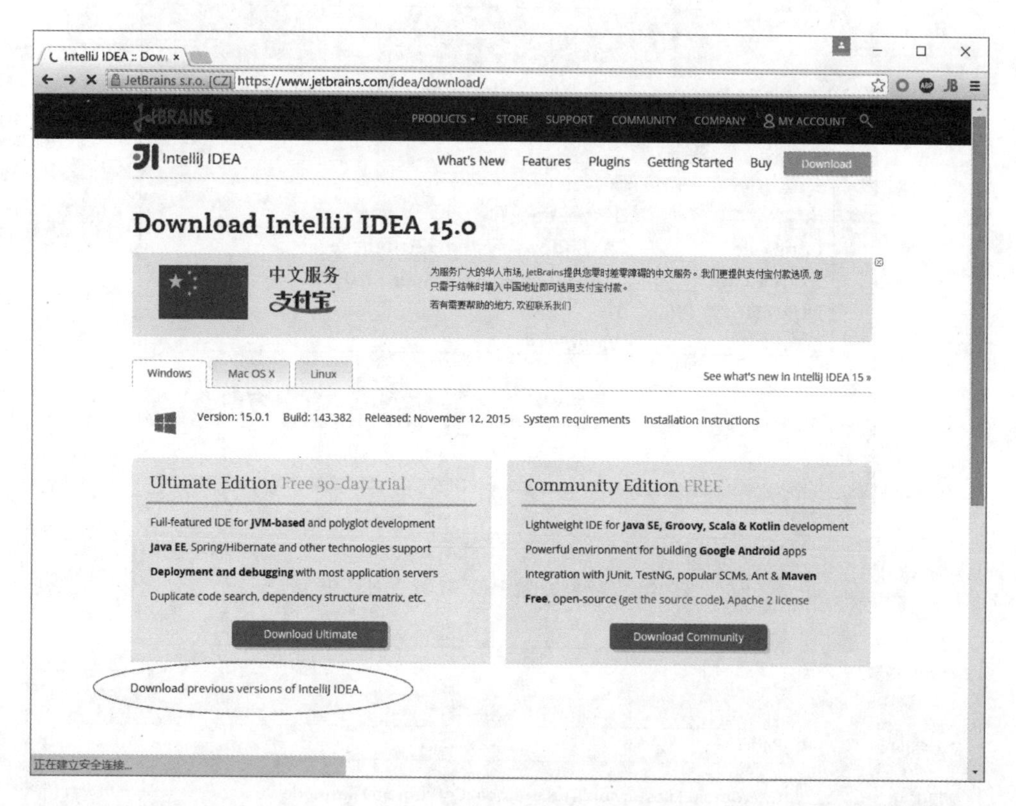

图 3-11 IntelliJ IDEA 下载页面

Cocos Code IDE 插件下载地址是 http://www.cocos2d-x.org/filedown/cocos-intellij-plugin-2.0.0-beta.zip，插件没有平台之分，无论是 Windows、Mac OS X 还是 Linux 都是通用的。

下载完成之后需要在 IntelliJ IDEA 中配置插件，启动 IntelliJ IDEA 后可以看到欢迎界面，如图 3-12 所示。在欢迎界面中单击 Configure→Plugins，弹出图 3-13 所示的插件安装对话框，单击 Install plugin from disk 按钮从磁盘中安装插件，安装完成后单击 OK 按钮关闭对话框。

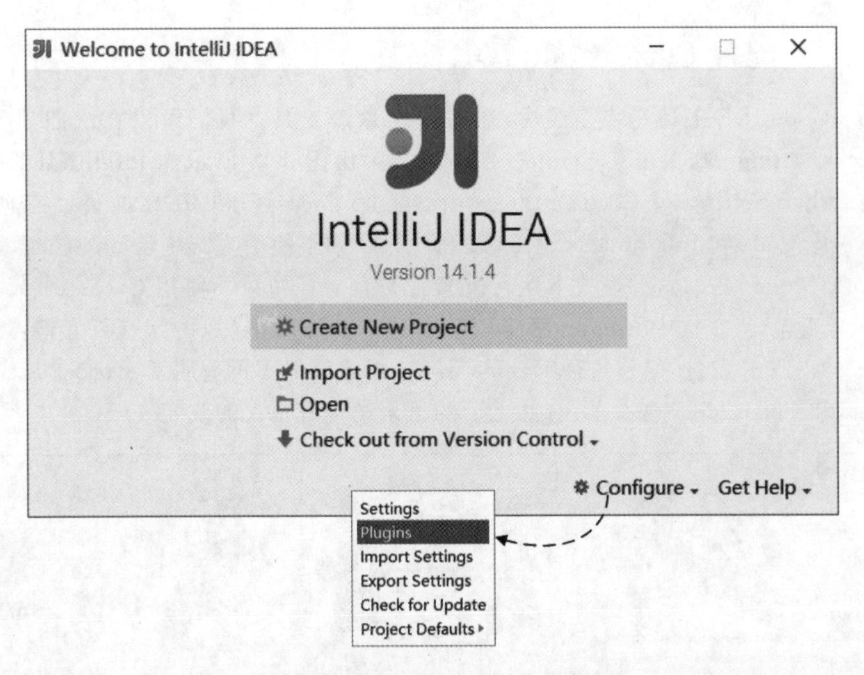

图 3-12 配置 Cocos Code IDE 插件

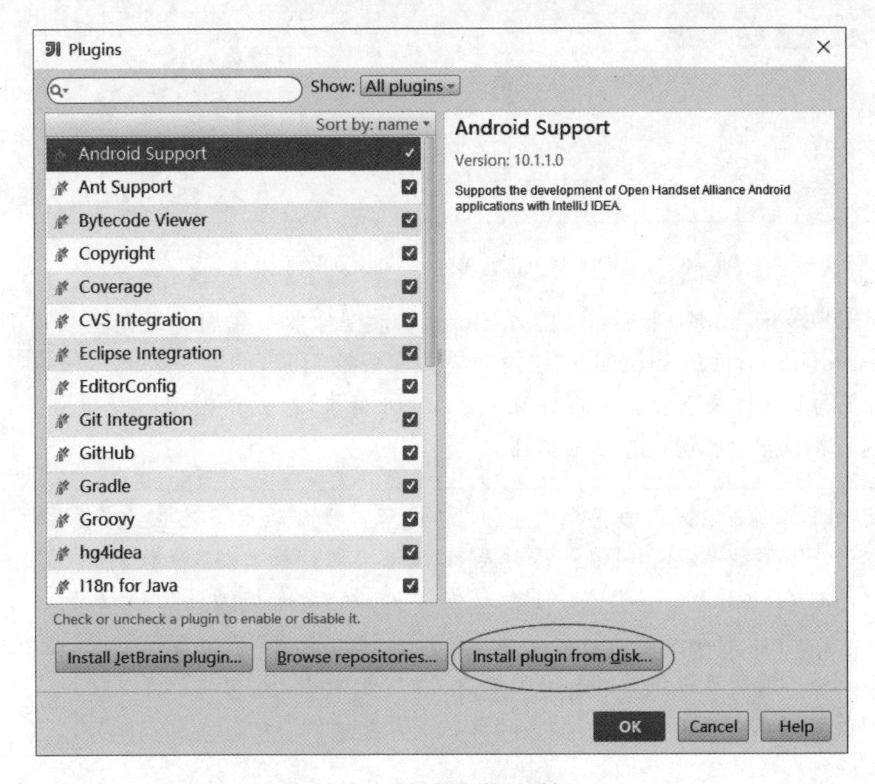

图 3-13 插件安装对话框

3.2.3 配置 Cocos Code IDE 工具

Cocos Code IDE 工具安装完成后，还需要配置该工具。我们可以在欢迎界面中单击 Configure→Settings，或单击菜单 File→Settings，弹出图 3-14 所示的 IntelliJ IDEA 配置对话框，在 Other Settings→Cocos Framework 配置 Cocos Code IDE 插件。有两种模式(Framework Mode 和 Engine Mode)可以配置插件，如果使用 Cocos Framework，可以配置 Framework Mode 模式，这种模式下运行配置比较简单；如果不使用 Cocos Framework 而是 Cocos 开发包，可以选中 Engine Mode 模式，其中 Lua 需要 Cocos2d-x 开发包，JavaScript 需要 Cocos2d-JS 开发包，但是这种 Engine Mode 模式已经不再适用了，Cocos2d-x 3.7 之后 Cocos2d-x 和 Cocos2d-JS 合并了，合并之后的目录结构有很大的改变。

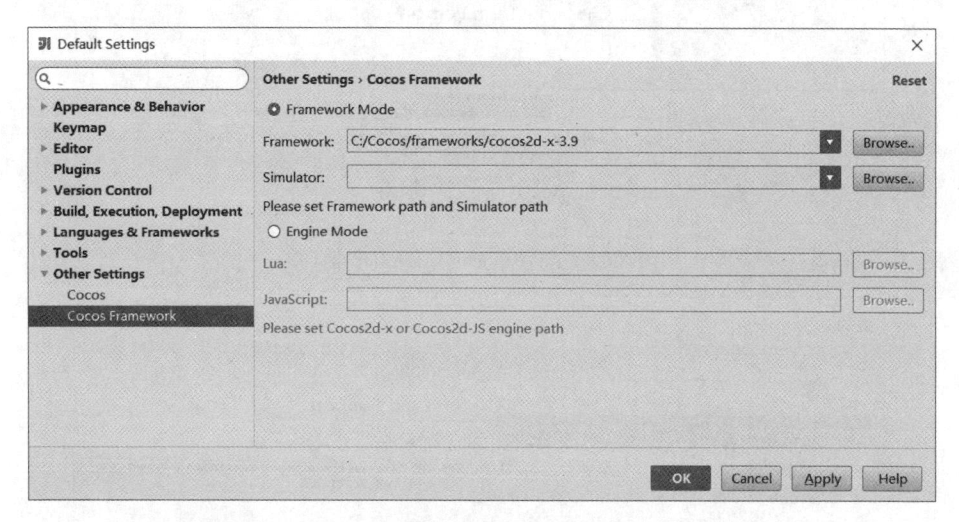

图 3-14 配置 Cocos Code IDE 工具

在 Framework Mode 下还需要配置 Simulator(模拟器)，我们可以在图 3-14 所示的界面中的 Simulator 后面的 Browse 按钮找到模拟器安装目录，如果安装了 Cocos 引擎，则在 Cocos 引擎的安装目录下会有 cocos-simulator-bin 目录，这就是模拟器安装目录。图 3-15 所示是笔者根据自己情况设置的模拟器。

注意 使用 Cocos 引擎提供的 Win32 模拟器时，程序无法进行日志输出，这是由于这个版本的 Win32 模拟器工具在编译时是 release 模式。解决办法是找到 Win32 模拟器源程序进行 debug 编译。我们可以在<cocos2d-x 开发包>\tools\simulator\frameworks\runtime-src\proj.win32 目录找到 Win32 模拟器程序代码，需要 Visual Studio 工具打开并进行 debug 编译。另外，也可以直接使用笔者编译好的模拟器，模拟器可以在本书工具包中找到，工具包下载地址请阅读前言中的说明。

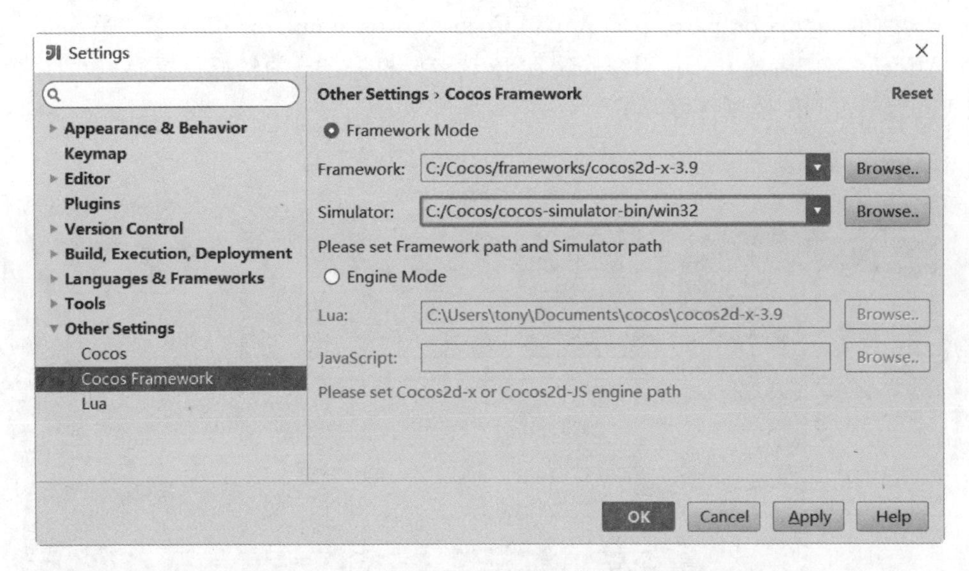

图 3-15　配置模拟器

有时候虽然模拟器设好了，但是还会出现无法找到模拟器的现象，我们可以设置重新设置模拟器环境，如图 3-16 所示，单击工具栏中的 HelloJS 按钮，在弹出的菜单中选择 Edit Configurations，会弹出图 3-17 所示的对话框，在 JSBinding Target Platform→Windows 7/

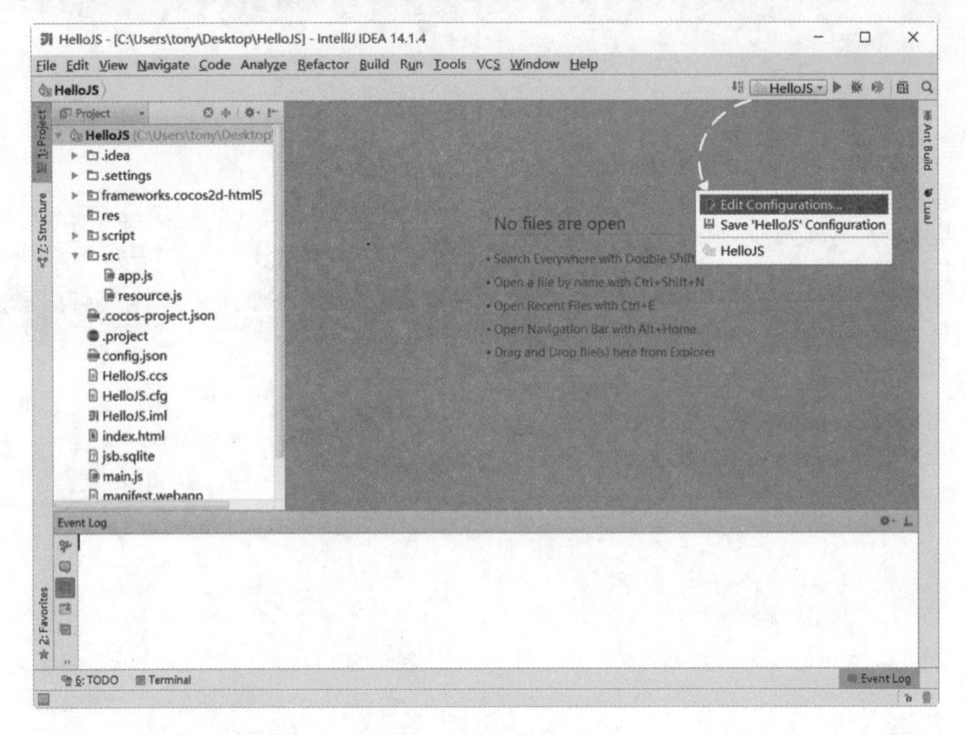

图 3-16　模拟器不存在

Windows 8 的 Simulator path 中输入 C:\Cocos\cocos-simulator-bin\win32\Simulator.exe,C:\Cocos 是笔者的 Cocos 引擎安装目录,读者要根据自己的情况设置模拟器目录。设置完成之后单击 OK 按钮就可以了。

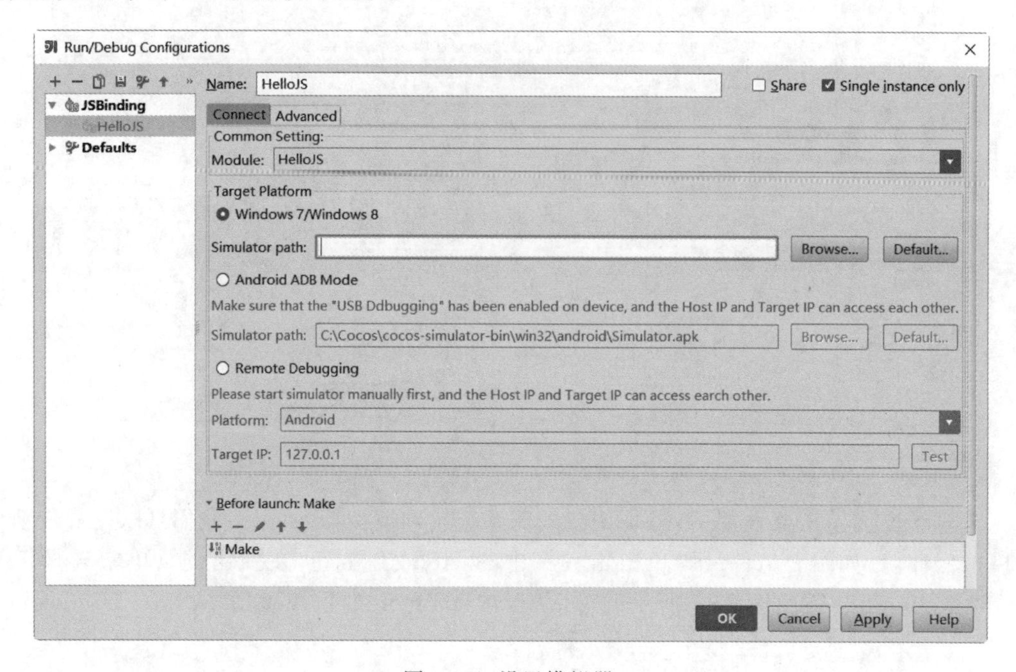

图 3-17 设置模拟器

本章小结

通过本章的学习,读者可以了解 Cocos2d-x JS API 开发环境的搭建,其中包括 Cocos 引擎工具、WebStorm 工具和 Cocos Code IDE 工具的安装与配置。

第4章 Cocos2d-x 引擎与 JS 绑定

游戏引擎是指一些已编写好的游戏程序模块。游戏引擎包含以下子系统：渲染引擎（即“渲染器”，含二维图像引擎和三维图像引擎）、物理引擎、碰撞检测系统、音效、脚本引擎、电脑动画、人工智能、网络引擎以及场景管理。

目前，移动平台游戏引擎主要分为 2D 和 3D 引擎。2D 引擎主要有 Cocos2d-iphone、Cocos2d-x、Corona SDK、Construct 2、WiEngine 和 Cyclone 2D；3D 引擎主要有 Unity3D、Unreal Development Kit、ShiVa 3D 和 Marmalade。此外，还有一些针对 HTML 5 的游戏引擎，如 Cocos2d-html5、X-Canvas 和 Sphinx 等。

这些游戏引擎各有千秋，但是得到市场普遍认可的 2D 引擎是 Cocos2d-x，3D 引擎是 Unity3D。

4.1 Cocos2d 家谱

在介绍 Cocos2d-x 引擎与 JS 绑定之前，有必要先介绍一下 Cocos2d 的家谱，如图 4-1 所示。

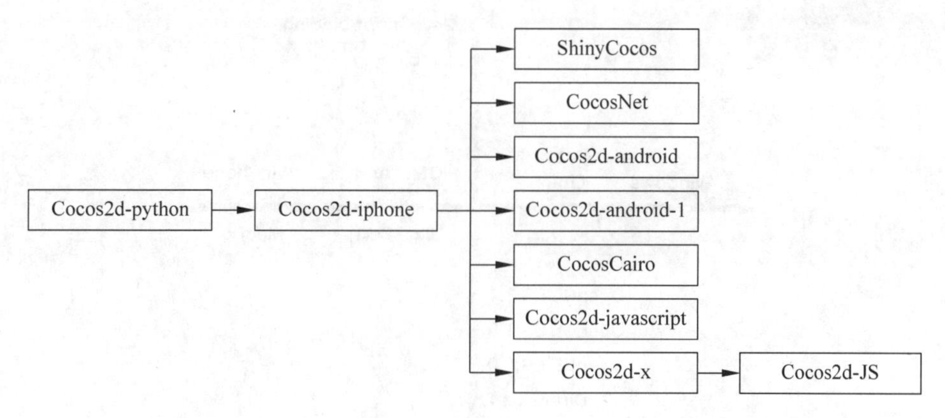

图 4-1 Cocos2d 的家谱

Cocos2d 最早是由阿根廷的 Ricardo 和他的朋友使用 Python 开发的，后移植到 iPhone 平台，使用的语言是 Objective-C。随着它在 iPhone 平台取得了成功，Cocos2d 引擎变得更加多元化，其中各个引擎介绍如下：

- ShinyCocos：使用 Ruby 对 Cocos2d-iphone 进行封装，使用 Ruby api 开发。
- CocosNet：是在 MonoTouch 平台上使用的 Cocos2d 引擎，采用.NET 实现。
- Cocos2d-android：是为 Android 平台使用的 Cocos2d 引擎，采用 Java 实现。
- Cocos2d-android-1：是为 Android 平台使用的 Cocos2d 引擎，采用 Java 实现，由国内人员开发的。
- Cocos2d-javascript：是采用 Javascript 脚本语言实现的 Cocos2d 引擎。
- Cocos2d-x：是采用 C++实现的 Cocos2d 引擎，它是由国内触控科技开发的分支项目。
- Cocos2d-JS：是采用 JavaScript API 的 Cocos2d 引擎，一方面它可以绑定在 Cocos2d-x 上开发基于本地技术的游戏；另一方面它依托浏览器运行，开发基于 Web 的网页游戏。它也是由国内触控科技开发的分支项目。在 Cocos2d-x 3.7 之后，Cocos2d-x 和 Cocos2d-JS 合并了。

此外，历史上 Cocos2d 还出现过很多其他分支，随着技术的发展逐渐消亡了，其中最有生命力的当属 Cocos2d-x 引擎了。

4.1.1 Cocos2d-x 引擎

Cocos2d-x 设计目标如图 4-2 所示。横向能够支持各种操作系统，桌面系统包括 Windows、Linux 和 Mac OS X，移动平台包括 iOS、Android、Windows Phone、Bada、BlackBerry 和 MeeGo 等。纵向方面，Cocos2d-x 向下能够支持 OpenGL ES1.1、OpenGL ES1.5、OpenGL ES2.0，以及 DirectX11 等技术，向上支持 JavaScript 和 Lua 脚本绑定。

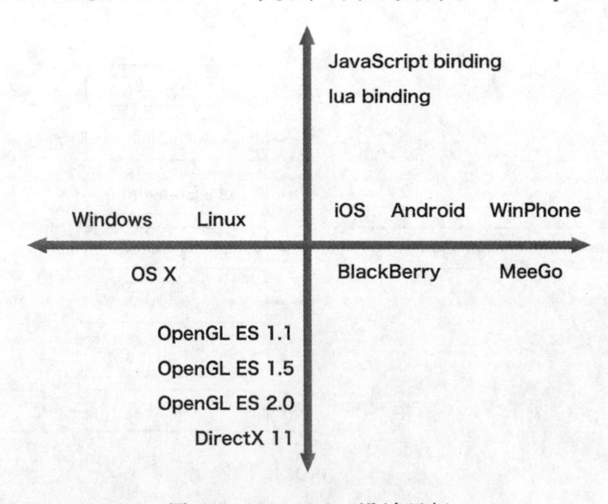

图 4-2 Cocos2d-x 设计目标

4.1.2　Cocos2d-x 绑定 JavaScript

Cocos2d-x 设计得非常巧妙，可以绑定 JavaScript 和 Lua 脚本语言，使不熟悉 C++的人员也能使用 Cocos2d-x 引擎开发游戏，它们不使用 C++语言的 API，而是使用 JavaScript 和 Lua 语言的 API。Cocos2d-x 绑定 JavaScript 脚本原理如图 4-3 所示。

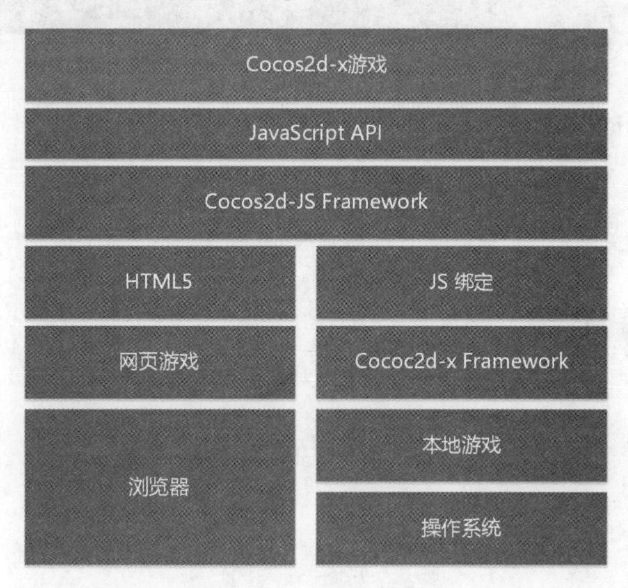

图 4-3　Cocos2d-x 绑定 JavaScript 脚本

如图 4-3 所示，通过 Cocos2d-JS Framework 暴露给开发人员 JavaScript API，这些 JavaScript 程序与 HTML5 技术结合，发布基于浏览器的网页游戏；另一方面，这些 JavaScript 程序通过 JS binding(JS 绑定)技术与 Cocos2d-x 引擎结合，发布基于操作系统的本地游戏。

4.2　第一个 Cocos2d-x JS 绑定游戏

我们编写第一个 Cocos2d-x JS 绑定程序，命名为 HelloJS，从该工程开始学习其他内容。

4.2.1　创建工程

创建 Cocos2d-x JS 绑定工程可以通过 Cocos2d-x 提供的命令工具 cocos 实现，但这种方式不能与 WebStorm 或 Cocos Code IDE 集成开发工具很好地集成，不便于程序编写和调试。由于 Cocos Code IDE 工具是专门为 Cocos2d-x JS 绑定和 Cocos2d-x Lua 绑定开发设计的，因此使用 Cocos Code IDE 工具可以很方便地创建 Cocos2d-x JS 绑定工程。

下面介绍使用 Cocos Code IDE 创建 Cocos2d-x JS 绑定工程的具体过程，在欢迎界面中单击 Create New Project 按钮，或选择菜单 File→New→Project，弹出图 4-4 所示的对话框。

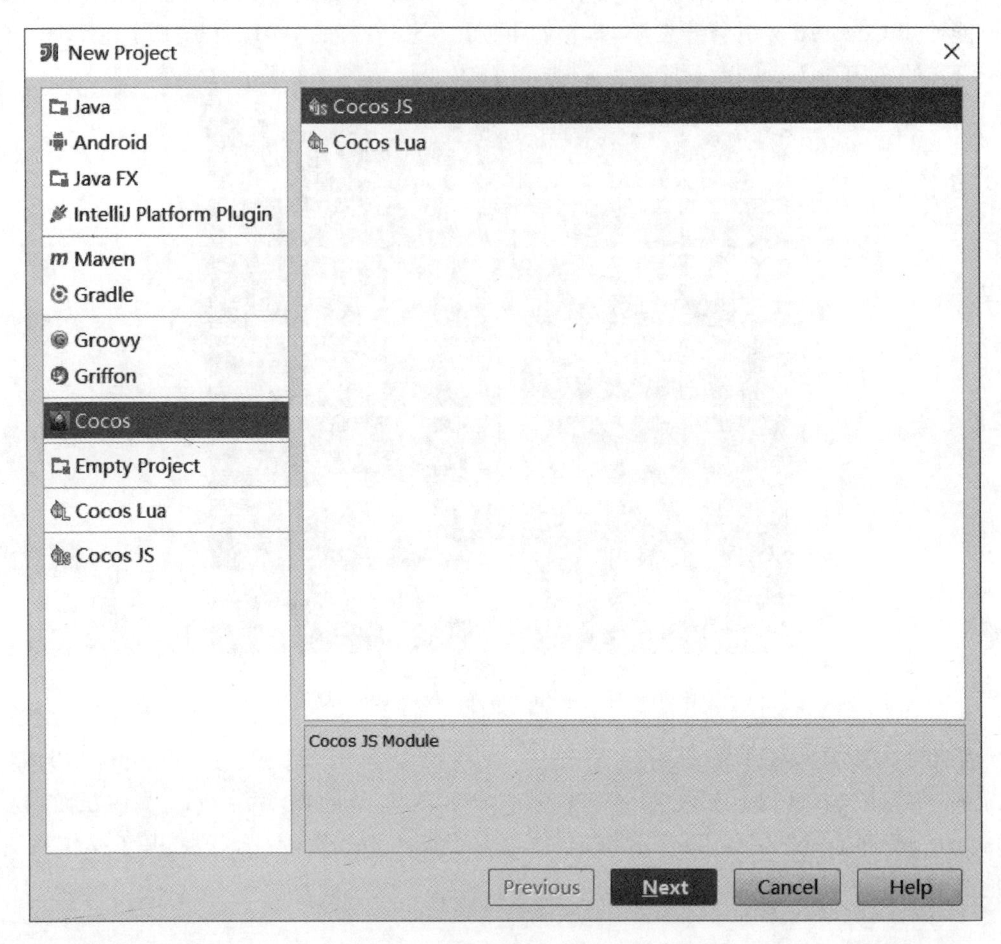

图 4-4　项目类型选择对话框

在对话框中选择 Cocos→Cocos JS，然后单击 Next 按钮进入图 4-5 所示的配置运行环境对话框，在该对话框中可以配置项目运行时信息。Orientation 项目是配置模拟器的朝向，其中 landscape 是横屏显示，portriat 是竖屏显示。在 Desktop Windows Initializing→Selection 中可以选择模拟器，选择完成后单击 Next 按钮进入图 4-6 所示的文件保存对话框。

在图 4-6 所示的文件保存对话框的 Project name 中输入文件名，本例是 HelloJS。在 Project location 中选择文件保存的位置。完成后单击 Finish 按钮，创建的工程如图 4-7 所示。

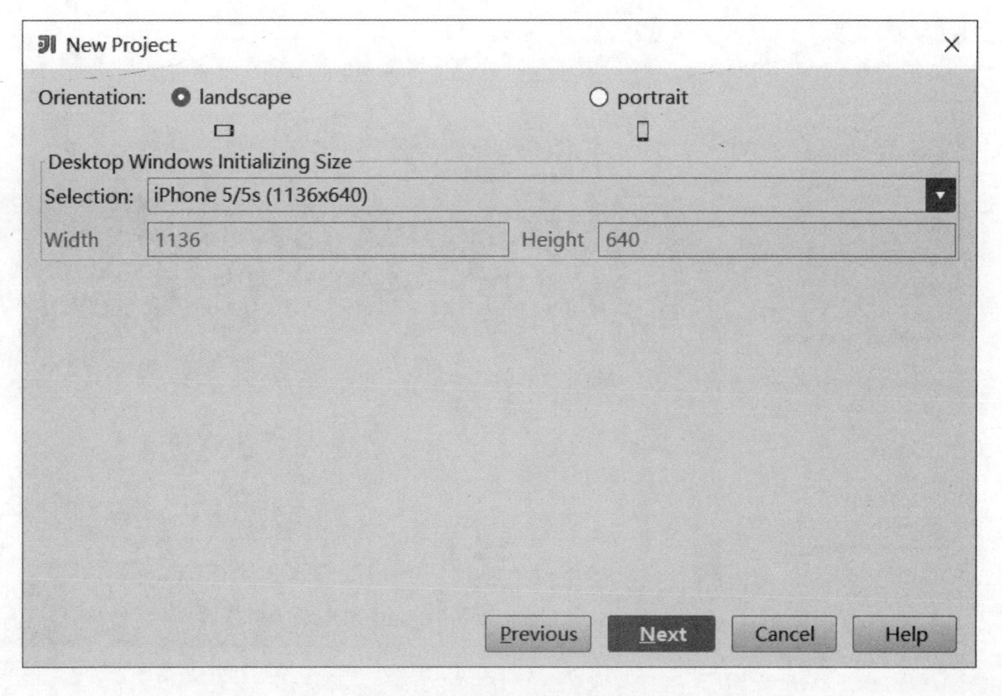

图 4-5 配置运行环境对话框

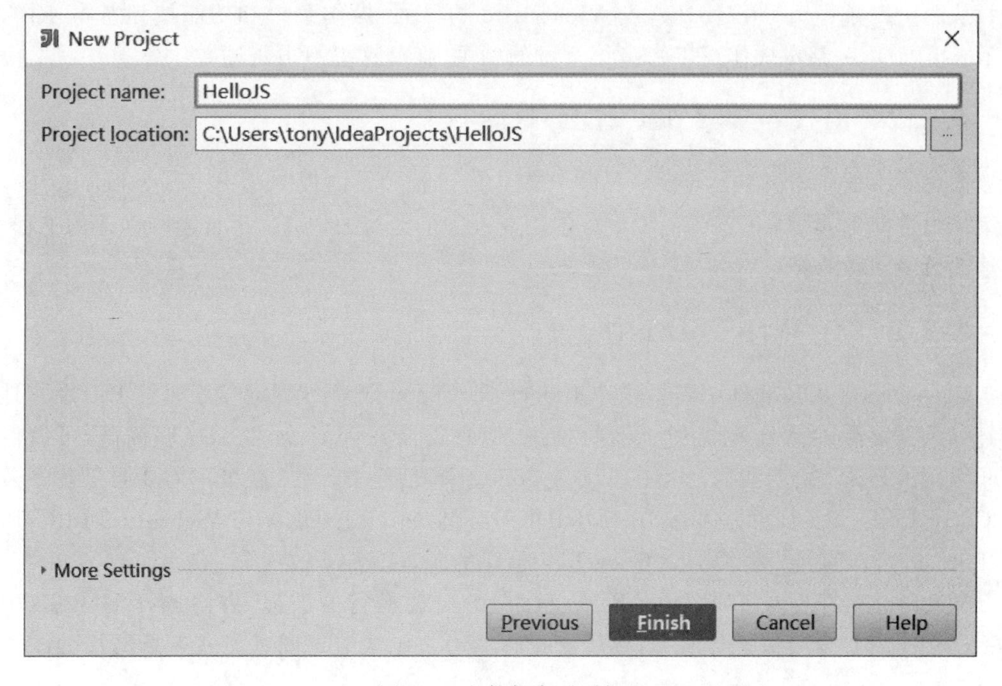

图 4-6 文件保存对话框

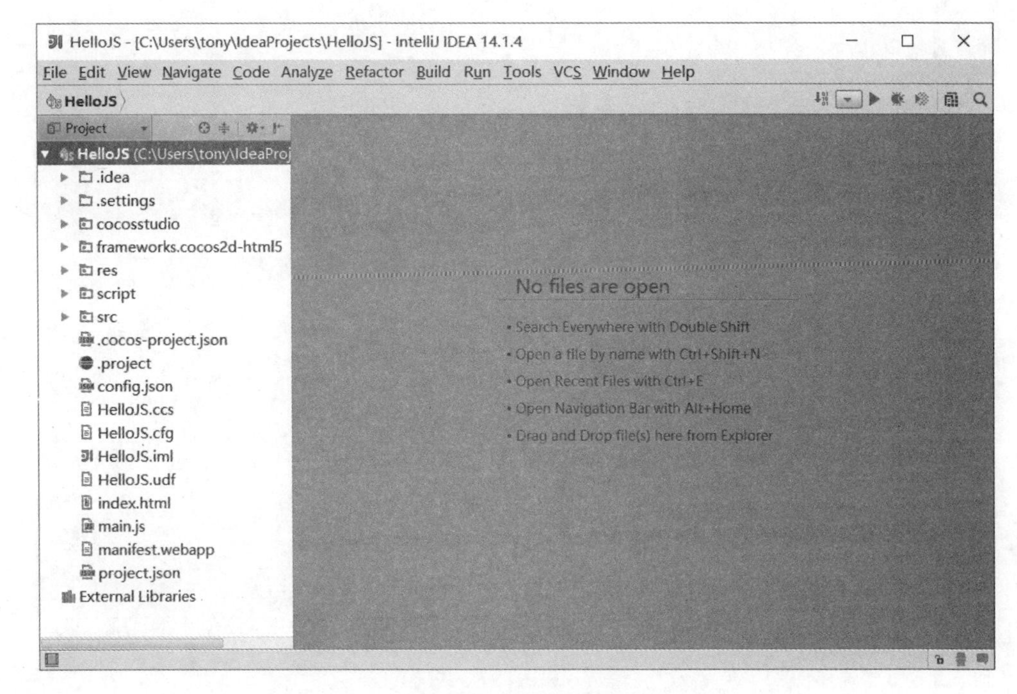

图 4-7 创建工程之后

从图 4-7 可见，IntelliJ IDEA 与 WebStorm 的界面、操作菜单和功能按钮基本一样，因此 IntelliJ IDEA 基本操作可以参考第 2 章的相关内容，这里不再赘述。

4.2.2 在 Cocos Code IDE 中运行

创建好工程后，我们可以测试一下，在左边的工程导航面板中选中工程名(HelloJS)，右键菜单中选择 Run As→'HelloJS'或单击工具栏中的运行按钮 ▶，运行刚刚创建的工程，运行结果如图 4-8 所示。

4.2.3 在 WebStorm 中运行

Cocos Code IDE 插件工具提供本地运行，即 Cocos2d-x JS 绑定程序通过 JSB 在本地运行。如果需要测试 Web 浏览器上运行情况，而且需要在 Web 环境下能够调试，可以使用 WebStorm 工具。由于我们已经在 Cocos Code IDE 创建了工程，这里不需要再创建了。由于 Cocos Code IDE 插件是基于 IntelliJ IDEA 工具，IntelliJ IDEA 与 WebStorm 同源，所以 WebStorm 可以直接打开 Cocos Code IDE 创建的工程。

WebStorm 打开界面如图 4-9 所示，HelloJS 是要运行的工程，右键选择 HelloJS 中的 index. html 文件就可以运行了，具体运行过程参考 2.1.3 节。调试模式运行结果如图 4-10 所示。

图 4-8 运行工程界面

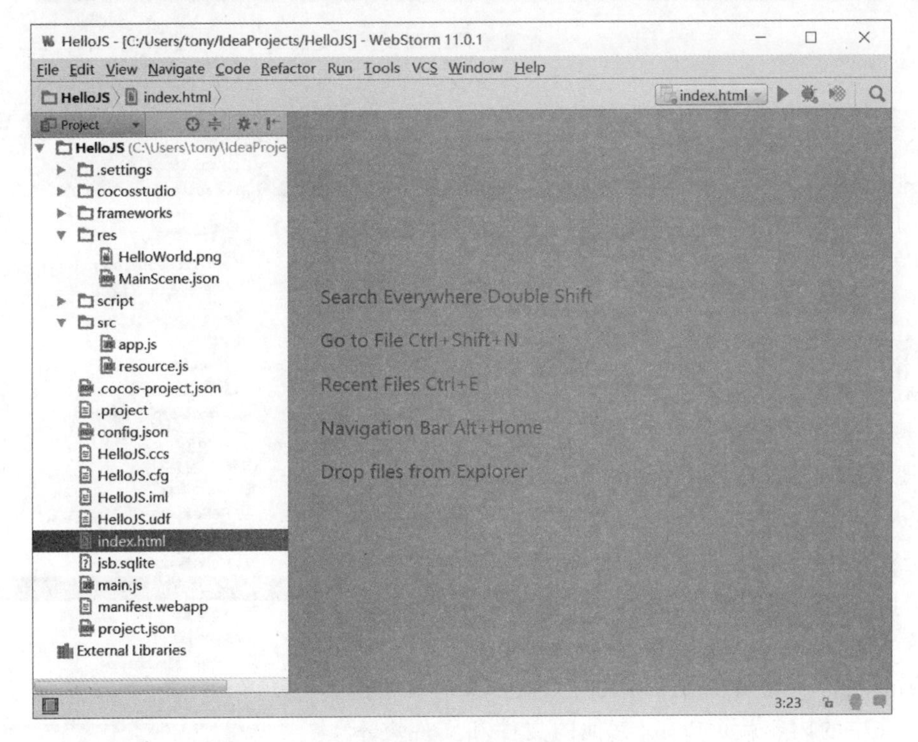

图 4-9 打开工程界面

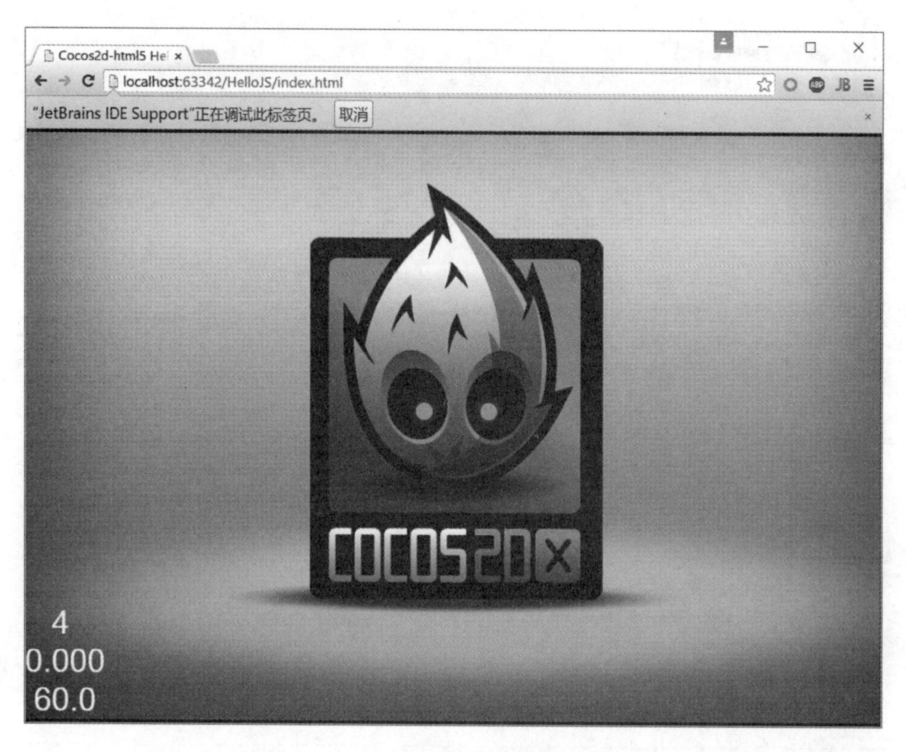

图 4-10　在浏览器中调试模式运行

4.2.4　工程文件结构

我们创建的 HelloJS 工程已经能够运行起来了，下面介绍 HelloJS 工程中的文件结构。使用 Cocos Code IDE 打开 HelloJS 工程，左侧的导航面板如图 4-11 所示。

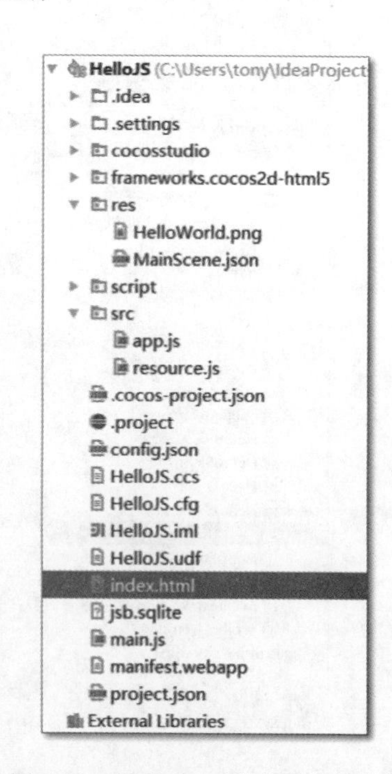

图 4-11　HelloJS 工程中的文件结构

在图 4-11 所示的导航面板中，res 文件夹存放资源文件，src 文件夹是主要的程序代码，其中的 app. js 是实现游戏场景的 JavaScript 文件，resource. js 定义资源对应的变量。HelloJS 根目录下还有 config. json、project. json、index. html 和 main. js。config. json 保存模拟器运行配置信息，它们是在我们创建工程时生成的；project. json 是项目的配置信息；index. html 是 Web 游戏的首页；main. js 是与首页 index. html 对应的 JavaScript 文件。我们在开发游戏时只需要关心 res 和 src 文件夹中的内容就可以了，其他的文件和文件夹不是关注重点。

4.2.5 代码解释

HelloJS 工程中有很多文件。下面详细解释它们内部的代码：

1. index.html 文件

index.html 文件只有在 Web 浏览器上运行才会启动，index.html 代码如下：

```
<!DOCTYPE html>
<html>
<head>
    <meta charset="utf-8">
    <title>Cocos2d-html5 Hello World test</title>
    <link rel="icon" type="image/GIF" href="res/favicon.ico"/>
    <meta name="viewport" content="width=480, initial-scale=1">
    <meta name="apple-mobile-web-app-capable" content="yes"/>                ①
    <meta name="full-screen" content="yes"/>
    <meta name="screen-orientation" content="portrait"/>
    <meta name="x5-fullscreen" content="true"/>
    <meta name="360-fullscreen" content="true"/>                             ②
    <style>
        body, canvas, div {
                -moz-user-select: none;
                -webkit-user-select: none;
                -ms-user-select: none;
                -khtml-user-select: none;
                -webkit-tap-highlight-color: rgba(0, 0, 0, 0);
        }
    </style>
</head>
<body style="padding:0; margin: 0; background: #000;">
<script src="res/loading.js"></script>
<canvas id="gameCanvas" width="480" height="720"></canvas>                   ③
<script src="frameworks/cocos2d-html5/CCBoot.js"></script>                   ④
<script cocos src="main.js"></script>                                        ⑤
</body>
</html>
```

上述代码第①～②行是设置网页的 meta 信息，meta 信息是网页基本信息，这些设置能使 index.html 网页很好地在移动设备上显示。

第③行代码放置一个 canvas 标签，canvas 标签是 HTML5 提供的，通过 JavaScript 可以在 Canvas 上绘制 2D 图形。Cocos2d-x 游戏在网页上运行，游戏场景都是通过 Canvas 渲染出来的，Cocos2d-x 的本地运行游戏场景是通过 OpenGL 渲染出来的。事实上，HTML5 也有类似于 OpenGL 渲染技术——WebGL，但是考虑到浏览器的支持程度不同，Cocos2d-x 没有采用 WebGL 渲染而是采用了 Canvas 渲染，虽然 Canvas 渲染速度不及 WebGL，但是一般的网页游戏都能满足要求。

第④行代码是导入 JavaScript 文件 CCBoot.js,我们不需要维护该文件。第⑤行代码是导入 JavaScript 文件 main.js,我们需要维护该文件。

2. main.js 文件

main.js 负责启动游戏场景,无论是在 Web 浏览器运行还是在本地运行,都是通过该文件启动游戏场景的,main.js 代码如下:

```
cc.game.onStart = function(){                                                              ①
    if(!cc.sys.isNative && document.getElementById("cocosLoading"))
        document.body.removeChild(document.getElementById("cocosLoading"));

    // 如果为 true 则在 iOS 下开启 Retina 显示支持,Android 下默认是关闭,这是为了提升性能
    cc.view.enableRetina(cc.sys.os === cc.sys.OS_IOS ? true : false);
    // 调整网页 viewport(视口)
    cc.view.adjustViewPort(true);
    // 设置屏幕适配策略和设计分辨率大小
    cc.view.setDesignResolutionSize(960, 640, cc.ResolutionPolicy.SHOW_ALL);              ②
    // 重新调整浏览器大小
    cc.view.resizeWithBrowserSize(true);
    // 加载资源
    cc.LoaderScene.preload(g_resources, function () {                                      ③
        cc.director.runScene(new HelloWorldScene());                                       ④
    }, this);
};
cc.game.run();                                                                             ⑤
```

上述代码第①行是启动游戏,cc.game 是一个游戏启动对象。第②行是设置屏幕适配策略和设计分辨率大小,cc.ResolutionPolicy.SHOW_ALL 是屏幕适配策略。

第③行代码是加载游戏场景所需要的资源,其中 g_resources 参数是加载资源的数组,该数组是在 src/resource.js 文件中定义的。第④行代码是运行 HelloWorldScene 场景,cc.director 是导演对象,运行 HelloWorldScene 场景会进入到该场景。第⑤行代码 cc.game.run()是运行游戏启动对象。

3. project.json 文件

项目配置信息 project.json 文件代码如下:

```
{
    "project_type": "javascript",

    "debugMode" : 1,
    "showFPS" : true,                                                                      ①
    "frameRate" : 60,                                                                      ②
    "noCache" : false,
    "id" : "gameCanvas",
    "renderMode" : 0,
    "engineDir":"frameworks/cocos2d-html5",
```

```
    "modules" : ["cocos2d", "cocostudio"],                                  ③

    "jsList" : [                                                            ④
        "src/resource.js",                                                  ⑤
        "src/app.js"                                                        ⑥
    ]
}
```

project.json 文件采用 JSON 字符串表示，我们重点关注有标号的语句，其中第①行代码设置是否显示帧率调试信息，帧率调试就是显示在左下角的文字信息。第②行代码是设置帧率为 60，即屏幕每 1/60 秒刷新一次。第③行代码是加载游戏引擎的模块，cocos2d-html5 Framework 中有很多模块，模块的定义是在 HelloJS\frameworks\cocos2d-html5\moduleConfig.json，我们在资源管理器中才能看到该文件，这些模块在场景启动的时候加载，因此一定要根据需要导入，否则造成资源的浪费。例如，我们再添加一个 chipmunk 物理引擎模块，第③行代码可以修改成如下形式：

```
"modules" : ["cocos2d","chipmunk","cocostudio"]
```

第④～⑥行代码是声明需要加载的 JavaScript 文件，这里的文件主要是我们编写的，我们每次添加一个 JavaScript 文件到工程中，就需要在此处添加声明。

4. config.json 文件

只有在 Cocos Code IDE 中运行才需要该文件，用于配置模拟器运行信息。该文件在工程发布时和 Web 环境下运行时都没有用处。但如果想在 Cocos Code IDE 中运行，并改变模拟器大小和方向，可以修改该文件，config.json 文件代码如下：

```
{
  "init_cfg": {                                                             ①
    "isLandscape": true,                                                    ②
    "name": "HelloJS",                                                      ③
    "width": 960,                                                           ④
    "height": 640,                                                          ⑤
    "entry": "main.js",                                                     ⑥
    "consolePort": 6050,
    "debugPort": 5086,
    "forwardConsolePort": 10088,
    "forwardUploadPort": 10090,
    "forwardDebugPort": 10086
  },
  "simulator_screen_size": [
    {
      "title": "iPhone 3Gs (480x320)",
      "width": 480,
      "height": 320
```

```
        },
        ……
    ]
}
```

上述代码第①行是初始配置信息，第②行是设置横屏显示还是竖屏显示，第③行 name 属性是设置模拟器上显示的标题，第④和第⑤行是设置屏幕的宽和高，第⑥行是设置入口文件。

5. resource.js 文件

resource.js 文件是在 src 文件夹中，处于该文件夹中的文件由用户来维护。在 resource.js 文件中定义资源对应的变量。resource.js 文件代码如下：

```
var res = {                                                    ①
    HelloWorld_png : "res/HelloWorld.png",
    MainScene_json : "res/MainScene.json"
};

var g_resources = [];                                          ②
for (var i in res) {
    g_resources.push(res[i]);                                  ③
}
```

上述第①行代码是定义 JSON 变量 res，它为每一个资源文件定义一个别名，在程序中访问资源，资源名不要“写死”[①]，而是通过一个可配置的别名访问，这样当环境变化之后修改起来很方便。

第②行代码是定义资源文件集合变量 g_resources，它的内容是通过第③行代码把 res 变量中的资源文件循环添加到 g_resources 中。当然，我们可以逐一添加：

```
var g_resources = [
    res.HelloWorld_png,
    res. MainScene_json
];
```

放在 g_resources 变量的资源，会在场景中加载，在 Web 浏览器下运行时如果找不到加载的资源会报出 404 错误。

6. app.js 文件

app.js 文件是在 src 文件夹中，处于该文件夹中的文件是由用户来维护的，图 4-8 和图 4-10 所示的场景是在 app.js 中实现的，app.js 代码如下：

```
var HelloWorldLayer = cc.Layer.extend({                        ①
```

① “写死”称为硬编码(Hard Code 或 Hard Coding)，硬编码指的是把输出或输入的相关参数(例如路径、输出的形式或格式)直接以常量的方式书写在源代码中。——引自维基百科 http://zh.wikipedia.org/zh-cn/%E5%AF%AB%E6%AD%BB

```
    sprite:null,                                        //定义一个精灵属性
    ctor:function () {                                  //构造方法              ②
        //////////////////////////////
        // 1. super init first
        this._super();                                  //初始化父类

        //////////////////////////////
        var size = cc.winSize;                          //获得屏幕大小

        var mainscene = ccs.load(res.MainScene_json);                          ③
        this.addChild(mainscene.node);                                          ④

        return true;
    }
});                                                                             ⑤

var HelloWorldScene = cc.Scene.extend({                                         ⑥
    onEnter:function () {                                                       ⑦
        this._super();                                                          ⑧
        var layer = new HelloWorldLayer();                                      ⑨
        this.addChild(layer);                                                   ⑩
    }
});
```

我们在 app.js 文件中声明了两个类 HelloWorldScene(见代码第①行)和 HelloWorldLayer(见代码第⑥行),然后在 HelloWorldScene 中实例化 HelloWorldLayer(见代码第⑨行)。HelloWorldScene 是场景,HelloWorldLayer 是层,场景包含若干个层。关于场景和层,我们会在后面具体介绍。

第②～⑤行代码是声明构造方法。第③行代码通过场景文件 MainScene_json 创建场景。场景文件 MainScene_json 是通过 Cocos Studio 工具创建和设计的。第④行代码通过 this.addChild(mainscene.node)语句将场景对象添加到 HelloWorldLayer 层中。

第⑦行代码是声明 onEnter 方法,它是在进入 HelloWorldScene 场景时回调的。onEnter 方法是重写父类的方法,我们必需通过 this._super()语句调用父类的 onEnter 方法(见代码第⑧行)。第⑩行代码是将 HelloWorldLayer 层放到 HelloWorldScene 场景中。

4.2.6　重构 HelloJS 案例

4.2.5 节介绍的 HelloJS 案例中的场景是通过 Cocos Studio 工具创建和设计的,由于 Cocos Studio 的内容超出了本书介绍的范围,故不再使用 Cocos Studio 工具创建场景,重构 HelloJS 案例。

重构 app.js 代码如下:

```
var HelloWorldLayer = cc.Layer.extend({
    sprite:null,                                      //定义一个精灵属性
    ctor:function () {                                //构造方法
        this._super();                                //初始化父类
        var size = cc.winSize;                        //获得屏幕大小
        var closeItem = new cc.MenuItemImage(                                        ①
            res.CloseNormal_png,
            res.CloseSelected_png,
            function () {                                                            ②
                cc.log("Menu is clicked!");
            }, this);
        closeItem.attr({                                                             ③
            x: size.width - 20,
            y: 20,
            anchorX: 0.5,
            anchorY: 0.5
        });                                                                          ④

        var menu = new cc.Menu(closeItem);            //通过 closeItem 菜单项创建菜单对象
        menu.x = 0;                                                                  ⑤
        menu.y = 0;                                                                  ⑥
        this.addChild(menu, 1);                       //把菜单添加到当前层上

        var helloLabel = new cc.LabelTTF("Hello World", "Arial", 38);         //创建标签对象
        helloLabel.x = size.width / 2;
        helloLabel.y = 0;
        this.addChild(helloLabel, 5);
        this.sprite = new cc.Sprite(res.HelloWorld_png);                      //创建精灵对象
        this.sprite.attr({
            x: size.width / 2,
            y: size.height / 2,
            scale: 0.5,
            rotation: 180
        });
        this.addChild(this.sprite, 0);

        this.sprite.runAction(                                                       ⑦
            cc.sequence(
                cc.rotateTo(2, 0),
                cc.scaleTo(2, 1, 1)
            )
        );                                            //在精灵对象上执行一个动画
        helloLabel.runAction(                                                        ⑧
            cc.spawn(
                cc.moveBy(2.5, cc.p(0, size.height - 40)),
                cc.tintTo(2.5,255,125,0)
```

```
                )
            );                                              //在标签对象上执行一个动画
            return true;
        }
    });

    var HelloWorldScene = cc.Scene.extend({
        onEnter:function () {
            this._super();
            var layer = new HelloWorldLayer();
            this.addChild(layer);                //把 HelloWorldLayer 层放到 HelloWorldScene 场景中
        }
    });
```

上述代码第①～④行是创建一个图片菜单项对象，单击该菜单项的时候回调 function 方法。

提示 cc.MenuItemImage 中的 res.CloseNormal_png 和 res.CloseSelected_png 变量是在 resource.js 文件中定义的资源文件别名。后面 res.开通变量都是资源文件的别名，不再详细解释。

第②行代码是菜单事件处理函数，其中 cc.log("Menu is clicked!")语句是日志输出。

第③行代码是菜单项对象的位置，其中 closeItem.attr({…})语句可以设置多个属性，多个属性设置采用 JSON 格式表示，x 属性表示 x 轴坐标，y 属性表示 y 轴坐标，anchorX 表示 x 轴锚点，anchorY 表示 y 轴锚点。关于锚点的概念后面会具体介绍。关于精灵 x 和 y 轴属性，我们也可以通过第⑤～⑥行代码的方式设置。

第⑦行和第⑧行代码是执行精灵动作。关于精灵动作，我们将在后面章节详细介绍。

4.3 Cocos2d-x 核心概念

Cocos2d-x 中有很多概念，这些概念多来源于动画、动漫和电影等行业，例如导演、场景和层等概念。Cocos2d-x 中的核心概念如下：

- 导演
- 场景
- 层
- 节点
- 精灵
- 菜单
- 动作

□ 效果
□ 粒子运动
□ 地图
□ 物理引擎

本节介绍导演、场景和层概念以及对应的类。由于节点的概念很重要，我们会在这里详细介绍。其他的概念放在后面的章节中介绍。

4.3.1 导演

Cocos2d-x JS API 中导演类 cc.Director 用于管理场景，采用单例设计模式，在整个工程中只有一个实例对象。单例模式能够保存一致的配置信息，便于管理场景对象。获得导演类 Director 实例语句如下：

```
var director = cc.Director._getInstance();
```

也可以在程序中直接使用 cc.director，该对象在框架内使用如下语句赋值：

```
cc.director = cc.Director._getInstance();
```

所以 cc.director 是 cc.Director 的实例对象。

导演对象的职责如下：

□ 访问和改变场景。
□ 访问 Cocos2d-x 的配置信息。
□ 暂停、继续和停止游戏。
□ 转换坐标。

4.3.2 场景

Cocos2d-x JS API 中的场景类 cc.Scene 是构成游戏的界面，类似于电影中的场景。场景大致可以分为以下几类：

□ 展示类场景：播放视频或在图像上输出文字，来实现游戏的开场介绍、成功和失败提示、帮助介绍等。
□ 选项类场景：主菜单、设置游戏参数等。
□ 游戏场景：这是游戏的主要内容。

场景类 cc.Scene 的类图如图示 4-12 所示。从类图可见，Scene 继承了 Node 类，Node 是一个重要的类，很多类都从 Node 类派生而来，其中有 Scene、Layer 等。

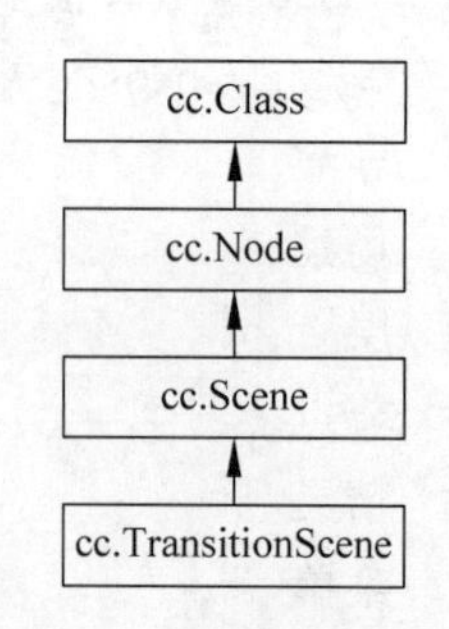

图 4-12 cc.Scene 类图

4.3.3 层

层是开发游戏的重点，我们大约会花费 99%以上的时间在层上实现游戏内容。层的管理类似于 Photoshop 中的图层，它

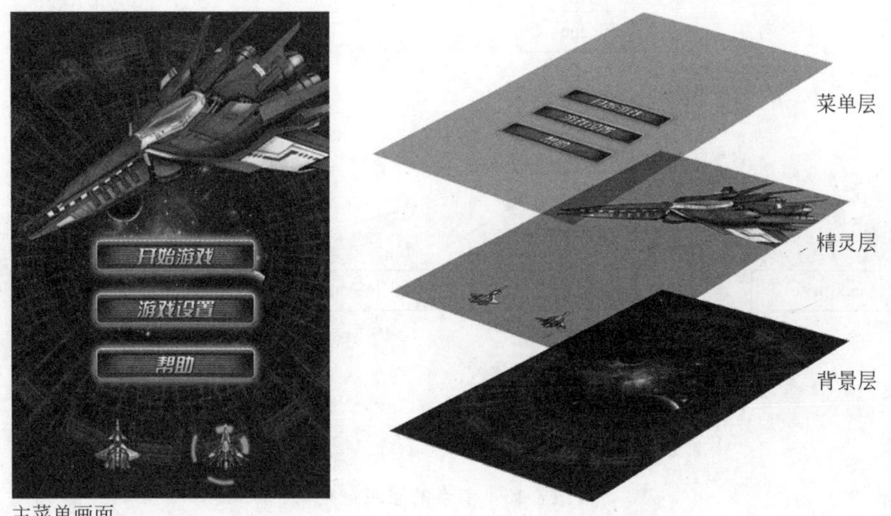

图 4-13　层叠加

也是一层一层叠在一起。图 4-13 是一个简单的主菜单界面,是由三个层叠加实现的。

为了让不同层的组合产生统一的效果,这些层基本上都是透明或者半透明的。层的叠加是有顺序的,图 4-13 从上到下依次是菜单层→精灵层→背景层。Cocos2d-x 是按照这个次序来叠加界面的。这个次序同样用于事件响应机制,即菜单层最先接收到系统事件,然后是精灵层,最后是背景层。在事件的传递过程中,如果有一个层处理了该事件,则排在后面的层将不再接收到该事件。每一层又可以包括各式各样的内容要素:文本、链接、精灵、地图等。

Cocos2d-x JS API 中的层类是 cc. Layer 的类图,如图 4-14 所示。

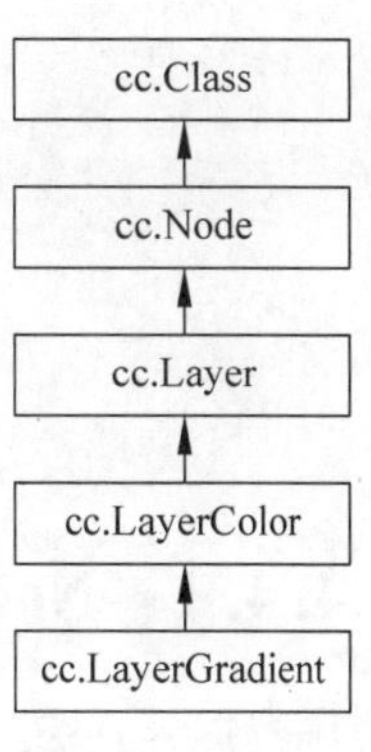

图 4-14　cc. Layer 类图

4.4　Node 与 Node 层级架构

Cocos2d-x 采用层级(树形)结构管理场景、层、精灵、菜单、文本、地图和粒子系统等节点(Node)对象。一个场景包含了多个层,一个层又包含多个精灵、菜单、文本、地图和粒子系统等对象。层级结构中的节点可以是场景、层、精灵、菜单、文本、地图和粒子系统等任何对象。

节点的层级结构如图 4-15 所示。

Cocos2d-x JS API 中的节点类是 cc. Node,cc. Node 类图如图 4-16 所示。cc. Node 类是最为重要的根类,它是场景、层、精灵、菜单、文本、地图和粒子系统等类的根类。

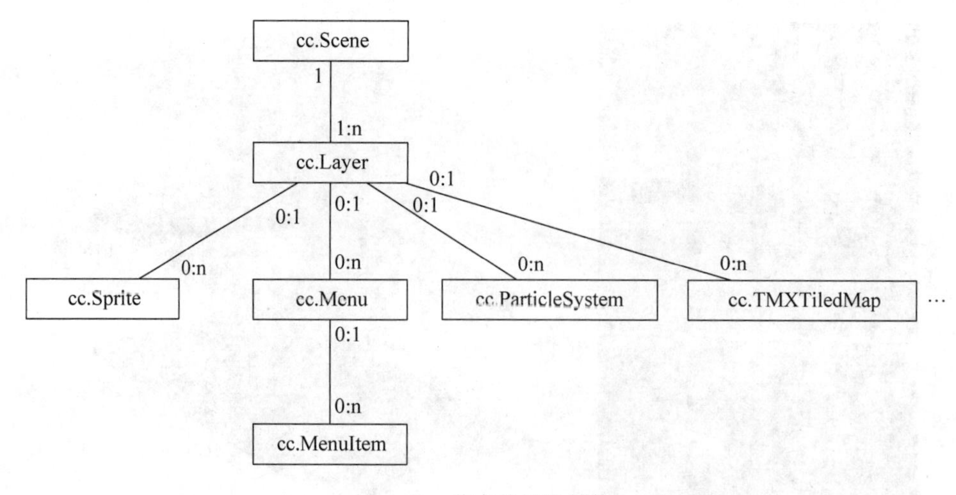

图 4-15　节点的层级结构

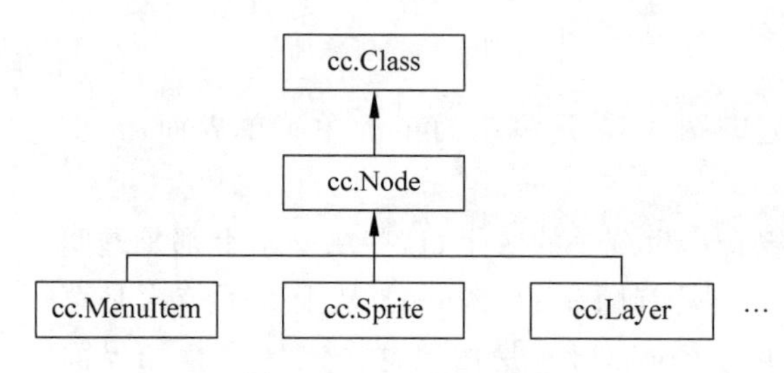

图 4-16　cc. Node 类图

4.4.1　Node 中重要的操作

作为根类，cc. Node 有很多重要的方法，下面分别介绍：

- 创建节点：var childNode = new cc. Node()。
- 增加新的子节点：node. addChild(childNode, 0, 123)，第二个参数 Z 轴绘制顺序，第三个参数是标签。
- 查找子节点：var childNode = node. getChildByTag(123)，通过标签查找子节点。
- node. removeChildByTag(123, true)：通过标签删除子节点，并停止所有该子节点上的一切动作。
- node. removeChild(childNode, true)：删除 childNode 节点，并停止所有该子节点上的一切动作。
- node. removeAllChildrenWithCleanup(true)：删除 node 节点的所有子节点，并停止这些子节点上的一切动作。
- node. removeFromParentAndCleanup(true)：从父节点删除 node 节点，并停止所有该节点上的一切动作。

4.4.2 Node中重要的属性

Node 还有两个非常重要的属性：position 和 anchorPoint。

position(位置)属性是 Node 对象的实际位置，它往往需要配合 anchorPoint 属性使用。为了将一个 Node 对象(标准矩形)精准地放在屏幕某一个位置上，需要设置该矩形的 anchorPoint(锚点)。anchorPoint 属性是相对于 position 的比例，anchorPoint 的计算公式是(w1/w2，h1/h2)。图 4-17 所示的锚点位于节点对象矩形内，w1 是锚点到节点对象左下角的水平距离，w2 是节点对象宽度；h1 是锚点到节点对象左下角的垂直距离，h2 是节点对象的高度。(w1/w2，h1/h2)计算结果为(0.5，0.5)，所以 anchorPoint 为(0.5，0.5)，anchorPoint 的默认值就是(0.5，0.5)。

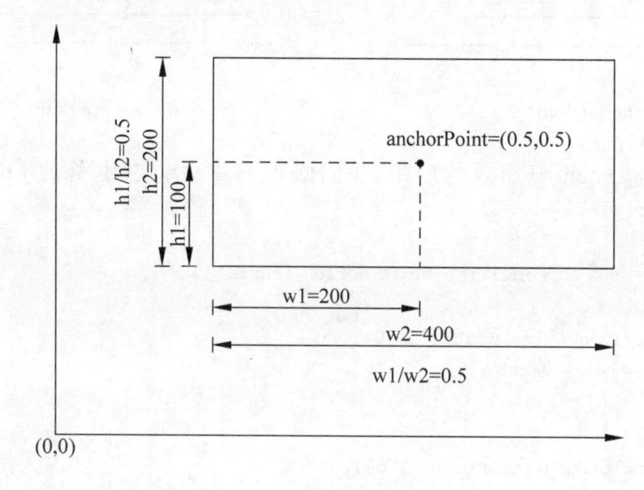

图 4-17 anchorPoint 为(0.5，0.5)

图 4-18 是 anchorPoint 为(0.66，0.5)的情况。

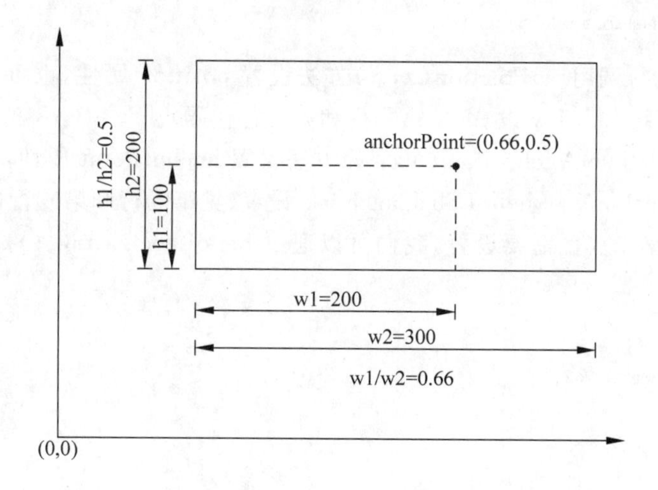

图 4-18 anchorPoint 为(0.66，0.5)

anchorPoint 还有两个极端值：一个是锚点在节点对象矩形右上角，如图 4-19 所示，此时 anchorPoint 为(1, 1)；另一个是锚点在节点对象矩形左下角，如果图 4-20 所示，此时 anchorPoint 为(0, 0)。

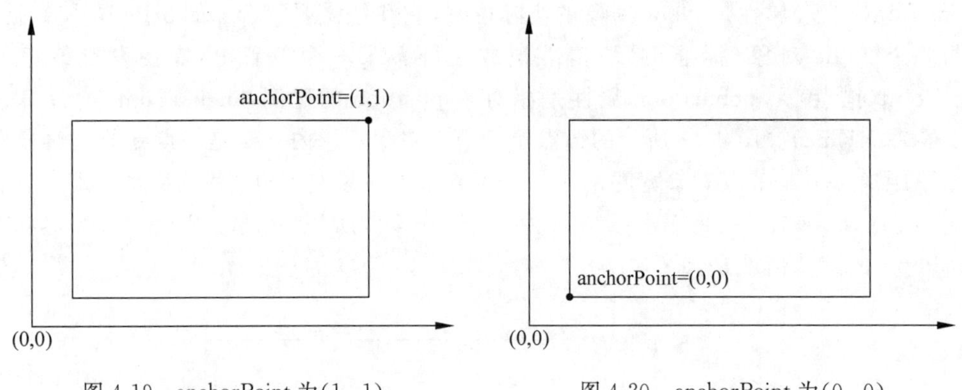

图 4-19 anchorPoint 为(1, 1)　　　图 4-20 anchorPoint 为(0, 0)

为了进一步了解 anchorPoint 的使用，我们修改 HelloJS 实例，修改 app.js 的 ctor 方法中的 helloLabel 代码：

```
var helloLabel = new cc.LabelTTF("Hello World", "Arial", 38);

helloLabel.setPosition(size.width / 2, 0);                    ①
// helloLabel.x = size.width / 2;                             ②
// helloLabel.y = 0;                                          ③

helloLabel.setAnchorPoint(cc.p(1.0, 1.0));                    ④
// helloLabel.anchorX = 1.0;                                  ⑤
// helloLabel.anchorY = 1.0;                                  ⑥

this.addChild(helloLabel, 5);
```

上述代码第①行调用 setPosition(x, y)方法设置 position 属性，也可以直接通过属性 helloLabel. x 和 helloLabel. y 设置(见第②行和第③行代码)。

第④行代码调用 setAnchorPoint (x, y)方法设置 anchorPoint 属性，也可以直接通过属性 helloLabel. anchorX 和 helloLabel. anchorY 设置(见第⑤行和第⑥行代码)。

此外，由于有多个属性需要设置，我们可以通过 helloLabel. attr({…})语句进行设置，代码如下：

```
helloLabel.attr({
        x: size.width / 2,
        y: 0,
        anchorX: 1.0,
        anchorY: 1.0
});
```

运行结果如图 4-21 所示，helloLabel 设置 anchorPoint 为(1.0,1.0)。

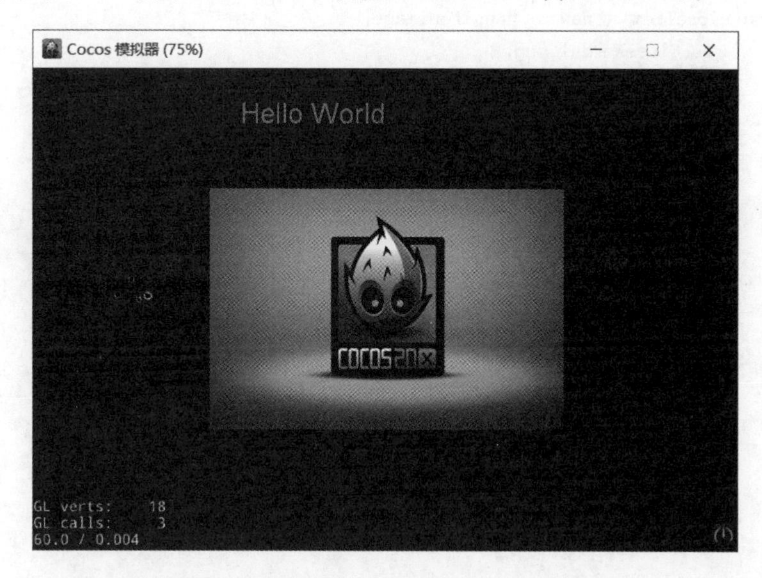

图 4-21 helloLabel 的 anchorPoint 为(1.0,1.0)

4.4.3 游戏循环与调度

每一个游戏程序都有一个循环在不断运行，它是由导演对象来管理和维护。如果需要场景中的精灵运动起来，可以在游戏循环中使用定时器(cc.Scheduler)对精灵等对象的运行进行调度。因为 cc.Node 类封装了 cc.Scheduler 类，所以也可以直接使用 cc.Node 中定时器的相关方法。

cc.Node 中定时器的相关方法主要有：

- scheduleUpdate()：每个 Node 对象只要调用该方法，那么这个 Node 对象就会定时地每帧回调一次自己的 update(dt)方法。
- schedule(callback_fn, interval, repeat, delay)：与 scheduleUpdate 方法功能一样，不同的是可以指定回调方法(通过 callback_fn 指定)。interval 是时间间隔；repeat 是执行的次数；delay 延迟执行的时间。
- unscheduleUpdate ()：停止 update(dt)方法调度。
- unschedule(callback_fn)：指定具体方法停止调度。
- unscheduleAllCallbacks()：停止所有的调度。

为了进一步了解游戏循环与调度的使用，我们修改 HelloJS 实例。修改 app.js 代码，添加 update(dt)声明，代码如下：

```
var HelloWorldLayer = cc.Layer.extend({
    sprite: null,
    ctor: function () {
```

```
……
var closeItem = new cc.MenuItemImage(
    res.CloseNormal_png,
    res.CloseSelected_png,
    function () {
        cc.log("Menu is clicked!");
        this.unscheduleUpdate();
    }, this);

……
var helloLabel = new cc.LabelTTF("Hello World", "Arial", 38);

helloLabel.attr({
    x: size.width / 2,
    y: 0,
    anchorX: 1.0,
    anchorY: 1.0
});

helloLabel.setTag(123);                                                          ①
//更新方法
this.scheduleUpdate();                                                           ②
//this.schedule(this.update, 1.0/60, cc.REPEAT_FOREVER, 0.1);                   ③

this.addChild(helloLabel, 5);

// add "HelloWorld" splash screen"
this.sprite = new cc.Sprite(res.HelloWorld_png);
this.sprite.attr({
    x: size.width / 2,
    y: size.height / 2,
    scale: 0.5,
    rotation: 180
});
this.addChild(this.sprite, 0);

this.sprite.runAction(
    cc.sequence(
        cc.rotateTo(2, 0),
        cc.scaleTo(2, 1, 1)
    )
);
helloLabel.runAction(
    cc.spawn(
        cc.moveBy(2.5, cc.p(0, size.height - 40)),
        cc.tintTo(2.5, 255, 125, 0)
    )
```

```
            );
            return true;
        },
        update: function (dt) {                                    ④
            var label = this.getChildByTag(12                      ⑤
            label.x = label.x + 0.2;                               ⑥
            label.y = label.y + 0.2;                               ⑦
        }
    });
```

为了能够在 ctor 方法之外访问标签对 Tag 属性，其中第①行代码就是设置 Tag 属性为 123 获得这个标签对象。

为了能够开始调度，还需要在 ct 第②行代码）或 schedule(见第③行代码)。

第④行代码的 update(dt)方法是 都是在这个方法中编写的。这个例子很简单，只是让标 它的位置。

为了省电等目的，如果不再使用 在 Close 菜单项的点击事件中停止调度，代码如下：

```
var closeItem = new cc.MenuIte
            res.CloseNormal_p
            res.CloseSelecte
            function () {
                this.unsche
            }, this);
```

代码 this.unscheduleUp 其他的调度方法可以采用 unschedule 或 unscheduleAl

4.5 Cocos2d-x

在图形图像和游戏应 在 Android 和 iOS 等平台应用开发时，二维坐标系的原 标系中，原点是在左下 为世界坐标和模型坐标

4.5.1 UI 坐

UI 坐标就是 A 二维坐标系。它的原点是在左上

UI 坐标原点是在左上角，x 轴向右为正 为正。

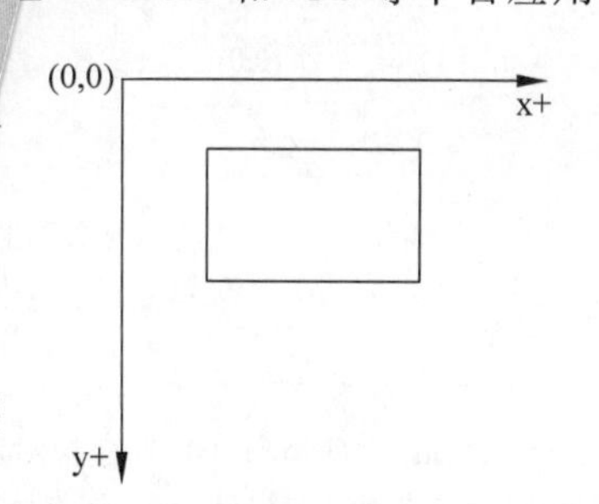

图 4-22 UI 坐标

在 Android 和 iOS 等平台使用的视图、控件等都遵守这个坐标系。然而，Cocos2d-x 默认不是采用 UI 坐标，只是有时会用到 UI 坐标，例如在触摸事件发生的时候，我们会获得一个触摸对象(Touch)。触摸对象(Touch)提供了很多获得位置信息的方法，Cocos2d-x JS API 代码如下所示：

```
var touchLocation = touch.getLocationInView();
```

使用 getLocationInView()方法获得触摸点坐标事实上就是 UI 坐标，它的坐标原点在左上角。

4.5.2 OpenGL 坐标

上面提到了 OpenGL 坐标，OpenGL 坐标是一种三维坐标。由于 Cocos2d-x 采用 OpenGL 渲染，因此默认坐标就是 OpenGL 坐标，只不过仅仅采用了两维(x 和 y 轴)。如果不考虑 z 轴，OpenGL 坐标的原点在左下角(见图 4-23)。

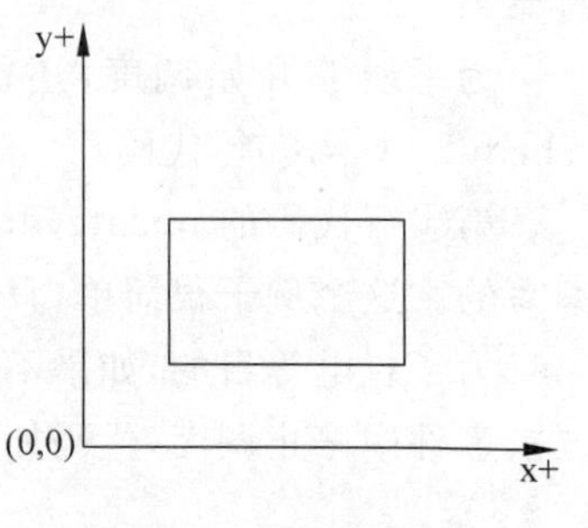

图 4-23 OpenGL 坐标

我们通过一个触摸对象(Touch)获得 OpenGL 坐标位置，Cocos2d-x JS API 代码如下：

```
var touchLocation = touch.getLocation();
```

提示 三维坐标根据 z 轴的指向不同分为左手坐标和右手坐标。右手坐标是 z 轴指向屏幕外，如图 4-24(a)所示。左手坐标是 z 轴指向屏幕里，如图 4-24(b)所示。OpenGL 坐标是右手坐标，而微软的 Windows 平台的 Direct3D[①] 是左手坐标。

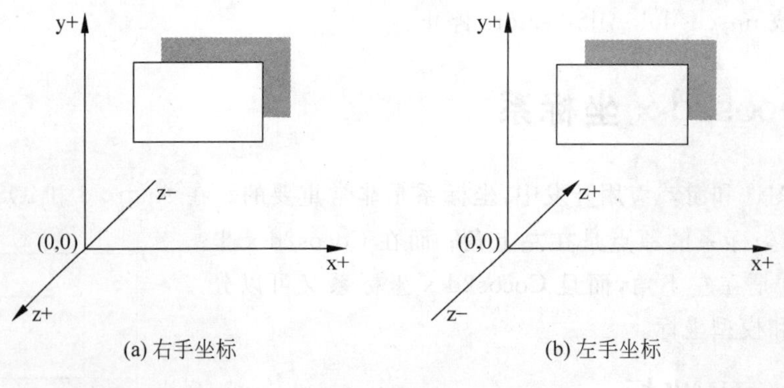

图 4-24 三维坐标

① Direct3D(简称 D3D)是微软公司在 Windows 操作系统上开发的一套 3D 绘图编程接口，是 DirectX 的一部分，广为各种显卡支持。它与 OpenGL 同为计算机绘图软件和计算机游戏最常使用的绘图编程接口。——引自维基百科 http://zh.wikipedia.org/wiki/Direct3D

4.5.3　世界坐标和模型坐标

由于 OpenGL 坐标可以分为世界坐标和模型坐标，所以 Cocos2d-x 的坐标也有世界坐标和模型坐标。

你是否有过这样的问路经历：张三告诉你向南走一公里，再向东走 500 米；而李四告诉你向右走一公里，再向左走 500 米。这里两种说法或许都可以找到你要寻找的地点。张三采用的坐标是世界坐标，他把地球作为参照物，表述位置使用地理的东、南、西和北。而李四采用的坐标是模型坐标，他让你自己作为参照物，表述位置使用你的左边、你的前边、你的右边和你的后边。

图 4-25 中可以看到 A 的坐标是(5,5)，B 的坐标是(6,4)，事实上这些坐标值就是世界坐标。如果采用 A 的模型坐标来描述 B 的位置，则 B 的坐标是(1，−1)。

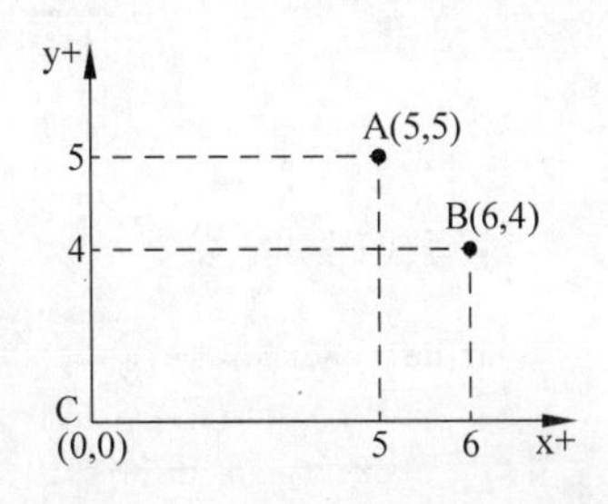

图 4-25　世界坐标和模型坐标

有时需要将世界坐标与模型坐标互相转换。可以通过 Node 对象的 Cocos2d-x JS API 方法实现：

- □ convertToNodeSpace(worldPoint)：将世界坐标转换为模型坐标，参数和返回值都是 cc.Point 类型。
- □ convertToNodeSpaceAR(worldPoint)：将世界坐标转换为模型坐标，参数和返回值都是 cc.Point 类型，AR 表示相对于锚点。
- □ convertTouchToNodeSpace(touch)：将世界坐标中触摸点转换为模型坐标，touch 参数是 cc.Touch 类型，返回值是 cc.Point 类型。
- □ convertTouchToNodeSpaceAR(touch)：将世界坐标中的触摸点转换为模型坐标，touch 参数是 cc.Touch 类型，返回值是 cc.Point 类型，AR 表示相对于锚点。
- □ convertToWorldSpace(nodePoint)：将模型坐标转换为世界坐标，参数和返回值都是 cc.Point 类型。
- □ convertToWorldSpaceAR(nodePoint)：将模型坐标转换为世界坐标，参数和返回值都是 cc.Point 类型，AR 表示相对于锚点。

下面通过两个例子介绍世界坐标与模型坐标互相转换。

1. 世界坐标转换为模型坐标

图 4-26 是世界坐标转换为模型坐标实例运行结果。

在游戏场景中有两个 Node 对象，其中 Node1 的坐标是(400，500)，大小是 300×100 像素。Node2 的坐标是(200，300)，大小也是 300×100 像素。这里的坐标事实上就是世界坐标，它的坐标原点位于屏幕的左下角。

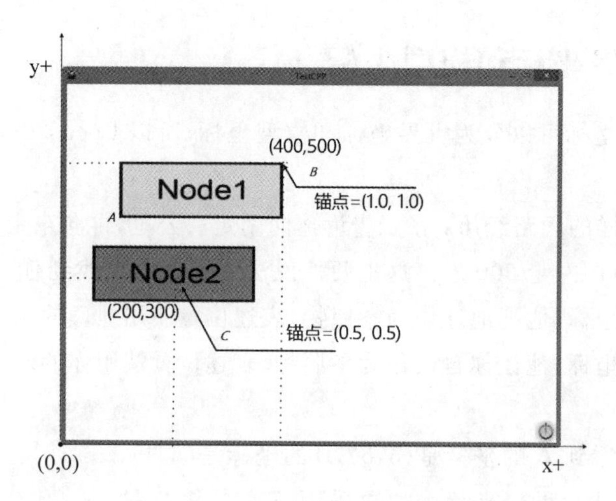

图 4-26　世界坐标转换为模型坐标

编写代码如下：

```
var HelloWorldLayer = cc.Layer.extend({
    sprite: null,
    ctor: function () {
        this._super();

        var size = cc.winSize;
        var closeItem = new cc.MenuItemImage(
            res.CloseNormal_png,
            res.CloseSelected_png,
            function () {
                cc.log("Menu is clicked!");
            }, this);
        closeItem.attr({
            x: size.width - 20,
            y: 20,
            anchorX: 0.5,
            anchorY: 0.5
        });
        var menu = new cc.Menu(closeItem);
        menu.x = 0;
        menu.y = 0;
        this.addChild(menu, 1);

        //创建背景
        var bg = new cc.Sprite(res.bg_png);                                    ①
        bg.setPosition(size.width / 2, size.height / 2);
        this.addChild(bg, 2);                                                  ②
```

```
        //创建 Node1
        var node1 = new cc.Sprite(res.node1_png);                        ③
        node1.setPosition(400, 500);
        node1.setAnchorPoint(1.0, 1.0);
        this.addChild(node1, 2);                                         ④

        //创建 Node2
        var node2 = new cc.Sprite(res.node2_png);                        ⑤
        node2.setPosition(200, 300);
        node2.setAnchorPoint(0.5, 0.5);
        this.addChild(node2, 2);                                         ⑥

        var point1 = node1.convertToNodeSpace(node2.getPosition());      ⑦
        var point3 = node1.convertToNodeSpaceAR(node2.getPosition());    ⑧

        cc.log("Node2 NodeSpace = (" + point1.x + "," + point1.y + ")");
        cc.log("Node2 NodeSpaceAR = (" + point3.x + "," + point3.y + ")");

        return true;
    }
});
```

代码第①～②行是创建背景精灵对象，这个背景是一个白色900×640像素的图片。代码第③～④行是创建Node1对象，并设置了位置和锚点属性。代码第⑤～⑥行是创建Node2对象，并设置了位置和锚点属性。代码第⑦行将Node2的世界坐标转换为相对于Node1的模型坐标。而代码第⑧行是类似的，它是相对于锚点的位置。

运行结果如下：

```
JS: Node2 NodeSpace = (100, - 100)
JS: Node2 NodeSpaceAR = ( - 200, - 200)
```

结合图4-26解释一下：Node2的世界坐标转换为相对于Node1的模型坐标，就是将Node1的左下角作为坐标原点(图4-26中的A点)，不难计算出A点的世界坐标是(100，400)，那么convertToNodeSpace方法就是C点坐标减去A点坐标，结果是(－100，100)。

而convertToNodeSpaceAR方法要考虑锚点，因此坐标原点是B点，C点坐标减去B点坐标，结果是(－200，－200)。

2. 模型坐标转换为世界坐标

图4-27是模型坐标转换为世界坐标实例运行结果。

在游戏场景中有两个Node对象，其中Node1的坐标是(400，500)，大小是300×100像素。Node2是放置在Node1中的，它对于Node1的模型坐标是(0，0)，大小是150×50像素。

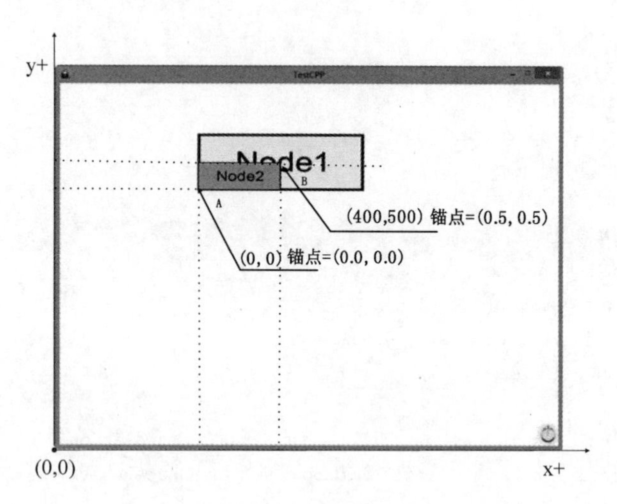

图 4-27 模型坐标转换为世界坐标

编写代码如下：

```
var HelloWorldLayer = cc.Layer.extend({
    sprite: null,
    ctor: function () {
        this._super();
        var size = cc.winSize;
        var closeItem = new cc.MenuItemImage(
            res.CloseNormal_png,
            res.CloseSelected_png,
            function () {
                cc.log("Menu is clicked!");
            }, this);
        closeItem.attr({
            x: size.width - 20,
            y: 20,
            anchorX: 0.5,
            anchorY: 0.5
        });
        var menu = new cc.Menu(closeItem);
        menu.x = 0;
        menu.y = 0;
        this.addChild(menu, 1);

        //创建背景
        var bg = new cc.Sprite(res.bg_png);
        bg.setPosition(size.width / 2, size.height / 2);
        this.addChild(bg, 2);

        //创建 Node1
```

```
        var node1 = new cc.Sprite(res.node1_png);
        node1.setPosition(400, 500);
        node1.setAnchorPoint(0.5, 0.5);
        this.addChild(node1, 2);

        //创建 Node2
        var node2 = new cc.Sprite(res.node2_png);
        node2.setPosition(0, 0);                                                ①
        node2.setAnchorPoint(0, 0); ;                                           ②

        node1.addChild(node2, 2);                                               ③

        var point2 = node1.convertToWorldSpace(node2.getPosition());            ④
        var point4 = node1.convertToWorldSpaceAR(node2.getPosition());          ⑤

        cc.log("Node2 WorldSpace = (" + point2.x + "," + point2.y + ")");
        cc.log("Node2 WorldSpaceAR = (" + point4.x + "," + point4.y + ")");

        return true;
    }
});
```

对于上述代码，主要关注第③行，它是将 Node2 放到 Node1 中，这是与之前的代码的区别。这样，第①行代码设置的坐标就变成了相对于 Node1 的模型坐标了。

第④行代码将 Node2 的模型坐标转换为世界坐标。而第⑤行代码是类似的，它是相对于锚点的位置。

运行结果如下：

```
JS: Node2 WorldSpace = (250,450)
JS: Node2 WorldSpaceAR = (400,500)
```

图 4-30 所示的位置可以用世界坐标描述。代码第①～③行修改如下：

```
node2->setPosition(Vec2(250, 450));
node2->setAnchorPoint(Vec2(0.0, 0.0));
this->addChild(node2, 0);
```

本章小结

通过本章的学习，读者可以了解 Cocos2d-x JS API 开发环境的搭建，并熟悉 Cocos2d-x 核心概念，这些概念包括导演、场景、层、精灵和菜单等节点对象。此外，本章还重点学习了 Node 和 Node 层级架构。最后，本章还介绍了 Cocos2d-x 的坐标系。

第 5 章

游戏中文字

游戏中涉及标签和字体经常结合在一起使用，因此本章介绍 Cocos2d-x JS API 中标签和位图字体制作。

5.1 使用标签

游戏场景中的文字包括静态文字和动态文字。静态文字如图 5-1 中游戏场景中①号文字“COCOS2DX”所示；动态文字如图 5-1 中的游戏场景中的②号文字“Hello World”。

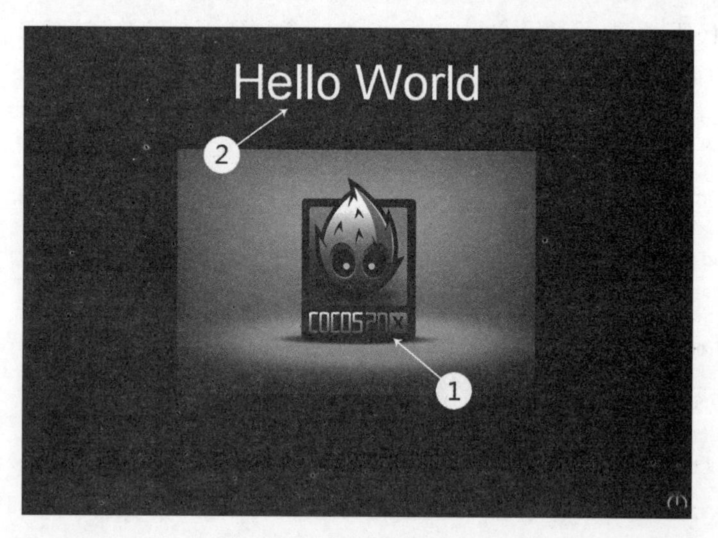

图 5-1　场景中的文字

静态文字一般是由美工使用 Photoshop 绘制在背景图片上，这种方式的优点是表现力很丰富，例如①号文字“COCOS2DX”中的“COCOS”、“2D”和“X”设计的风格不同，而动态文字则不能。但是静态文字无法通过程序访问，无法动态修改内容。

动态文字一般通过程序访问，需要动态修改内容。Cocos2d-x JS API 可以通过标签类实现。

下面重点介绍 Cocos2d-x JS API 中的标签类，Cocos2d-x JS API 中的标签类主要有三种：cc. LabelTTF、cc. LabelAtlas 和 cc. LabelBMFont。

5.1.1　cc. LabelTTF

cc. LabelTTF 是使用系统中的字体，它是最简单的标签类。cc. LabelTTF 类图如图 5-2 所示。cc. LabelTTF 继承了 cc. Node 类，具有 cc. Node 的基本特性。

如果要展示图 5-3 所示的 Hello World 文字，可以使用 cc. LabelTTF 实现。

cc. LabelTTF 实现的 Hello World 文字主要代码如下：

```
var HelloWorldLayer = cc.Layer.extend({
    sprite:null,
    ctor:function () {
        //////////////////////////////
        // 1. super init first
        this._super();
        ……
        var helloLabel = new cc.LabelTTF("Hello World", "Arial", 38);   ①
        helloLabel.x = size.width / 2;
        helloLabel.y = 0;

        this.addChild(helloLabel, 5);
        ……
        return true;
    }
});
```

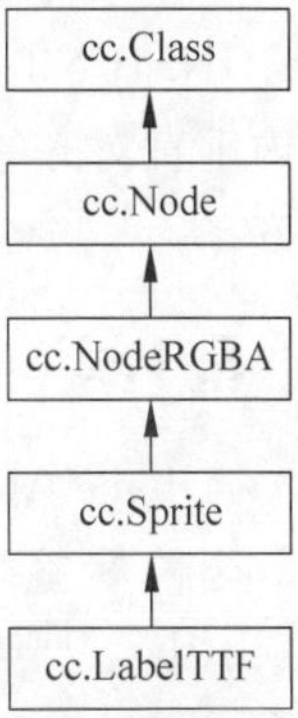

cc.Class
↑
cc.Node
↑
cc.NodeRGBA
↑
cc.Sprite
↑
cc.LabelTTF

图 5-2　LabelTTF 类图

图 5-3　cc. LabelTTF 实现的 Hello World 文字

上述代码第①行是创建一个 cc. LabelTTF 对象，cc. LabelTTF 类的构造函数定义如下：

```
ctor(text, fontName, fontSize, dimensions, hAlignment, vAlignment)
```

text 参数是要显示的文字，fontSize 参数是字体，它可以是系统字体名，如本例中的 Arial。参数 dimensions 是标签内容大小，如果标签不能完全显示在指定大小的区域内，标签将被截掉一部分。默认值为 cc. size(0,0)，它表示标签刚好显示在指定的区域内。参数 hAlignment 表示标签在 dimensions 指定区域内水平对齐的方式，默认值是 cc. TEXT_ALIGNMENT_LEFT，表示水平左对齐。参数 vAlignment 表示标签在 dimensions 指定区域内垂直对齐的方式，默认值是 cc. VERTICAL_TEXT_ALIGNMENT_TOP，表示垂直顶对齐。

5.1.2 cc. LabelAtlas

cc. LabelAtlas 是图片集标签，其中 Atlas 本意是“地图集”、“图片集”，这种标签显示的文字是从一个图片集中取出的，因此使用 cc. LabelAtlas 需要额外加载图片集文件。cc. LabelAtlas 比 cc. LabelTTF 快得多。cc. LabelAtlas 中的每个字符必须有固定的高度和宽度。

cc. LabelAtlas 类图如图 5-4 所示，cc. LabelAtlas 间接地继承了 cc. Node 类，具有 cc. Node 的基本特性，它还直接继承了 cc. AtlasNode。

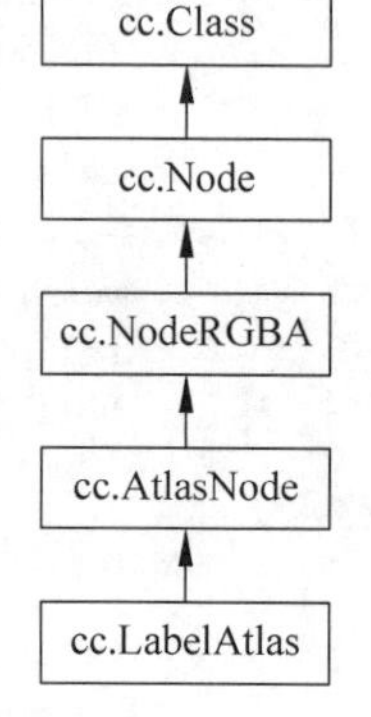

图 5-4 cc. LabelAtlas 类图

如果要展示图 5-5 所示的 Hello World 文字，可以使用 cc. LabelAtlas 实现。

图 5-5 cc. LabelAtlas 实现的 Hello World 文字

cc. LabelAtlas 实现的 Hello World 文字主要代码如下：

```
var HelloWorldLayer = cc.Layer.extend({
    sprite:null,
    ctor:function () {
          this._super();
          ……
         // 创建并初始化标签
          var helloLabel = new cc.LabelAtlas("Hello World",
            res.charmap_png,
            48, 66, " ");                                                    ①

          helloLabel.x = size.width / 2 - helloLabel.getContentSize().width / 2;
          helloLabel.y = size.height - helloLabel.getContentSize().height;
          this.addChild(helloLabel, 5);
          ……
          return true;
    }
});
```

上述代码第①行是创建一个 cc. LabelAtlas 对象，构造函数的第一个参数是要显示的文字；第二个参数是图片集文件（见图 5-6）；第三个参数是字符高度；第四个参数是字符宽度；第五个参数是开始字符。

为了防止硬编码问题，应该使用 res. charmap_png 表示资源的路径，变量 res. charmap_png 是在 resource. js 中定义的资源名，resource. js 代码如下：

图 5-6 图片集文件

```
var res = {
    HelloWorld_png : "res/HelloWorld.png",
    CloseNormal_png : "res/CloseNormal.png",
    CloseSelected_png : "res/CloseSelected.png",
    charmap_png : "res/fonts/tuffy_bold_italic-charmap.png"
};
```

5.1.3 cc. LabelBMFont

cc. LabelBMFont 是位图字体标签，需要添加字体文件：一个图片集(. png)和一个字体坐标文件(. fnt)。cc. LabelBMFont 比 LabelTTF 快很多。cc. LabelBMFont 中的每个字符的宽度是可变的。

cc. LabelBMFont 类图如图 5-7 所示，cc. LabelBMFont 间接地继承了 cc. Node 类，具有

cc. Node 的基本特性。

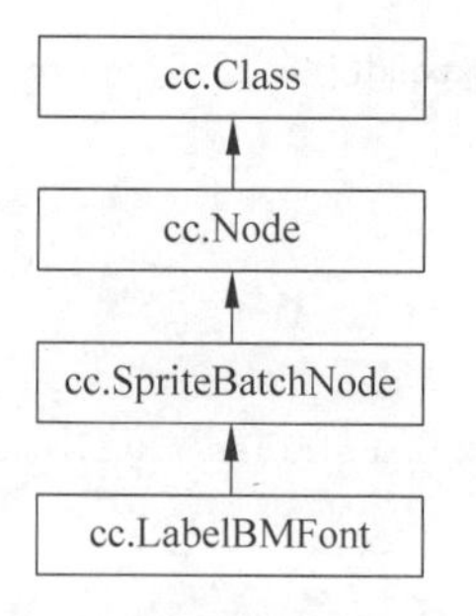

图 5-7　cc. LabelBMFont 类图

如果要展示图 5-8 所示的 Hello World 文字，可以使用 cc. LabelBMFont 实现。

图 5-8　cc. LabelBMFont 实现的 Hello World 文字

cc. LabelBMFont 实现的 Hello World 文字主要代码如下：

```
var HelloWorldLayer = cc.Layer.extend({
    sprite:null,
    ctor:function () {
        this._super();
        ……
        // 创建并初始化标签
        this.helloLabel = new cc.LabelBMFont("Hello World", res.BMFont_fnt);      ①

        this.helloLabel.x = size.width / 2;
        this.helloLabel.y = size.height - 20;
```

```
        ......
        return true;
    }
});
```

上述代码第①行是创建一个 LabelBMFont 对象，构造函数的第一个参数是要显示的文字，第二个参数是图片集文件，res. BMFont_fnt 变量保存了资源文件 BMFont. fnt 全路径，它也是在 resource. js 中定义的。图片集文件 BMFont. fnt 如图 5-9 所示，它还对应有一个字体坐标文件 BMFont. fnt。

图 5-9　图片集文件

坐标文件 BMFont. fnt 代码如下：

```
info face = "AmericanTypewriter" size = 64 bold = 0 italic = 0 charset = "" unicode = 0 stretchH =
100 smooth = 1 aa = 1 padding = 0,0,0,0 spacing = 2,2
common lineHeight = 73 base = 58 scaleW = 512 scaleH = 512 pages = 1 packed = 0
page id = 0 file = "BMFont.png"
chars count = 95
char id = 124 x = 2 y = 2 width = 9 height = 68 xoffset = 14 yoffset = 9 xadvance = 32 page = 0 chnl =
0 letter = "|"
char id = 41 x = 13 y = 2 width = 28 height = 63 xoffset = 1 yoffset = 11 xadvance = 29 page = 0 chnl
 = 0 letter = ")"
char id = 40 x = 43 y = 2 width = 28 height = 63 xoffset = 4 yoffset = 11 xadvance = 29 page = 0 chnl
 = 0 letter = "("
......
char id = 32 x = 200 y = 366 width = 0 height = 0 xoffset = 16 yoffset = 78 xadvance = 16 page = 0
chnl = 0 letter = "space"
```

使用 LabelBMFont 需要注意的是图片集文件和坐标文件需要放置在 res 目录下，文件命名相同。图片集合和坐标文件是可以通过位图字体工具制作的。

5.2 位图字体制作

在5.1.3节的实例中，位图字体包含两个文件：纹理图集(.png)和字体坐标文件(.fnt)，我们可以通过位图字体工具制作图片集合和坐标文件。

5.2.1 Glyph Designer 工具

目前比较流行的位图字体工具是BMFont与Glyph Designer。BMFont(http://www.angelcode.com/products/bmfont/)是一款针对Windows平台的免费位图字体工具；Glyph Designer(http://71squared.com)是非常优秀的收费位图字体工具，有Windows和Mac OS X两个版本。本章重点介绍Windows版本的Glyph Designer。

Windows版本的Glyph Designer工具可以在https://71squared.com/gdx网址下载，Glyph Designer是一个收费的工具，需要购买软件许可(见https://71squared.com官网)。Windows版本安装成功之后的界面如图5-10所示。

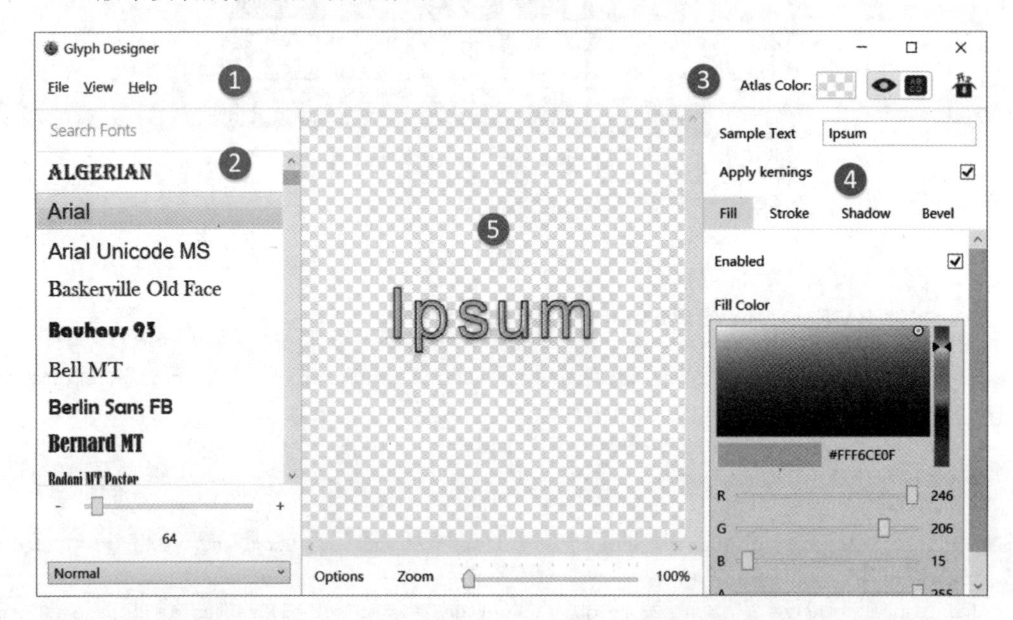

图5-10 Glyph Designer Windows的操作界面

图5-10所示的界面主要分为5个区域：

① 号区域是菜单。

② 号区域是选择字体。

③ 号区域是工具栏。

④ 号区域是参数设置区。

⑤ 号区域是预览区。

5.2.2　使用 Glyph Designer 制作位图字体

下面通过一个实例介绍使用 Glyph Designer 工具制作位图字体的过程。

1. 选择字体

图 5-10 所示界面的②号区域可以选择字体，这里可以看到很多可选的字体，这些字体都是当前操作系统安装的字库。如果可选字体过多，可以通过字体列表顶部的搜索栏对字体进行搜索。单击界面左侧列表里的字体名称，中间预览区里的文字字体就会随之变化。

有的字体带有不同的样式，例如正常、粗体、斜体和瘦体等。想要切换这些效果，可以通过点选字体列表下侧的“Normal”来实现。如图 5-11 所示，在下拉列表中可以选择不同的样式。此外，还可以设置文字的大小，如图 5-11 所示，拖动字体设置滑块改变字体大小。

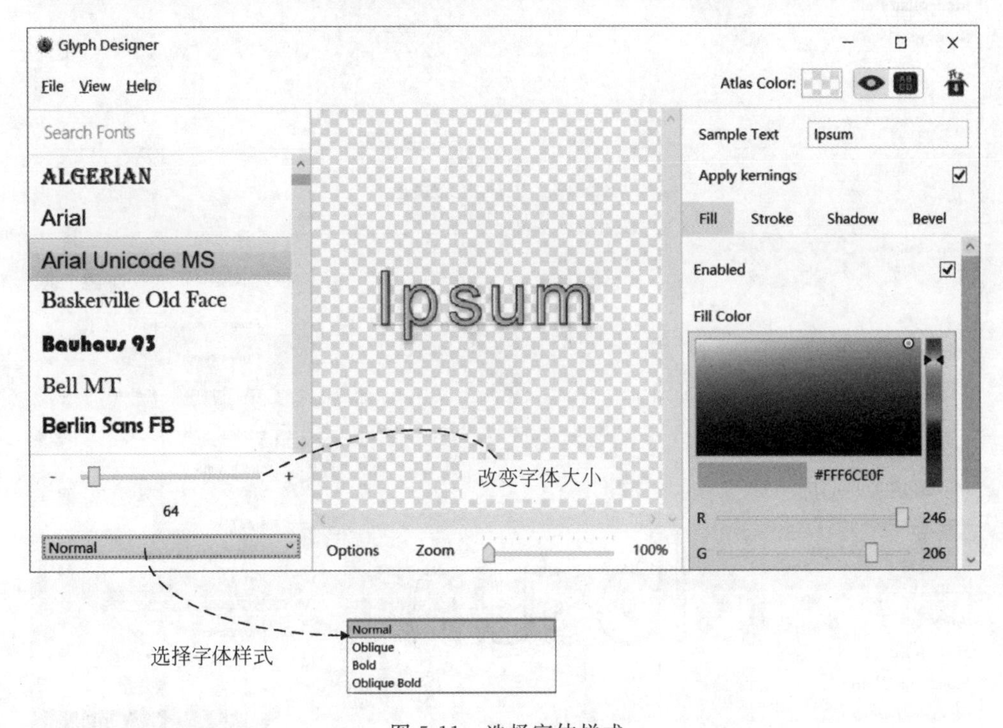

图 5-11　选择字体样式

2. 字体填充颜色

我们还可以为字体填充颜色。如图 5-12 所示，在右边的参数设置区中选择 Fill 标签，打开字体填充颜色参数设置。这里可以设置颜色的 RGBA 数值，其中 A 是指透明度。

3. 字体描边

字体描边是为字体添加边框或轮廓效果。如图 5-13 所示，在右边的参数设置区中选择 Stroke 标签，打开字体描边参数设置。

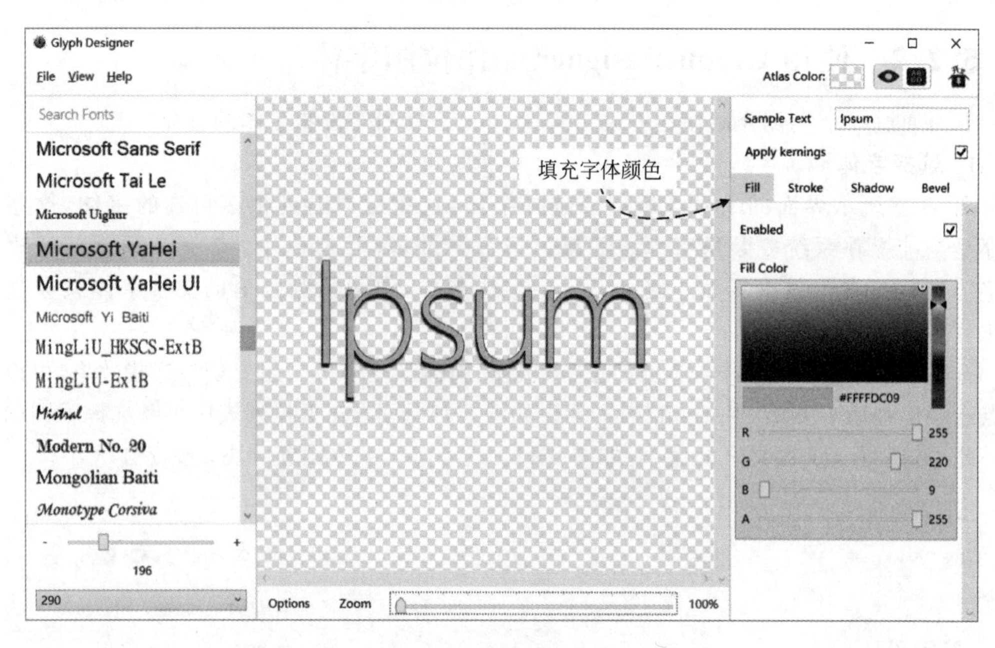

图 5-12 字体填充颜色

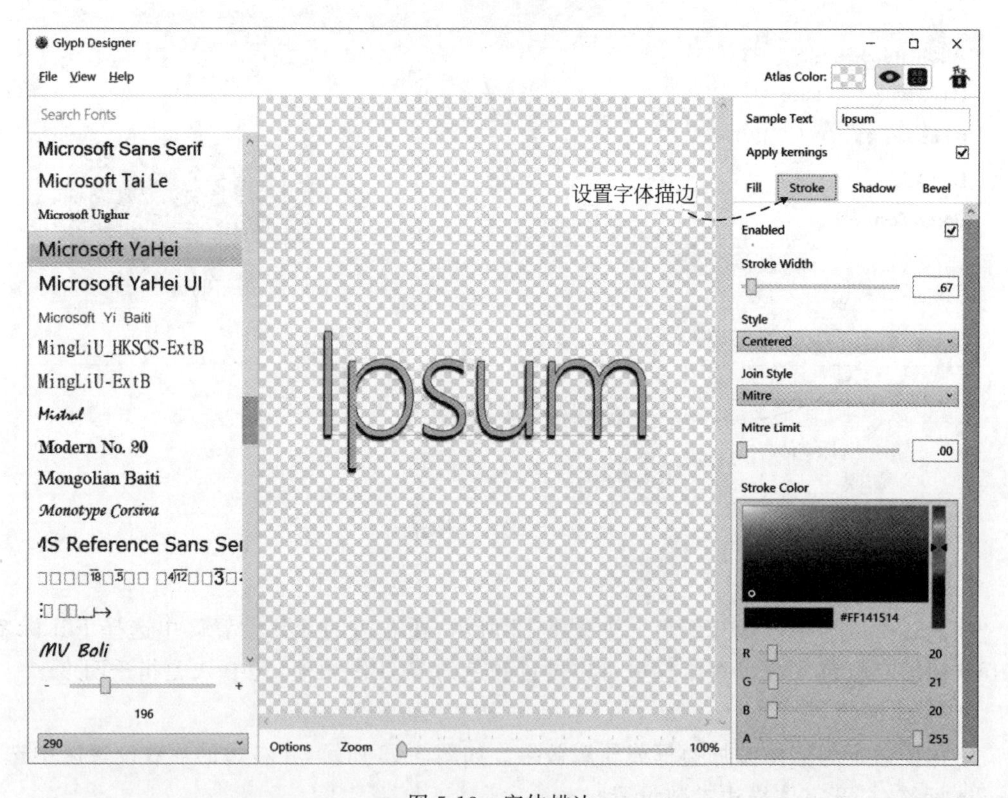

图 5-13 字体描边

字体描边属性如下：

□ Stoke Width 是设置描边的宽窄，单位是像素。

□ Style 是描边样式，它有 3 个样式可以设置——Outer(外侧)、Inner(内侧)和 Centred (居中)。

□ Join Style 是描边拐角连接风格，它有 3 个风格可以设置——Mitre(斜接)、Round (圆角)和 Bevel(斜角)，它们的区别如图 5-14 所示。其中 Mitre(斜接)效果可以通过调整 Mitre Limit(斜接限制)来调整，通常大于 3 时呈平角效果，数值过大文字边缘会出现尖角，最大值为 20。

图 5-14　拐角连接风格

4. 字体阴影

字体阴影是字体阴影效果。如图 5-15 所示，在右边的参数设置区中选择 Shadow 标签，打开字体阴影参数设置。

在阴影参数设置中可以设置如下参数：

□ Angle：角度是设置阴影倾斜角度。

□ Distance：距离是设置阴影的距离。

□ Blur：模糊度。

字体 Bevel 参数是设置填充颜色的倾斜面，具体参数与阴影类似，这里不再解释。另外，参数设置中的 Apply kernings 是调整字距，选中该选项可以对文字的字间距进行调整。

5. 包含汉字字符

Glyph Designer 工具还可以将汉字添加到位图字体文件中，这样就可以在游戏中显示汉字了。单击工具栏中的 Generate Texture Atlas(生产纹理图集)按钮，如图 5-16 所示，可以在 Glyphs→Included Glyphs 中输入要包含的中文字符。

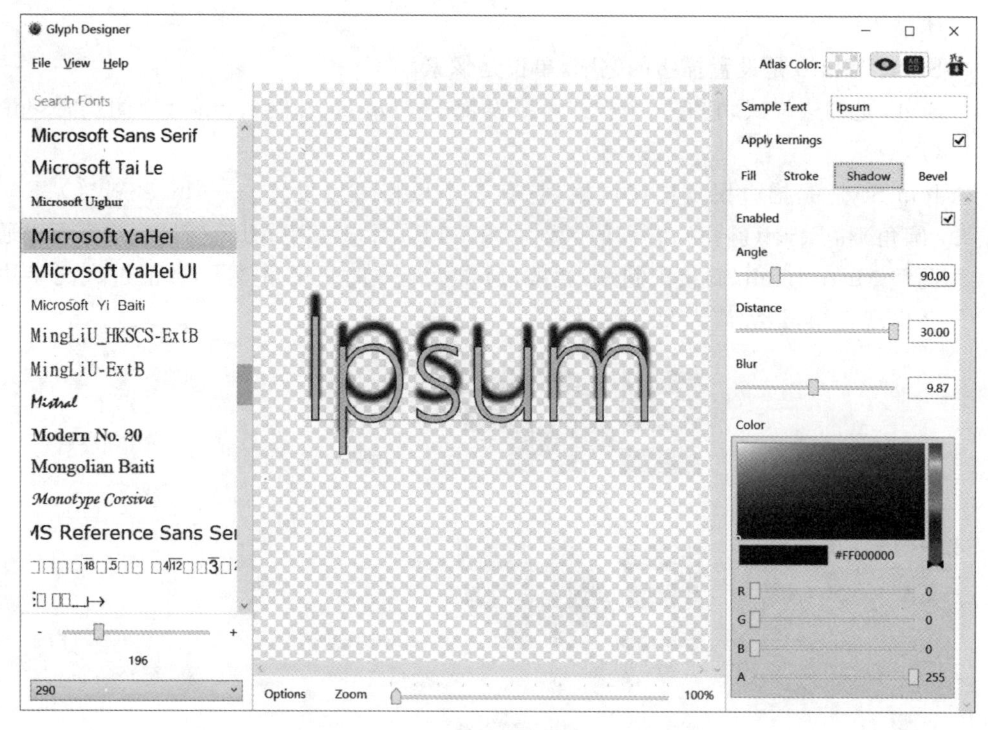

图 5-15 字体阴影

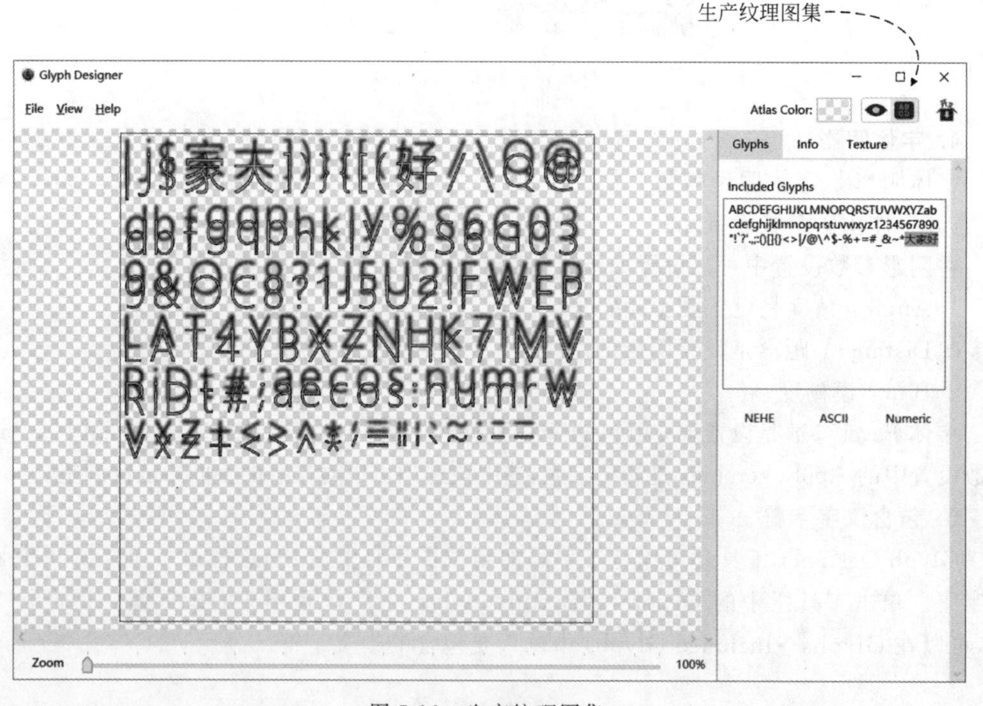

图 5-16 生产纹理图集

6. 导出位图字体文件

设置好文字的字体、大小和填充等属性后，就可以生成游戏引擎所需要的位图字体文件了。单击软件工具栏最右边的 Export Bitmap Font（导出位图字体）按钮，会弹出导出对话框，在导出对话框中选择保存目录，默认导出格式是 fnt 文件。导出成功在导出目录下会生成纹理图集(.png)和字体坐标文件(.fnt)。

本章小结

通过本章的学习，了解了 Cocos2d-x JS API 标签和菜单相关知识，其中包括标签类 cc.LabelTTF、cc.LabelAtlas 和 cc.LabelBMFont。在菜单部分学习了文本菜单、精灵菜单、图片菜单和开关等菜单。最后学习了位图字体制作工具 Glyph Designer 的使用。

第6章 菜单

菜单在游戏中是非常重要的概念，它提供操作的集合。使用菜单往往会用到字符串和标签，字符串、标签在第5章已经介绍了。本章介绍 Cocos2d-x JS API 中的菜单。

6.1 使用菜单

菜单是游戏中提供操作的集合。在 Cocos2d-x JS API 中菜单类是 cc. Menu，cc. Menu 类图如图 6-1 所示，从类图可见 cc. Menu 类派生于 cc. Layer。

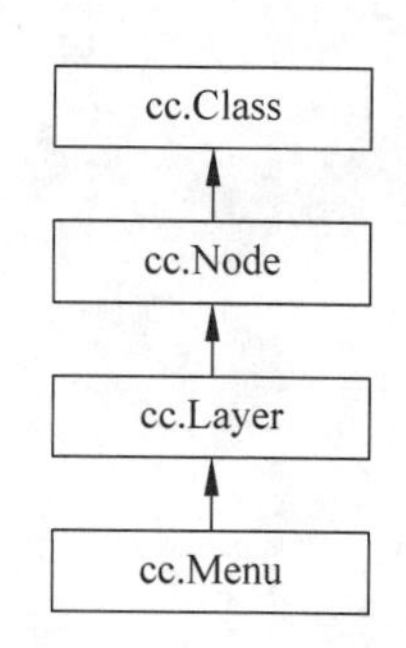

图 6-1　cc. Menu 类图

菜单中又包含了菜单项，菜单项分类是 cc. MenuItem。从图 6-2 所示的类图可见 cc. MenuItem 的子类有 cc. MenuItemLabel、cc. MenuItemSprite 和 cc. MenuItemToggle。其中，cc. MenuItemLabel 类是文本菜单，它有两个子类：cc. MenuItemAtlasFont 和 cc. MenuItemFont。cc. MenuItemSprite 类是精灵菜单，它的子类是 cc. MenuItemImage，它是图片菜单。cc. MenuItemToggle 类是开关菜单。

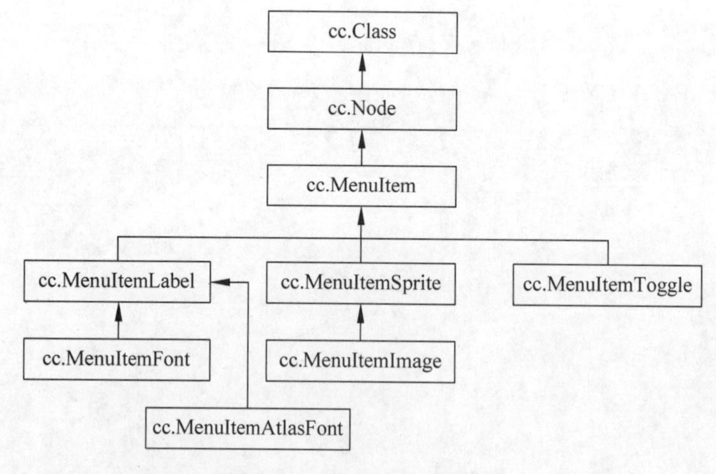

图 6-2　cc. MenuItem 类图

下面介绍文本菜单、精灵菜单、图片菜单和开关菜单。

6.2 文本菜单

文本菜单是菜单项，它只能显示文本，文本菜单类包括 cc. MenuItemLabel、cc. MenuItemFont 和 cc. MenuItemAtlasFont。cc. MenuItemLabel 是抽象类，具体使用的时候可以使用 cc. MenuItemFont 和 cc. MenuItemAtlasFont 两个类。

文本菜单类 cc. MenuItemFont 的一个构造函数定义如下：

```
ctor(value,                                  //要显示的文本
  callback,                                  //菜单操作的回调函数指针
  target)
```

文本菜单类 cc. MenuItemAtlasFont 是基于图片集的文本菜单项，它的一个构造函数定义如下：

```
ctor (value,                                 //要显示的文本
        charMapFile,                         //图片集文件
        itemWidth,                           //要截取的文字在图片中的宽度
        itemHeight,                          //要截取的文字在图片中的高度
        startCharMap,                        //开始字符
        callback )                           //菜单操作的回调函数指针
```

本节通过一个实例介绍文本菜单的使用，这个实例如图 6-3 所示，其中菜单 Start 是使用 cc. MenuItemFont 实现的，菜单 Help 是使用 cc. MenuItemAtlasFont 实现的。

图 6-3 文本菜单实例

下面看看 app.js 中 HelloWorldLayer 的初始化代码：

```
var HelloWorldLayer = cc.Layer.extend({

    ctor:function () {
        this._super();

        var size = cc.director.getWinSize();

        var bg = new cc.Sprite(res.background_png);
        bg.x = size.width/2;
        bg.y = size.height/2;
        this.addChild(bg);

        cc.MenuItemFont.setFontName("Times New Roman");                          ①
        cc.MenuItemFont.setFontSize(86);                                         ②

        var item1 = new cc.MenuItemFont("Start", this.menuItem1Callback, this);  ③

        var item2 = new cc.MenuItemAtlasFont("Help",
              res.charmap_png,
              48, 65,'',
              this.menuItem2Callback, this);                                     ④

        var mn = new cc.Menu(item1, item2);                                      ⑤
        mn.alignItemsVertically();                                               ⑥
        this.addChild(mn);                                                       ⑦

        return true;
    },
    menuItem1Callback:function (sender) {
        cc.log("Touch Start Menu Item " + sender);
    },
    menuItem2Callback:function (sender) {
        cc.log("Touch Help Menu Item " + sender);
    }
});
```

上述代码第①和第②行是设置文本菜单的文本字体和字体大小。第③行是创建 cc.MenuItemFont 菜单项对象，它是一个一般文本菜单项，构造函数的第一个参数是菜单项的文本内容，第二个参数是点击菜单项回调的函数，this.menuItem1Callback 是函数指针，this 代表函数所在的对象。

第④行代码是创建一个 cc.MenuItemAtlasFont 菜单项对象，这种菜单项是基于图片集的菜单项。res. charmap_png 变量也是在 resource. js 文件中定义的，表示"res/menu/tuffy_bold_italic-charmap. png"路径。

第⑤行代码 var mn = new cc. Menu(item1，item2)是创建菜单对象，把之前创建的菜单项添加到菜单中。第⑥行代码 mn. alignItemsVertically()是设置菜单项垂直对齐。第⑦行代码 this. addChild(mn)是把菜单对象添加到当前层中。

注意 上述代码第④行 cc. MenuItemAtlasFont 类在 Web 平台下运行正常，但是在 JSB 本地运行显示有误，可以使用下面代码替换：

```
var labelAtlas = new cc.LabelAtlas("Help", res.charmap_png, 48, 65, '');
var item2 = new cc.MenuItemLabel(labelAtlas, this.menuItem2Callback, this );
```

6.3 精灵菜单和图片菜单

精灵菜单的菜单项类是 cc. MenuItemSprite，图片菜单的菜单项类是 cc. MenuItemImage。由于 cc. MenuItemImage 继承于 cc. MenuItemSprite，所以图片菜单也属于精灵菜单。为什么叫精灵菜单呢？因为这些菜单项具有精灵的特点，我们可以让精灵动起来，具体使用时是把一个精灵放置到菜单中作为菜单项。

精灵菜单项类 cc. MenuItemSprite 的一个构造函数定义如下：

```
ctor(normalSprite,                          //菜单项正常显示时的精灵
        selectedSprite,                     //选择菜单项时的精灵
        callback,                           //菜单操作的回调函数指针
        target
)
```

使用 cc. MenuItemSprite 比较麻烦，在创建 cc. MenuItemSprite 之前要先创建 3 种不同状态所需要的精灵(normalSprite、selectedSprite 和 disabledSprite)。cc. MenuItemSprite 还有其他一些构造函数，在这些函数中可以省略 disabledSprite 参数。

如果精灵是由图片构成的，可以使用 cc. MenuItemImage 实现与精灵菜单同样的效果。cc. MenuItemImage 类的一个构造函数定义如下：

```
ctor(normalImage,                           //菜单项正常显示时的图片
          selectedImage,                    //选择菜单项时的图片
          callback,                         //菜单操作的回调函数指针
          target
)
```

cc. MenuItemImage 还有一些构造函数，在这些函数中可以省略 disabledImage 参数。

本节通过一个实例介绍精灵菜单和图片菜单的使用，这个实例如图 6-4 所示。

图 6-4 精灵菜单和图片菜单实例

下面看看 app. js 中 HelloWorldLayer 的初始化代码：

```
var HelloWorldLayer = cc.Layer.extend({

        ctor:function () {

        this._super();

        var size = cc.director.getWinSize();

        var bg = new cc.Sprite(res.background_png);
        bg.x = size.width/2;
        bg.y = size.height/2;
        this.addChild(bg);

        // 开始精灵
        var startSpriteNormal = new cc.Sprite(res.start_up_png);                ①
        var startSpriteSelected = new cc.Sprite(res.start_down_png);            ②
        var startMenuItem = new cc.MenuItemSprite(
                startSpriteNormal,
                startSpriteSelected,
                this.menuItemStartCallback, this);                              ③
        startMenuItem.x = 700;                                                  ④
        startMenuItem.y = size.height - 170;                                    ⑤

        // 设置图片菜单
        var settingMenuItem = new cc.MenuItemImage(
                res.setting_up_png,
                res.setting_down_png,
                this.menuItemSettingCallback, this);                            ⑥
        settingMenuItem.x = 480;
        settingMenuItem.y = size.height - 400;
```

```
        //帮助图片菜单
        var helpMenuItem = new cc.MenuItemImage(
                res.help_up_png,
                res.help_down_png,
                this.menuItemHelpCallback, this);                                    ⑦
        helpMenuItem.x = 860;
        helpMenuItem.y = size.height - 480;

        var mu = new cc.Menu(startMenuItem, settingMenuItem, helpMenuItem);         ⑧
        mu.x = 0;
        mu.y = 0;
        this.addChild(mu);
    },
    menuItemStartCallback:function (sender) {
        cc.log("menuItemStartCallback!");
    },
    menuItemSettingCallback:function (sender) {
        cc.log("menuItemSettingCallback!");
    },
    menuItemHelpCallback:function (sender) {
        cc.log("menuItemHelpCallback!");
    }
});
```

上面代码第①～②行是创建两种不同状态的精灵，第③行是创建精灵菜单项 cc.MenuItemSprite 对象，第④～⑤行是设置开始菜单项(startMenuItem)位置，注意这个坐标是(700，170)，由于(700，170)的坐标是 UI 坐标，需要转换为 OpenGL 坐标，这个转换过程就是 startMenuItem.y=size.height-170。

第⑥～⑦行代码是创建图片菜单项 cc.MenuItemImage 对象。第⑧行代码是创建 cc.Menu 对象。

另外，由于背景图片大小是 1136×640 像素，我们可以在创建工程的时候，创建一个 1136×640 像素横屏的工程，如果创建的工程不是这个尺寸，可以修改根目录下的 main.js 文件，内容如下：

```
cc.game.onStart = function(){
    if(!cc.sys.isNative && document.getElementById("cocosLoading"))
        document.body.removeChild(document.getElementById("cocosLoading"));

    cc.view.enableRetina(cc.sys.os === cc.sys.OS_IOS ? true : false);
    cc.view.adjustViewPort(true);
    cc.view.setDesignResolutionSize(1136, 640, cc.ResolutionPolicy.SHOW_ALL);       ①
    cc.view.resizeWithBrowserSize(true);
    cc.LoaderScene.preload(g_resources, function () {
        cc.director.runScene(new HelloWorldScene());
```

```
    }, this);
};
cc.game.run();
```

可以在第①行中修改屏幕大小代码。

6.4 开关菜单

开关菜单的菜单项类是 cc. MenuItemToggle，是可以进行两种状态切换的菜单项。它可以通过下面的函数创建：

```
ctor (OnMenuItem,                                    //菜单项 On 时的菜单项
        OffMenuItem,                                 //菜单项 Off 时的菜单项
        callback,                                    //菜单操作的回调函数指针
        target
)
```

下面的代码是简单形式的文本类型的开关菜单项：

```
var toggleMenuItem = new cc.MenuItemToggle (
          new MenuItemFont( "On" ),
          new MenuItemFont( "Off"),
          this.menuItem1Callback, this);

var mn = new cc.Menu(toggleMenuItem);
this.addChild(mn);
```

本节通过一个实例介绍其他复杂类型的开关菜单的使用，这个实例如图 6-5 所示，它是一个游戏音效和背景音乐设置界面。可以通过开关菜单实现这个功能，我们的美术设计师为每一个设置项目(音效和背景音乐)分别准备了两个图片。

图 6-5　开关菜单实例

下面看看 app.js 中 HelloWorldLayer 的初始化代码：

```
var HelloWorldLayer = cc.Layer.extend({

    ctor:function () {
        this._super();
        var size = cc.director.getWinSize();

        var bg = new cc.Sprite(res.setting_back_png);
        bg.x = size.width/2;
        bg.y = size.height/2;
        this.addChild(bg);

        //音效
        var soundOnMenuItem = new cc.MenuItemImage(
                res.On_png, res.On_png);                                    ①
        var soundOffMenuItem = new cc.MenuItemImage(
                res.Off_png, res.Off_png);                                  ②

        var soundToggleMenuItem = new cc.MenuItemToggle(
                soundOnMenuItem,
                soundOffMenuItem,
                this.menuSoundToggleCallback, this);                        ③
        soundToggleMenuItem.x = 818;
        soundToggleMenuItem.y = size.height - 220;

        //音乐
        var musicOnMenuItem = new cc.MenuItemImage(
                res.On_png, res.On_png);                                    ④
        var musicOffMenuItem = new cc.MenuItemImage(
                res.Off_png, res.Off_png);                                  ⑤
        var musicToggleMenuItem = new cc.MenuItemToggle(
                musicOnMenuItem,
                musicOffMenuItem,
                this.menuMusicToggleCallback, this);                        ⑥

        musicToggleMenuItem.x = 818;
        musicToggleMenuItem.y = size.height - 362;

        //Ok 按钮
        var okMenuItem = new cc.MenuItemImage(
                res.ok_down_png,
                res.ok_up_png,
                this.menuOkCallback, this);
        okMenuItem.x = 600;
        okMenuItem.y = size.height - 510;
```

```
        var mu = new cc.Menu(soundToggleMenuItem, musicToggleMenuItem, okMenuItem);       ⑦
        mu.x = 0;
        mu.y = 0;
        this.addChild(mu);
    },
    menuSoundToggleCallback:function (sender) {
        cc.log("menuSoundToggleCallback!");
    },
    menuMusicToggleCallback:function (sender) {
        cc.log("menuMusicToggleCallback!");
    },
    menuOkCallback:function (sender) {
        cc.log("menuOkCallback!");
    }
});
```

上面代码第①行是创建音效开的图片菜单项，第②行是创建音效的图片菜单项，第③行创建开关菜单项 cc.MenuItemToggle。类似地，第④～⑥行创建背景音乐开关菜单项。第⑦行通过上面创建的开关菜单项创建 cc.Menu 对象。

本章小结

通过本章的学习，掌握了 Cocos2d-x JS API 菜单相关知识。在菜单部分学习了文本菜单、精灵菜单、图片菜单和开关菜单等内容。

第7章 精　灵

在前面的章节中用到了精灵对象但没有深入介绍，本章我们深入地介绍精灵的使用。精灵是游戏中非常重要的概念，围绕着精灵还有很多概念，例如精灵帧、缓存、动作和动画等内容。

7.1 Sprite精灵类

Cocos2d-x JS API中的精灵类是cc.Sprite，它的类图如图7-1所示。cc.Sprite类直接继承了cc.Node类，具有cc.Node基本特征。

7.1.1 创建Sprite精灵对象

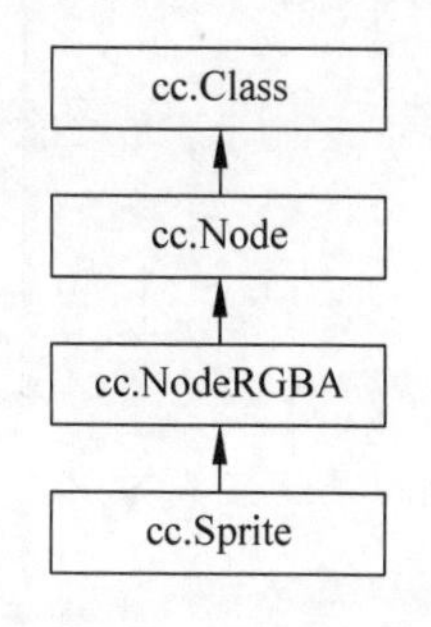

图7-1 cc.Sprite类图

创建精灵对象可以使用构造函数实现，它们接受相同的参数，这些参数非常灵活。归纳起来，创建精灵对象有4种主要的方式：

(1) 根据图片资源路径创建：

```
//图片资源路径
var sp1 = new cc.Sprite("res/background.png");
//图片资源路径和裁剪的矩形区域

var sp2 = new cc.Sprite("res/tree.png",cc.rect(604, 38, 302, 295))
```

(2) 根据精灵表(纹理图集)中的精灵帧名创建：

```
//精灵帧名
var sp = new cc.Sprite("#background.png");
```

由于这种方式与图片资源路径创建它们的参数都是一个字符串，为了区分是精灵帧名还是图片资源路径，在精灵帧名前面加上井号(#)。

(3) 根据精灵帧创建：

可以通过精灵帧缓存中获得精灵帧对象，再从精灵帧对象中获得精灵对象。

```
//精灵帧缓存
```

```
var spriteFrame = cc.spriteFrameCache.getSpriteFrame("background.png");
var sprite = new cc.Sprite(spriteFrame);
```

（4）根据纹理创建精灵：

```
//创建纹理对象
var texture = cc.textureCache.addImage("background.png");
//指定纹理创建精灵
var sp1 = new cc.Sprite(texture);
//指定纹理和裁剪的矩形区域来创建精灵
var sp2 = new cc.Sprite(texture, cc.rect(0,0,480,320));
```

7.1.2 实例：使用纹理对象创建 Sprite 对象

本节通过一个实例介绍纹理对象创建 Sprite 对象，这个实例如图 7-2 所示，其中地面上的草是放在背景（如图 7-3 所示）中的，场景中的两棵树是从图 7-4 所示的"树"纹理图片中截取出来的，图 7-5 是树的纹理坐标，注意它的坐标原点在左上角。

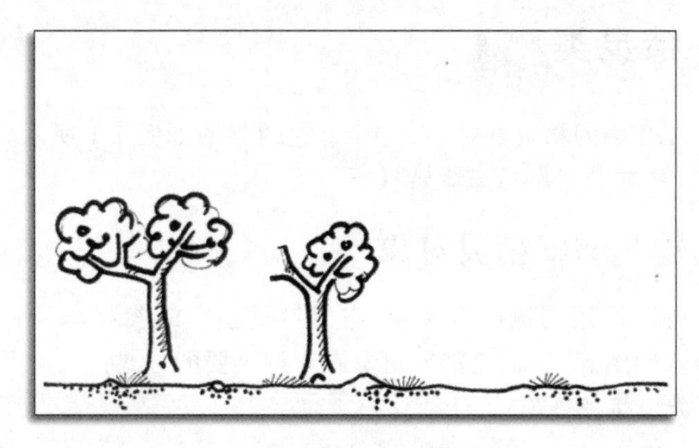

图 7-2 创建 Sprite 对象实例

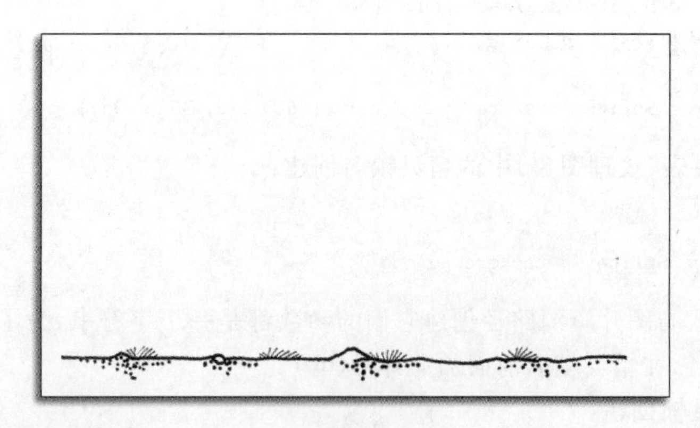

图 7-3 场景背景图片

图 7-4 “树”纹理图片

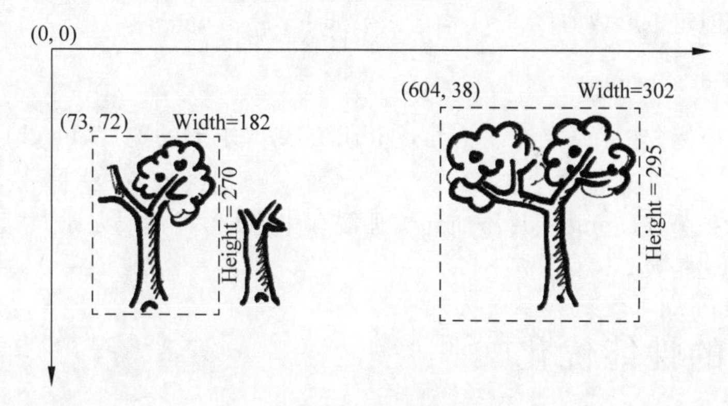

图 7-5 “树”纹理图片

下面看看 app.js 中 HelloWorldLayer 的初始化代码：

```
var HelloWorldLayer = cc.Layer.extend({

    ctor:function () {

        this._super();
        var size = cc.director.getWinSize();

        var bg = new cc.Sprite(res.background_png);                       ①
        bg.x = size.width/2;
        bg.y = size.height/2;
        this.addChild(bg);

        var tree1 = new cc.Sprite(res.tree_png,cc.rect(604, 38, 302, 295));  ②

        tree1.x = 200;
        tree1.y = 230;
        this.addChild(tree1);

        var texture = cc.textureCache.addImage(res.tree_png);             ③
        var tree2 = new cc.Sprite(texture, cc.rect(73, 72,182,270));      ④
        tree2.x = 500;
```

```
            tree2.y = 200;
            this.addChild(tree2);
        }
    });
```

上面代码第①行通过图片创建精灵，变量 res.background_png 是图片的完整路径，它是在 resource.js 文件中定义的，代表的图片是 background.png，background.png 图片如图 7-3 所示。第②行是通过 tree1.png 图片(res.tree_png 变量保存的内容)和矩形裁剪区域创建精灵，矩形裁剪区域为(604, 38, 302, 295)，如图 7-5 所示。

rect 类可以创建矩形裁剪区，rect 构造函数如下：

```
rect (x, y, width, height)
```

其中 x、y 是 UI 坐标，坐标原点在左上角，width 是裁剪矩形的宽度，height 是裁剪矩形的高度。

第③行代码把 tree1.png 图片添加到纹理缓存中，第④行代码是通过指定纹理和裁剪的矩形区域来创建精灵。

7.2 精灵的性能优化

游戏是很耗费资源的应用，特别是在移动设备中的游戏，性能优化是非常重要的。精灵的性能优化可以使用精灵表和缓存。下面从这两个方面介绍精灵的性能优化。

7.2.1 使用纹理图集

纹理图集(Texture Atlas)也称为精灵表(Sprite Sheet)，它把许多小的精灵图片组合到一张大图里面。使用纹理图集(或精灵表)有如下优点：

- 减少文件读取次数，读取一张图片比读取一堆小文件要快。
- 减少 OpenGL ES 绘制调用并且加速渲染。
- 减少内存消耗。OpenGL ES 1.1 仅仅能够使用 2^n 大小的图片(即宽度或者高度是 2、4、8、64 等)。如果采用小图片 OpenGL ES1.1 会分配给每个图片 2^n 大小的内存空间，即使这张图片达不到这样的宽度和高度也会分配大于此图片的 2^n 大小的空间。那么运用这种图片集的方式将会减少内存碎片。虽然在 Cocos2d-x 2.0 后使用了 OpenGL ES 2.0，它不会再分配 2^n 的内存块了，但是减少读取次数和绘制的优势依然存在。
- Cocos2d-x 全面支持 Zwoptex① 和 TexturePacker②，所以创建和使用纹理图集是很容易的。

---

① 精灵表制作工具见 http://www.zwopple.com/zwoptex/。
② 精灵表制作工具见 http://www.codeandweb.com/texturepacker。

我们通常使用纹理图集制作工具 Zwoptex 和 TexturePacker 帮助设计和生成纹理图集文件(见图 7-6),以及纹理图集坐标文件(plist)。

图 7-6　精灵表文件 SpirteSheet. png

plist 是属性列表文件,是一种 XML 文件,SpirteSheet. plist 文件代码如下:

```
<?xml version = "1.0" encoding = "UTF - 8"?>
<!DOCTYPE plist PUBLIC " - //Apple Computer//DTD PLIST 1.0//EN" "http://www.apple.com/DTDs/
PropertyList - 1.0.dtd">
<plist version = "1.0">
    <dict>
        <key> frames </key>
        <dict>                                                              ①
            <key> hero1.png </key>                                          ②
            <dict>
                <key> frame </key>
                <string>{{2,1706},{391,327}}</string>                       ③
                <key> offset </key>
                <string>{6,0}</string>
                <key> rotated </key>
```

```
                <false/>
                <key>sourceColorRect</key>
                <string>{{17,0},{391,327}}</string>
                <key>sourceSize</key>
                <string>{413,327}</string>                                          ④
            </dict>
            ……
            <key>mountain1.png</key>
            <dict>
                <key>frame</key>
                <string>{{2,391},{934,388}}</string>
                <key>offset</key>
                <string>{0,-8}</string>
                <key>rotated</key>
                <false/>
                <key>sourceColorRect</key>
                <string>{{0,16},{934,388}}</string>
                <key>sourceSize</key>
                <string>{934,404}</string>
            </dict>
            ……
        </dict>
        <key>metadata</key>
        <dict>
            <key>format</key>
            <integer>2</integer>
            <key>realTextureFileName</key>
            <string>SpirteSheet.png</string>
            <key>size</key>
            <string>{1024,2048}</string>
            <key>smartupdate</key><string>$TexturePacker:SmartUpdate:5f186491d3aea28
9c50ba9b77716547f:abc353d00773c0ca19d20b55fb028270:755b0266068b8a3b8dd250a2d186c02b$</string>
            <key>textureFileName</key>
            <string>SpirteSheet.png</string>
        </dict>
    </dict>
</plist>
```

上述代码是 plist 文件，代码第①～④行描述了一个精灵帧(小的精灵图片)位置，第②行是精灵帧的名字，一般情况下它的命名与原始的精灵图片名相同。第③行描述了精灵帧的位置和大小，{2,1706}是精灵帧的位置，{391,327}是精灵帧的大小。由于我们不需要自己编写 plist 文件，它的属性就不再介绍了。

使用精灵表文件最简单的方式是使用图片资源路径和裁剪的矩形区域创建 Sprite 对象，创建矩形 rect 对象可以参考坐标文件中第③行代码的{{2,1706},{391,327}}数据。代码如下：

```
var mountain1 = new cc.Sprite(res.SpirteSheet_png,cc.rect(2,391, 934, 388));
mountain1.anchorX = 0;
mountain1.anchorY = 0;
mountain1.x = -200;
mountain1.y = 80;
this.addChild(mountain1);
```

res.SpirteSheet_png 变量表示"res/SpirteSheet.png"，也可以使用精灵表文件创建纹理对象，代码如下：

```
var texture = cc.textureCache.addImage(res.SpirteSheet_png);
var hero1 = new cc.Sprite(texture, cc.rect(2,1706,391,327));
hero1.x = 800;
hero1.y = 200;
this.addChild(hero1);
```

res.SpirteSheet_png 变量表示"res/SpirteSheet.png"。

7.2.2　使用精灵帧缓存

精灵帧缓存是缓存的一种。缓存有如下几种：

- 纹理缓存(TextureCache)：使用纹理缓存可以创建纹理对象，在7.2.1节我们已经用到了。
- 精灵帧缓存(SpriteFrameCache)：能够从精灵表中创建精灵帧缓存，然后再从精灵帧缓存中获得精灵对象。如果反复使用精灵对象，使用精灵帧缓存可以节省内存消耗。
- 动画缓存(AnimationCache)：动画缓存主要用于精灵动画，精灵动画中的每一帧是从动画缓存中获取的。

本节主要介绍精灵帧缓存(SpriteFrameCache)，使用精灵帧缓存涉及的类有 SpriteFrame 和 SpriteFrameCache。使用 SpriteFrameCache 创建精灵对象的主要代码如下：

```
var frameCache = cc.spriteFrameCache;
frameCache.addSpriteFrames("res/SpirteSheet.plist",
                           "res/SpirteSheet.png");                    ①
var mountain1 = new cc.Sprite("#mountain1.png");                      ②
```

上述代码第①行是向精灵帧缓存中添加精灵帧，其中第一个参数 SpirteSheet.plist 是坐标文件，第二个参数 SpirteSheet.png 是纹理图集文件。

第②行代码是从精灵缓存中通过精灵帧名(见 SpirteSheet.plist 文件代码中的第②行)创建精灵对象。

下面通过实例介绍精灵帧缓存使用，这个实例如图7-7所示，在游戏场景中有背景、山和英雄[①] 3个精灵。

① 我们把玩家控制的精灵称为“英雄”，把电脑控制的反方精灵称为“敌人”。

图 7-7 使用精灵帧缓存实例

下面看看 app.js 中 HelloWorldLayer 的初始化代码：

```
var HelloWorldLayer = cc.Layer.extend({

    ctor:function () {
        this._super();
        var size = cc.director.getWinSize();

        var bg = new cc.Sprite(res.background_png);                    ①
        bg.x = size.width/2;
        bg.y = size.height/2;
        this.addChild(bg);

        var frameCache = cc.spriteFrameCache;                          ②
        frameCache.addSpriteFrames(res.SpirteSheet_plist,
                res.SpirteSheet_png);

        var mountain1 = new cc.Sprite("#mountain1.png");
        mountain1.anchorX = 0;
        mountain1.anchorY = 0;
        mountain1.x = -200;
        mountain1.y = 80;
        this.addChild(mountain1);

        var heroSpriteFrame = frameCache.getSpriteFrame("hero1.png");  ③
        var hero1 = new cc.Sprite(heroSpriteFrame);                    ④
        hero1.x = 800;
        hero1.y = 200;
        this.addChild(hero1);
    }
});
```

上述代码第①行是创建一个背景精灵对象。这个背景精灵对象并不是通过精灵缓存创建的，而是直接通过精灵文件创建的，事实上也完全可以将这个背景图片放到精灵表中。

代码第③～④行是使用精灵缓存创建精灵对象的另外一种函数，第③行是使用精灵缓存对象 frameCache 的 getSpriteFrame 函数创建 SpriteFrame 对象，SpriteFrame 对象就是"精灵帧"对象，事实上在精灵缓存中存放的都是这种类型的对象。第④行是通过精灵帧对象创建。第③和第④行使用精灵缓存方式主要应用于精灵动画的情况，相关的知识将在精灵动画部分介绍。

精灵缓存不再使用后要移除相关精灵帧，否则再使用相同名称的精灵帧时就会出现一些问题。spriteFrameCache 类中移除精灵帧的缓存函数如下：

- removeSpriteFrameByName(name)：指定具体的精灵帧名移除。
- removeSpriteFrames()：移除所有精灵帧。
- removeSpriteFramesFromFile(url)：指定具体的坐标文件移除精灵帧。
- removeSpriteFramesFromTexture(texture)：通过指定纹理移除精灵帧。

为了防止该场景中的精灵缓存对下一个场景产生影响，可以在当前场景所在层的 onExit 函数中调用这些函数，相关代码如下：

```
onExit:function () {
    this._super();
    spriteFrameCache.removeSpriteFrames();
}
```

onExit 函数是层退出时回调的函数，与构造函数类似都属于层的生命周期中的函数。

7.3 纹理图集制作

目前，制作文理的工具很多，比较流行的工具有 Zwoptex 和 TexturePacker，本书重点介绍 TexturePacker 纹理图集工具的使用。

7.3.1 TexturePacker 工具

TexturePacker 是由 CodeAndWeb 团队(www.codeandweb.com)开发的。TexturePacker 有 Windows 和 Mac OS X 两个版本。在两个不同操作系统中，TexturePacker 工具的操作界面和工具使用方法完全一样。图 7-8 是目前 TexturePacker 工具所支持的游戏引擎。

TexturePacker 可以在 http://www.codeandweb.com/texturepacker/download 网址下载。但是，TexturePacker 是收费的工具，需要购买软件许可，如果没有可到 CodeAndWeb 官网购买。安装过程需要这个软件许可才能安装使用 TexturePacker 工具。Windows 版本安装成功之后的界面如图 7-9 所示。

图 7-8 TexturePacker 支持的游戏引擎

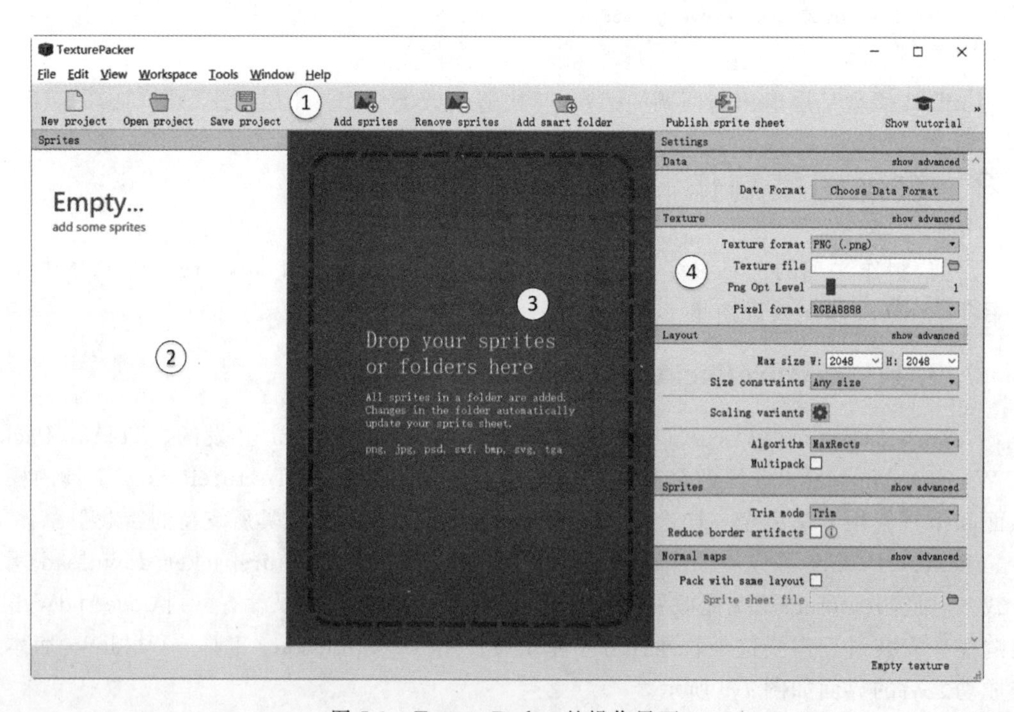

图 7-9 TexturePacker 的操作界面

在图 7-9 所示的界面中,主要分为 4 个区域:

①号区域:工具栏,从左到右分别是 New project(新建工程)、Open project(打开工程)、Save project(保存工程)、Add sprites(添加精灵)、Remove sprites(从工程中删除精灵)、Add smart folder(添加文件夹)和 Publish sprites sheet(发布)。

②号区域:图片文件列表区,可以把设计好的游戏精灵或 UI 元素等载入进去。

③号区域:图集预览区,下面的工具栏可以对预览窗口进行缩放、实际像素显示和全部显示。

④号区域:参数设置区。

7.3.2　使用 TexturePacker 制作纹理图集

为了熟悉 TexturePacker 工具的使用,下面介绍图 7-6 所示的纹理图集制作过程。

1. 载入图片文件

我们需要将游戏图片素材载入到当前工程中,这些图片文件格式主要是 png、jpg 和 bmp 等。在文件比较多的情况下,可以把文件放到文件夹中。

载入图片文件到当前工程中有多种方法,最简单的方法是拖曳文件或文件夹到界面中间的图集预览区里(如图 7-10 所示),所有的图片就自动拼贴在一张大图中。

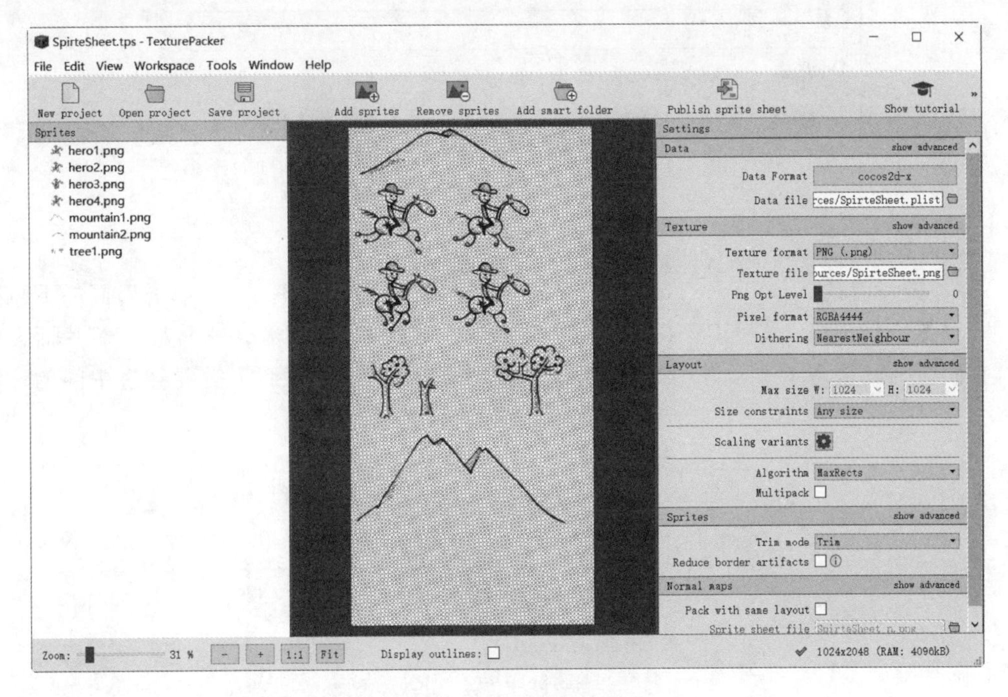

图 7-10　载入图形文件

2. 设置数据格式

在参数设置的 Data 部分中,可以选择设置数据格式参数,单击 Data Format 后面的按钮弹出对话框，如图 7-11 所示，选中 cocos2d-x 格式，选择完成后单击 Convert 按钮确定选择。

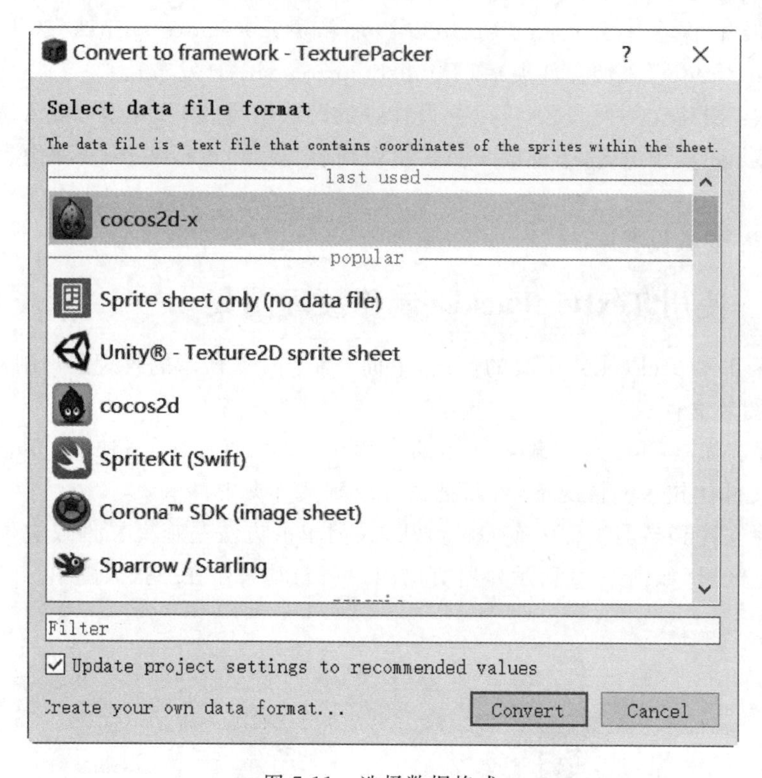

图 7-11 选择数据格式

3. 设置纹理参数

在参数设置的 Texture→Texture format 部分，可以选择纹理格式，单击后面的下拉列表框，如图 7-12 所示，其中 PVR 格式是专门为 iOS 设备上面的 PowerVR 图形芯片而设计的，它们在 iOS 设备上非常好用，因为可以直接加载到显卡上面，而不需要经过中间的计算转化。

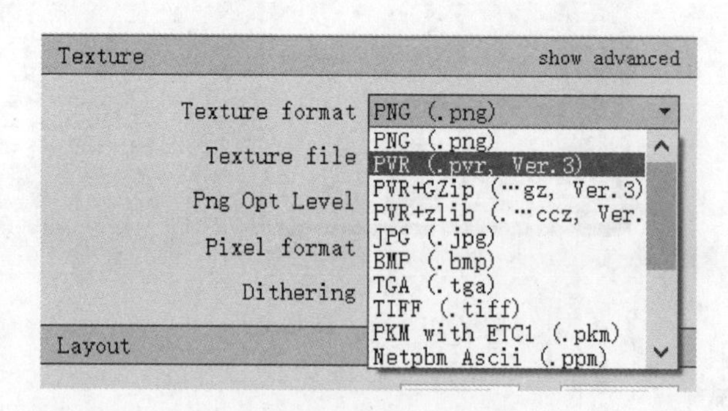

图 7-12 选择像素格式

在参数设置的 Texture→Pixel format 部分，可以选择纹理像素格式，单击后面的下拉列表框，如图 7-13 所示。

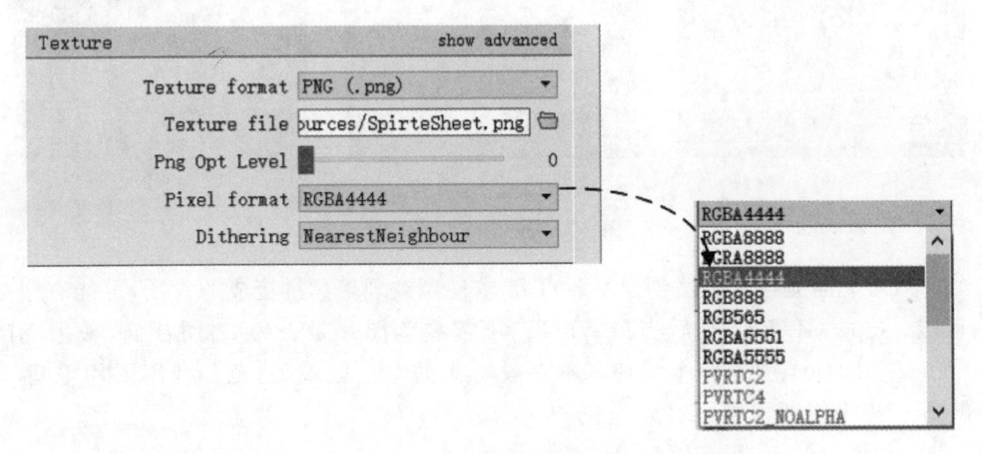

图 7-13 选择像素纹理格式

下面介绍纹理像素的格式，主要有：

- □ RGBA8888：32 位色，它是默认的像素格式，每个通道 8 位(比特)，每个像素 4 个字节。
- □ BGRA8888：32 位色，每个通道 8 位(比特)，每个像素 4 个字节。
- □ RGBA4444：16 位色，每个通道 4 位(比特)，每个像素 2 个字节。
- □ RGB888：24 位色，没有 Alpha 通道，所以没有透明度。每个通道 8 位(比特)，每个像素 3 个字节。
- □ RGB565：16 位色，没有 Alpha 通道，所以没有透明度。R 和 B 通道是各 5 位，G 通道是 6。
- □ RGB5A1(或 RGBA5551)：16 位色，每个通道各 4 位，Alpha 通道只用 1 位表示。
- □ PVRTC4：4 位 PVR 压缩纹理格式，PVR 格式是专门为 iOS 设备上面的 PowerVR 图形芯片而设计的。它们在 iOS 设备上非常好用，可以直接加载到显卡上面，不需要经过中间的计算转化。
- □ PVRTC4A：具有 Alpha 通道，4 位 PVR 压缩纹理格式。
- □ PVRTC2：2 位 PVR 压缩纹理格式。
- □ PVRTC2A：具有 Alpha 通道，2 位 PVR 压缩纹理格式。

在参数设置的 Texture→Dithering 部分，可以开启“防抖效果”，可以防止“带状伪影”现象。图 7-14(a)设置像素格式为 RGBA8888，为了减少颜色占用空间，可以将像素格式设置为 RGBA4444。图 7-14(b)会出现横向带状阴影，如果开启“防抖效果”可以防止“带状伪影”现象，如图 7-14(c)所示。单击 Dithering 后面的下拉列表框可以选择不同的算法。

4. 设置布局参数

在布局参数设置中最重要的是 Size constraint(尺寸约束)参数。如图 7-15 所示，选择尺寸约束有两个选项：POT(Power of 2)和 Any size。在 OpenGL ES1.1 时纹理图片要求

(a)

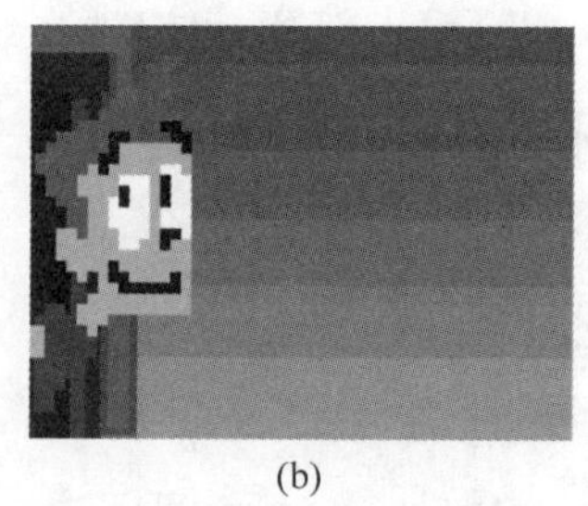
(b)

(c)

图 7-14 开启“防抖效果”

是 2^n(即 POT),否则纹理无法创建。POT 要求使用纹理工具拼接成的大图,可能有很多的空白区域。OpenGL ES2.0 后支持 NPOT,不需要为图片是否为 2^n 而苦恼,采用 NPOT (non power of two)拼图,整个图片基本上没有大的空白区域,能充分利用图片空间,Any size 就是 NPOT 拼图方式。

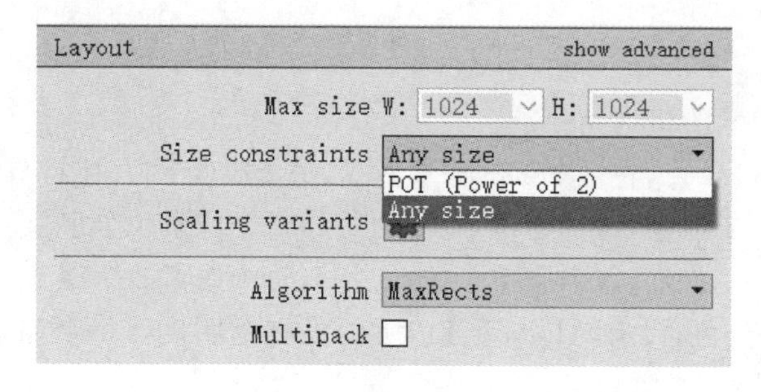

图 7-15 选择尺寸约束

5. 设置精灵参数

在精灵参数设置中最重要的是 Trim mode,可以去除精灵图片中的透明像素。

这些参数设置完成之后,就可以发布了,单击工具栏中的 Publish sprites sheet 按钮,弹出图 7-16 所示的对话框,如果选择的纹理格式为 PVR+GZip,那么输出的文件 SpirteSheet.plist

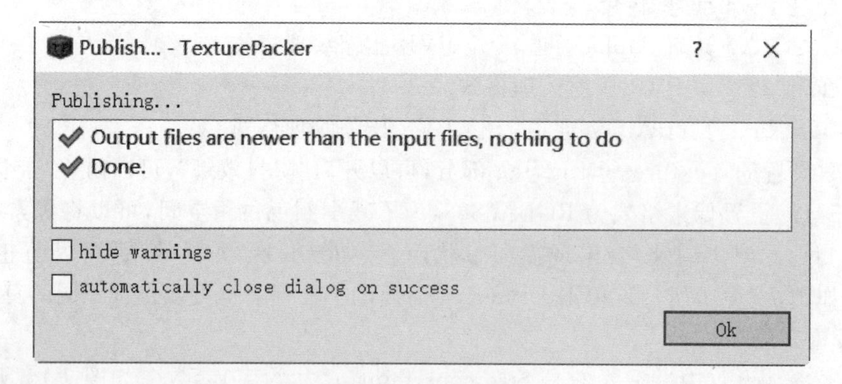

图 7-16 发布对话框

和 SpirteSheet. pvr. gz 及 SpirteSheet 是工程文件名。需要把这些文件复制到 Cocos2d-x 工程中的 Resources 目录里。

本章小结

通过对本章的学习，了解了 Cocos2d-x JS API 中精灵的相关知识和如何创建精灵对象。此外，还介绍了精灵的性能优化，性能优化方式包括使用精灵表和使用精灵帧缓存。最后，介绍了纹理图集制作 TexturePacker 工具的使用。

第 8 章

场 景 与 层

前面的章节简单地介绍了场景与层对象。本章将更加深入地介绍场景切换和层的生命周期问题。多个场景必然涉及场景切换、场景过渡动画和层的生命周期等相关知识。

8.1 场景与层的关系

虽然前面介绍了场景和层,但是本节我们要深入地介绍场景与层的关系。第 4 章中介绍了节点的层级结构,在节点的层级结构中可以看到场景与层之间的关系为图 8-1 所示的 1∶n 关系,即一个场景(Scene)中有多个层(Layer)对应,而且层的个数要至少是 1,不能为 0。

编程的时候往往不需要子类化(编写子类)场景,而是子类化层。虽然场景与层之间是 1∶n 的关系,但是通过模板生成的工程默认情况下都是 1∶1 关系。由模板生成的 app.js 文件中定义 HelloWorldScene 和 HelloWorldLayer,它们是 1∶1 关系。场景与层的静态结构关系如图 8-2 所示,从类图中可以看到 HelloWorldLayer 是 Layer 子类,HelloWorldScene 是 Scene 子类,在 HelloWorldScene 的 onEnter 函数中创建并添加 HelloWorldLayer 层到 HelloWorldScene 场景。

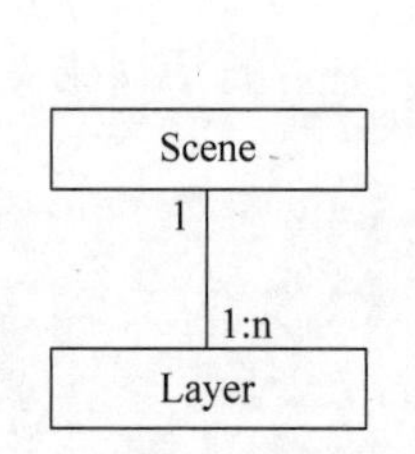

图 8-1　场景与层的对应关系

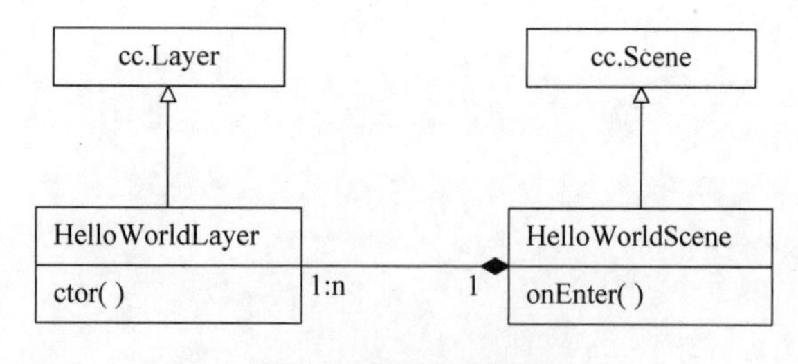

图 8-2　场景与层类图

8.2 场景切换

前面章节介绍的实例都是单个场景,实际游戏应用中往往并不只有一个场景,而是多个场景,多个场景必然需要切换。

8.2.1　场景切换相关函数

场景切换是通过 Cocos2d-x JS API 提供的导演类 cc.director 实现的，其中相关函数如下：

- runScene(scene)：该函数可以运行场景，只能在启动第一个场景时调用该函数，如果已经有一个场景运行则不能调用该函数。
- pushScene(scene)：切换到下一个场景，将当前场景挂起放入到场景堆栈中，然后再切换到下一个场景中。
- popScene()：与 pushScene 配合使用，可以回到上一个场景。
- popToRootScene()：与 pushScene 配合使用，可以回到根场景。

pushScene 并不会释放和销毁场景，原来场景的状态可以保持，但是游戏中不能同时有太多的场景对象运行。

使用 pushScene 函数从当前场景进入到 Setting 场景(SettingScene)的代码如下：

```
cc.director.pushScene(new SettingScene());
```

从 Setting 场景回到上一个场景的代码如下：

```
cc.director.popScene();
```

下面通过一个实例场景切换相关函数，如图 8-3 所示有两个场景：HelloWorld 和 Setting(设置)。在 HelloWorld 场景单击“游戏设置”菜单可以切换到 Setting 场景，在 Setting 场景中单击“OK”菜单可以返回到 HelloWorld 场景。

图 8-3　场景之间的切换(上图为 HelloWorld 场景，下图为 Setting 场景)

首先需要在工程中添加一个 Setting 场景，如果使用的开发工具是 Cocos Code IDE，可以右击 src 文件，在弹出菜单中选择 New→File，弹出图 8-4 所示的对话框，在文本框中输入要创建的文件名。然后单击 OK 按钮创建 SettingScene.js。

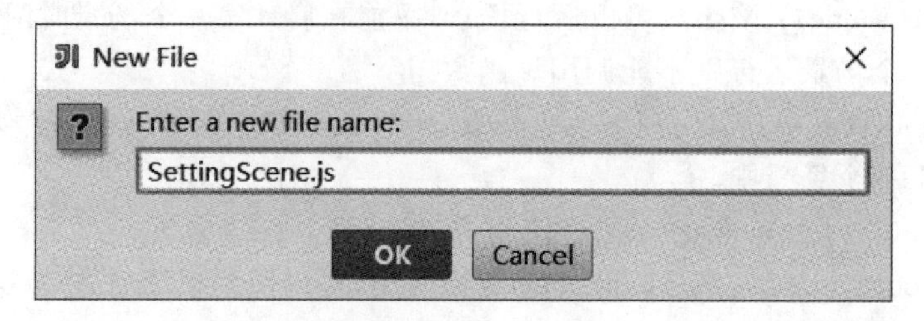

图 8-4 创建文件

下面看看代码部分，app.js 中的重要代码如下：

```
var HelloWorldLayer = cc.Layer.extend({

    ctor:function () {
        this._super();

        var size = cc.director.getWinSize();

        var bg = new cc.Sprite(res.background_png);
        bg.x = size.width/2;
        bg.y = size.height/2;
        this.addChild(bg);

        //开始精灵
        var startSpriteNormal = new cc.Sprite(res.start_up_png);
        var startSpriteSelected = new cc.Sprite(res.start_down_png);

        var startMenuItem = new cc.MenuItemSprite(startSpriteNormal,
              startSpriteSelected,
              function () {

              }, this);
        startMenuItem.x = 700;
        startMenuItem.y = size.height - 170;

        // 设置图片菜单
        var settingMenuItem = new cc.MenuItemImage(
              "res/setting-up.png",
              "res/setting-down.png",
              function () {                                                    ①
                  cc.director.pushScene(new SettingScene());                   ②
                  // cc.director.replaceScene(new SettingScene());             ③
```

```
            }, this);
        settingMenuItem.x = 480;
        settingMenuItem.y = size.height - 400;

        // 帮助图片菜单
        var helpMenuItem = new cc.MenuItemImage(
            res.help_up_png,
            res.help_down_png,
            function () {

            }, this);
        helpMenuItem.x = 860;
        helpMenuItem.y = size.height - 480;

        var mu = new cc.Menu(startMenuItem, settingMenuItem, helpMenuItem);
        mu.x = 0;
        mu.y = 0;
        this.addChild(mu);

    }
});
```

上述代码第①行定义的函数是在用户单击“游戏设置”菜单时回调的。第②行是pushScene函数进行场景切换。第③行是replaceScene函数进行场景切换。

SettingScene.js中的重要代码如下：

```
var SettingLayer = cc.Layer.extend({
    ctor:function () {
        this._super();
        var size = cc.director.getWinSize();

        var background = new cc.Sprite(res.setting_back_png);
        background.anchorX = 0;
        background.anchorY = 0;
        this.addChild(background);

        //音效
        var soundOnMenuItem = new cc.MenuItemImage(res.On_png, res.On_png);
        var soundOffMenuItem = new cc.MenuItemImage(res.Off_png, res.Off_png);

        var soundToggleMenuItem = new cc.MenuItemToggle(
            soundOnMenuItem,
            soundOffMenuItem,
            function () {

            }, this);
        soundToggleMenuItem.x = 818;
```

```
        soundToggleMenuItem.y = size.height - 220;

        //音乐
        var musicOnMenuItem = new cc.MenuItemImage(
            res.On_png, res.On_png);
        var musicOffMenuItem = new cc.MenuItemImage(
            res.Off_png, res.Off_png);
        var musicToggleMenuItem = new cc.MenuItemToggle(
            musicOnMenuItem,
            musicOffMenuItem,
            function () {

            }, this);
        musicToggleMenuItem.x = 818;
        musicToggleMenuItem.y = size.height - 362;

        //Ok 按钮
        var okMenuItem = new cc.MenuItemImage(
            "res/ok - down.png",
            "res/ok - up.png",
            function () {                                          ①
                cc.director.popScene();                            ②
            },this);
        okMenuItem.x = 600;
        okMenuItem.y = size.height - 510;

        var menu = new cc.Menu(okMenuItem);
        menu.x = 0;
        menu.y = 0;
        this.addChild(menu, 1);

        return true;
    }
});
```

上述代码中第①行定义的函数是用户在设置场景单击“OK”菜单时回调的。第②行是使用 popScene 函数返回 HelloWorld 场景。

另外，由于添加了 SettingScene.js 文件，需要修改根目录下的 project.json 文件，在该文件中注册 js 文件，修改代码如下：

```
{
    "project_type": "javascript",

    "debugMode" : 1,
    "showFPS" : true,
    "frameRate" : 60,
```

```
    "id" : "gameCanvas",
    "renderMode" : 2,
    "engineDir":"frameworks/cocos2d - html5",

    "modules" : ["cocos2d"],

    "jsList" : [
        "src/resource.js",
        "src/app.js",
        "src/SettingScene.js"                                          ①
    ]
}
```

其中第①行代码是我们添加的,工程中所有的js文件都需要在project.json文件的jsList中注册。

8.2.2　场景过渡动画

场景切换时是可以添加过渡动画的,场景过渡动画是由TransitionScene类和它的子类展示的。TransitionScene类图如图8-5所示。

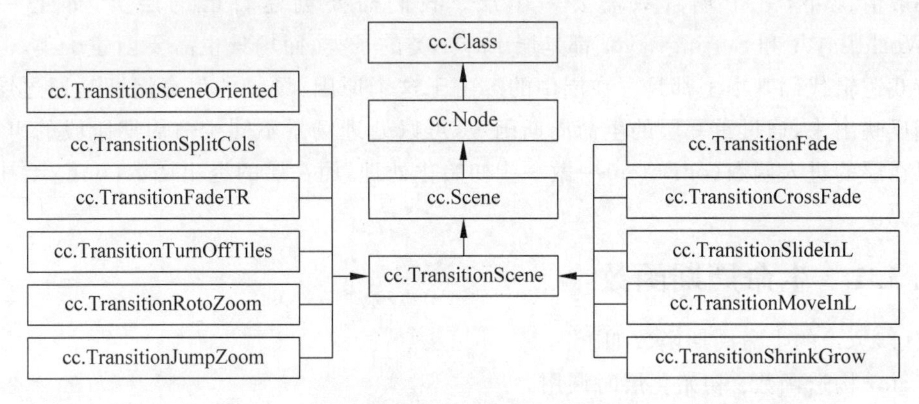

图8-5　TransitionScene类图

从图8-5所示的类图中可以看到,TransitionScene类的直接子类有11个,而且有些子类还有子类,全部的过渡动画类30多个。幸运的是,这里过渡动画类使用方式都是类似如下代码:

```
cc.director.pushScene(new cc.TransitionFadeTR(1.0, new SettingScene()));
```

上述代码创建过渡动画TransitionJumpZoom对象,构造函数有两个参数:第一个参数是动画持续时间,第二个参数是场景对象。pushScene函数使用的参数是过渡动画TransitionScene对象。

这里不介绍全部30多个过渡动画,只介绍一些有代表性的过渡动画,笔者总结了10个有代表性的过渡动画:

- TransitionFadeTR：网格过渡动画，从左下到右上。
- TransitionJumpZoom：跳动的过渡动画。
- TransitionCrossFade：交叉渐变过渡动画。
- TransitionMoveInL：从左边推入覆盖的过渡动画。
- TransitionShrinkGrow：放缩交替的过渡动画。
- TransitionRotoZoom：类似照相机镜头旋转放缩交替的过渡动画。
- TransitionSlideInL：从左侧推入的过渡动画。
- TransitionSplitCols：按列分割界面的过渡动画。
- TransitionSceneOriented：与方向相关的过渡动画，它的子类很多，例如 TransitionFlipY 是沿垂直方向翻转屏幕。
- TransitionTurnOffTiles：生成随机瓦片方格的过渡动画。

很多动画效果需要读者自己运行起来看看才能真正领会。

8.3 场景的生命周期

一般情况下，一个场景只需要一个层。我们需要创建自己的层类，如上一节的 HelloWorldLayer 和 SettingLayer 都是层 Layer 类的子类，而场景也需要创建子类，但是主要的游戏逻辑代码基本上都是写在层中的。由于这个原因，场景的生命周期是通过层的生命周期反映出来，通过重写层的生命周期函数，可以处理场景不同生命周期阶段的事件，例如可以在层的进入函数(onEnter)中做一些初始化处理，而在层的退出函数(onExit)中释放一些资源。

8.3.1 生命周期函数

层(Layer)的生命周期函数如下：

- ctor 构造函数：初始化层时调用。
- onEnter()：进入层时调用。
- onEnterTransitionDidFinish()：进入层而且过渡动画结束时调用。
- onExit()：退出层时调用。
- onExitTransitionDidStart()：退出层而且开始过渡动画时调用。

提示 层(Layer)继承于节点(Node)，这些生命周期函数根本上是从 Node 继承而来。事实上所有 Node 对象(场景、层、精灵等)都有这些函数，只要是继承这些类都可以重写这些函数，来处理这些对象的不同生命周期阶段事件。

我们重写 HelloWorld 层的中几个生命周期函数，代码如下：

```
var HelloWorldLayer = cc.Layer.extend({
```

```
    ctor:function () {
        this._super();
        cc.log("HelloWorldLayer init");
        ......
    },
    onEnter: function () {
        this._super();
        cc.log("HelloWorldLayer onEnter");
    },
    onEnterTransitionDidFinish: function () {
        this._super();
        cc.log("HelloWorldLayer onEnterTransitionDidFinish");
    },
    onExit: function () {
        this._super();
        cc.log("HelloWorldLayer onExit");
    },
    onExitTransitionDidStart: function () {
        this._super();
        cc.log("HelloWorldLayer onExitTransitionDidStart");
    }
});
```

注意 在重写层生命周期函数中，一定要有调用父类函数语句的 this._super()，如果不调用父类的函数可能会导致层中动画、动作或计划无法执行。

如果 HelloWorld 是第一个场景，当启动 HelloWorld 场景时，它的调用顺序如图 8-6 所示。

8.3.2 多场景切换生命周期

在多个场景切换时，场景的生命周期会更加复杂。本节介绍场景切换生命周期。

多个场景切换时分为几种情况：

- 情况 1：使用 pushScene 或 replaceScene 函数实现从 HelloWorld 场景进入 Setting 场景。
- 情况 2：在情况 1 下，使用 popScene 函数实现从 Setting 场景回到 HelloWorld 场景。
- 情况 3：在情况 1 下，使用 replaceScene 函数实现从 Setting 场景回到 HelloWorld 场景。

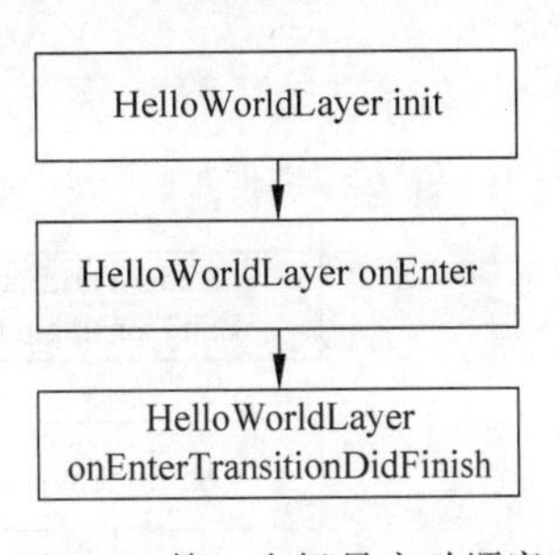

图 8-6 第一个场景启动顺序

参考 HelloWorld 重写 Setting 层的中几个生命周期函数，代码如下：

```
var SettingLayer = cc.Layer.extend({
    ctor: function () {
        this._super();
```

```
            cc.log("SettingLayer init");
            ……
            return true;
        },
        onEnter: function () {
            this._super();
            cc.log("SettingLayer onEnter");
        },
        onEnterTransitionDidFinish: function () {
            this._super();
            cc.log("SettingLayer onEnterTransitionDidFinish");
        },
        onExit: function () {
            this._super();
            cc.log("SettingLayer onExit");
        },
        onExitTransitionDidStart: function () {
            this._super();
            cc.log("SettingLayer onExitTransitionDidStart");
        }
    });
```

(1) 在情况 1 的时候，它的调用顺序如图 8-7 所示。

(2) 在情况 2 的时候，它的调用顺序如图 8-8 所示，popScene 函数回到 HelloWorld 场景时调用 HelloWorldLayer 的 onEnter 函数，然后再调用 HelloWorldLayer 的构造函数 ctor()，这说明 HelloWorld 场景重新创建了。

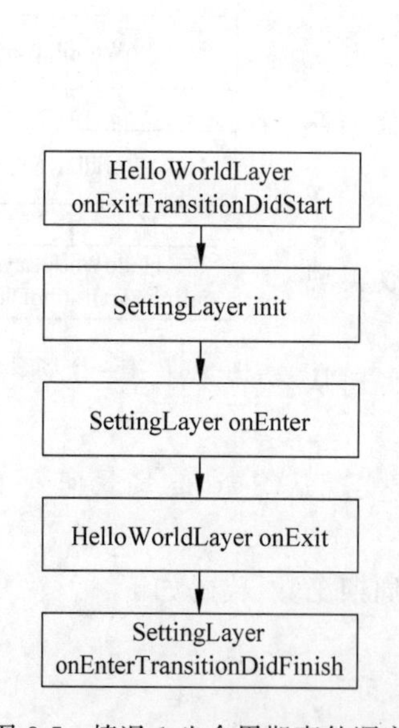

图 8-7 情况 1 生命周期事件顺序

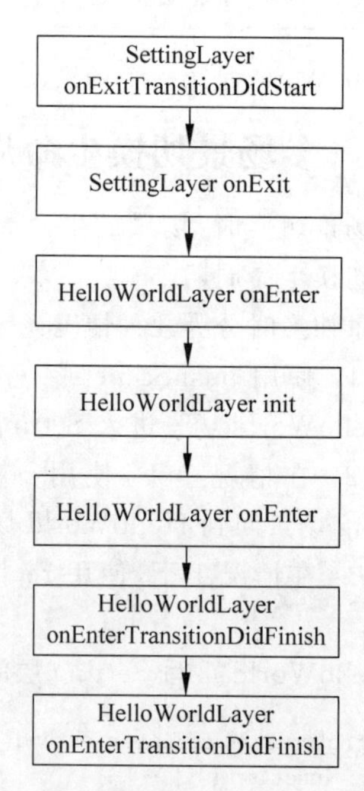

图 8-8 情况 2 生命周期事件顺序

(3) 在情况 3 的时候,如果在 Setting 场景中调用 cc. director. popScene()语句,则直接调用 onExit 函数退出游戏。

本章小结

通过对本章的学习,掌握场景和层等概念,重点是场景和层的关系,场景的生命周期和场景之间的切换。

第 9 章 动作和动画

游戏的世界是动态的世界，无论是玩家控制的精灵还是非玩家控制精灵，包括背景都可能是动态的。在 Cocos2d-x 中的 Node 对象可以有动作、特效和动画等动态特性。Cocos2d-x JS API 中的 Node 类是 cc. Node 中定义的这些动态特性，因此精灵、标签、菜单、地图和粒子系统等都具有这些动态特性。本章介绍 Cocos2d-x JS API 中的动作、特效和动画。

9.1 动作

动作（Action）包括基本动作和基本动作的组合，基本动作有缩放、移动、旋转等，而且这些动作变化的速度也可以设定。

Cocos2d-x JS API 中的动作类是 cc. Action，它的类图如图 9-1 所示。

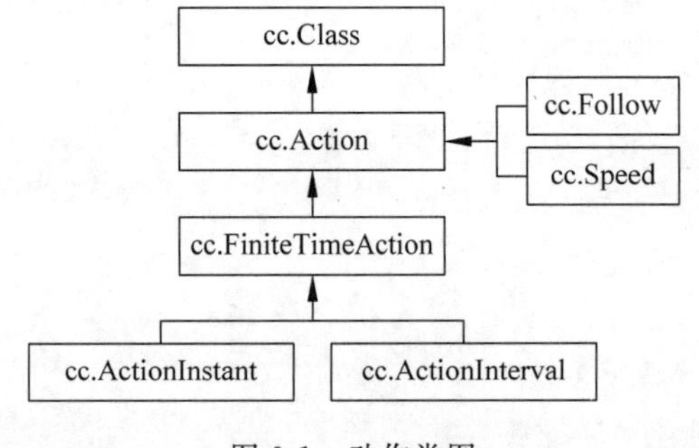

图 9-1 动作类图

从图 9-1 可以看出，cc. Action 的一个子类是 cc. FiniteTimeAction，cc. FiniteTimeAction 是一种受时间限制的动作，cc. Follow 是一种允许精灵跟随另一个精灵的动作，cc. Speed 是在一个动作运行时改变其运动速率。

此外，cc. FiniteTimeAction 有两个子类：cc. ActionInstant 和 cc. ActionInterval，它们是两种不同风格的动作类，cc. ActionInstant 封装了一种瞬时动作，cc. ActionInterval 封装了一种间隔动作。

cc. Node 类有关动作的函数如下：

□ runAction(action)：运行指定动作，返回值仍然是一个动作对象。

- stopAction(action)：停止指定动作。
- stopActionByTag(tag)：通过指定标签停止动作。
- stopAllActions()：停止所有动作。

9.1.1 瞬时动作

瞬时动作就是不等待、马上执行的动作，瞬时动作的基类是 cc. ActionInstant。瞬时动作 cc. ActionInstant 类图如图 9-2 所示。

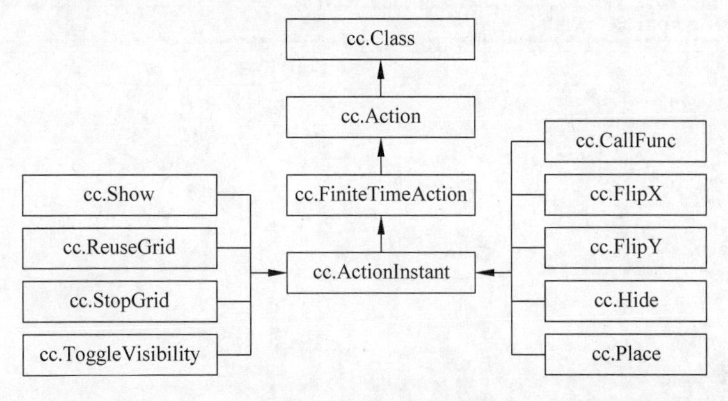

图 9-2　瞬时动作类图

下面通过一个实例介绍瞬时动作的使用，这个实例如图 9-3 所示，图(a)是一个操作菜单场景，选择菜单可以进入图(b)动作场景，在图(b)动作场景中单击 Go 按钮可以执行选择的动作效果，单击 Back 按钮可以返回到菜单场景。

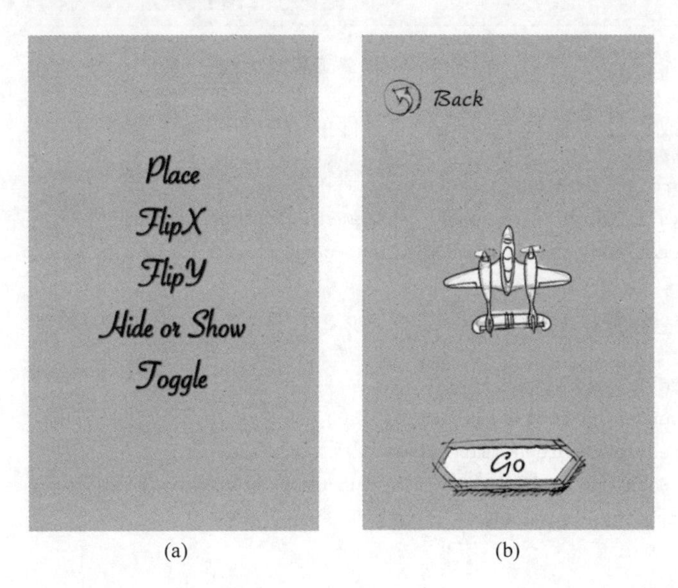

图 9-3　瞬时动作实例

由于游戏场景是竖屏的，需要在创建工程时设置屏幕为竖屏和屏幕的大小。具体过程是在图 9-4 所示的创建工程对话框中，设置 Orientation 选择为 portrait，在 Desktop Windows Initializing Size 中 Selection 选择为 Android(800×480)。

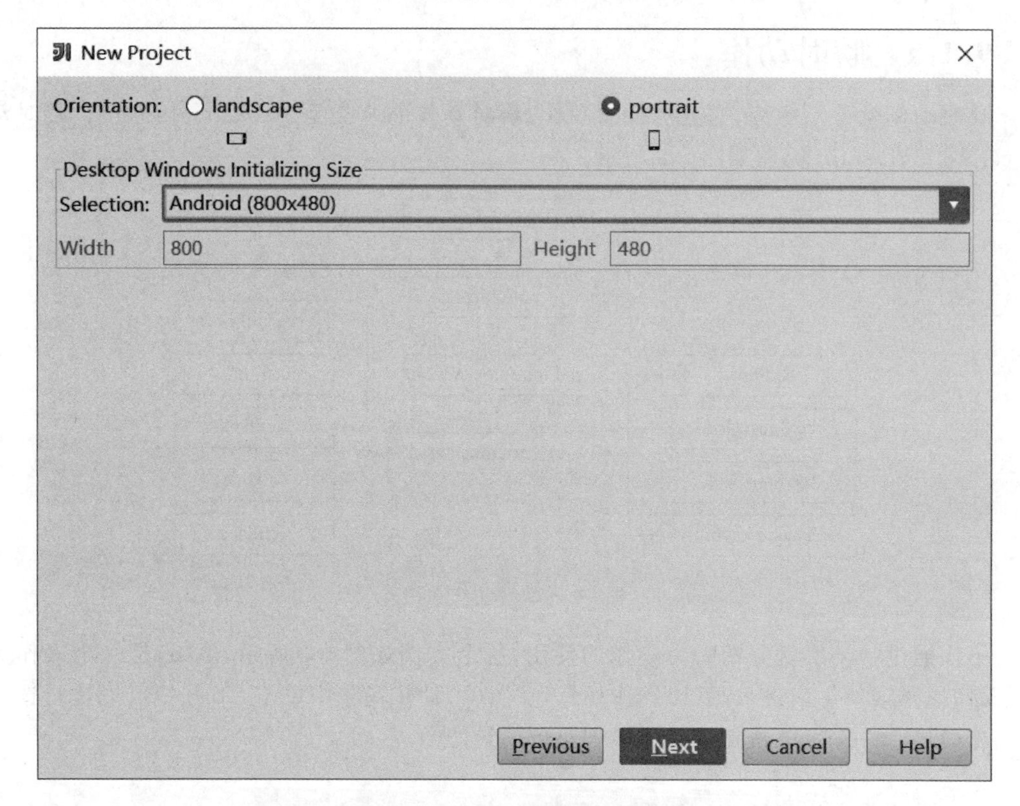

图 9-4 创建工程对话框

工程创建完成后还需要检查 main.js 文件的内容：

```
cc.game.onStart = function(){
    if(!cc.sys.isNative && document.getElementById("cocosLoading"))
        document.body.removeChild(document.getElementById("cocosLoading"));

    cc.view.enableRetina(cc.sys.os === cc.sys.OS_IOS ? true : false);

    cc.view.adjustViewPort(true);
    cc.view.setDesignResolutionSize(480, 800, cc.ResolutionPolicy.SHOW_ALL);        ①
    cc.view.resizeWithBrowserSize(true);
    cc.LoaderScene.preload(g_resources, function () {
        cc.director.runScene(new HelloWorldScene());
    }, this);
};
cc.game.run();
```

如果第①行代码中设置的屏幕大小不是 480×800，请手动修改并保持。然后再检查 config.json 文件内容：

```
{
  "init_cfg": {
    "isLandscape": false,                                        ①
    "name": "CocosJSGame",
    "width": 480,                                                ②
    "height": 800,                                               ③
    "entry": "main.js",
    "consolePort": 0,
    "debugPort": 0
  },
  ......
}
```

如果第①～③行代码的设置与上述代码不同，请手动修改并保持。

设置好屏幕的方向后，还需要再添加一个动作场景 MyActionScene.js 和常量管理 SystemConst.js 文件。具体添加过程在上一章中已介绍，这里不再介绍。

下面再看看具体的程序代码，首先看一下 app.js 文件，它的代码如下：

```
var HelloWorldLayer = cc.Layer.extend({

    ctor: function () {
        this._super();
        var size = cc.director.getWinSize();

        var bg = new cc.Sprite(res.Background_png);
        bg.attr({
            x: size.width / 2,
            y: size.height / 2
        });
        this.addChild(bg);

        var placeLabel = new cc.LabelBMFont("Place", res.fnt2_fnt);                         ①
        var placeMenu = new cc.MenuItemLabel(placeLabel, this.onMenuCallback, this);        ②
        placeMenu.tag = ActionTypes.PLACE_TAG;                                              ③

        var flipXLabel = new cc.LabelBMFont("FlipX", res.fnt2_fnt);
        var flipXMenu = new cc.MenuItemLabel(flipXLabel, this.onMenuCallback, this);
        flipXMenu.tag = ActionTypes.FLIPX_TAG;

        var flipYLabel = new cc.LabelBMFont("FlipY", res.fnt2_fnt);
        var flipYMenu = new cc.MenuItemLabel(flipYLabel, this.onMenuCallback, this);
        flipYMenu.tag = ActionTypes.FLIPY_TAG;
```

```
        var hideLabel = new cc.LabelBMFont("Hide or Show", res.fnt2_fnt);
        var hideMenu = new cc.MenuItemLabel(hideLabel, this.onMenuCallback, this);
        hideMenu.tag = ActionTypes.HIDE_SHOW_TAG;

        var toggleLabel = new cc.LabelBMFont("Toggle", res.fnt2_fnt);
        var toggleMenu = new cc.MenuItemLabel(toggleLabel, this.onMenuCallback, this);
        toggleMenu.tag = ActionTypes.TOGGLE_TAG;                                     ④

        var mn = new cc.Menu(placeMenu, flipXMenu, flipYMenu, hideMenu, toggleMenu);
        mn.alignItemsVertically();
        this.addChild(mn);

        return true;
    },
    onMenuCallback:function (sender) {                                               ⑤
        cc.log("tag = " + sender.tag);
        var scene = new MyActionScene();                                             ⑥
        var layer = new MyActionLayer(sender.tag);                                   ⑦
        scene.addChild(layer);                                                       ⑧
        cc.director.pushScene(new cc.TransitionSlideInR(1, scene));                  ⑨
    }
});

var HelloWorldScene = cc.Scene.extend({
    onEnter: function () {
        this._super();
        var layer = new HelloWorldLayer();
        this.addChild(layer);
    }
});
```

上述代码第①～④行是在构造函数 ctor 中定义菜单，第①行定义位图标签对象 placeLabel。第②行是创建菜单项 placeMenu。第③行 placeMenu.tag = ActionTypes.PLACE_TAG 设置菜单项的 tag 属性，tag 属性是 Node 类中定义的，是整数类型，可以为 Node 对象设置一个标识。依次为其他 4 个菜单项也设置 tag 属性，设置的具体内容是在 ActionTypes 中定义的常量。ActionTypes 等常量是在 SystemConst.js 文件中定义的，它的内容如下：

```
//操作标识
var ActionTypes = {
    PLACE_TAG:102,
    FLIPX_TAG:103,
    FLIPY_TAG:104,
    HIDE_SHOW_TAG:105,
    TOGGLE_TAG:106
};
```

```
//精灵标签
var SP_TAG = 1000;
```

app.js 文件中代码第⑤行定义菜单回调函数 onMenuCallback，单击的时候 5 个菜单项目都会调用该函数。第⑥行是创建场景 MyActionScene 对象，第⑦行是创建层 MyActionLayer 对象，并且把标签 tag 作为构造函数的参数传递给 MyActionLayer 对象。

第⑧行代码是将层 MyActionLayer 对象添加到场景 MyActionScene 对象中。第⑨行使用 pushScene 函数实现场景切换。

下面看看下一个场景 MyActionScene，它的 MyActionScene.js 代码如下：

```
var MyActionLayer = cc.Layer.extend({
    flagTag: 0,                                      //操作标志             ①
    hiddenFlag: true,                                //精灵隐藏标志         ②
    ctor: function (flagTag) {

        this._super();
        this.flagTag = flagTag;                                             ③
        this.hiddenFlag = true;                                             ④
        cc.log("MyActionLayer init flagTag " + this.flagTag);

        var size = cc.director.getWinSize();

        var bg = new cc.Sprite(res.Background_png);
        bg.x = size.width / 2;
        bg.y = size.height / 2;
        this.addChild(bg);

        var sprite = new cc.Sprite(res.Plane_png);
        sprite.x = size.width / 2;
        sprite.y = size.height / 2;
        this.addChild(sprite, 1, SP_TAG);

        var backMenuItem = new cc.MenuItemImage(res.Back_up_png, res.Back_down_png,
            function () {
                cc.director.popScene();
            }, this);
        backMenuItem.x = 100;
        backMenuItem.y = size.height - 120;

        var goMenuItem = new cc.MenuItemImage(res.Go_up_png, res.Go_down_png,
            this.onMenuCallback, this);
        goMenuItem.x = size.width / 2;
        goMenuItem.y = 100;

        var mn = new cc.Menu(backMenuItem, goMenuItem);
```

```
        this.addChild(mn, 1);
        mn.x = 0;
        mn.y = 0;
        mn.anchorX = 0.5;
        mn.anchorY = 0.5;

        return true;
    },
    onMenuCallback: function (sender) {
        cc.log("Tag = " + this.flagTag);
        var sprite = this.getChildByTag(SP_TAG);

        var size = cc.director.getWinSize();
        var p = cc.p(cc.random0To1() * size.width, cc.random0To1() * size.height)      ⑤

        switch (this.flagTag) {
            case ActionTypes.PLACE_TAG:
                sprite.runAction(cc.place(p));                                           ⑥
                break;
            case ActionTypes.FLIPX_TAG:
                sprite.runAction(cc.flipX(true));                                        ⑦
                break;
            case ActionTypes.FLIPY_TAG:
                sprite.runAction(cc.flipY(true));                                        ⑧
                break;
            case ActionTypes.HIDE_SHOW_TAG:
                if (this.hiddenFlag) {
                    sprite.runAction(cc.hide());                                         ⑨
                    this.hiddenFlag = false;
                } else {
                    sprite.runAction(cc.show());                                         ⑩
                    this.hiddenFlag = true;
                }
                break;
            case ActionTypes.TOGGLE_TAG:
                sprite.runAction(cc.toggleVisibility());                                 ⑪
        }
    }
});

var MyActionScene = cc.Scene.extend({                                                    ⑫
    onEnter: function () {
        this._super();
        // var layer = new MyActionLayer();                                              ⑬
        // this.addChild(layer);                                                         ⑭
    }
});
```

上述代码第①行定义成员变量 flagTag，它是操作标志从前一个场景传递过来的，用于判断用户在前一个场景单击了哪个菜单。第②行定义了 hiddenFlag 布尔成员变量，用来保持精灵隐藏的状态。这两个成员变量在构造函数 ctor 中又进行了初始化。第③行是使用构造函数的参数初始化成员变量 flagTag，第④行初始化成员变量 hiddenFlag 为 true。

第⑤行代码获得一个屏幕中的随机点，其中 cc.random0To1()函数可以产生 0～1 之间的随机数。这个随机点用于第⑥行代码 sprite.runAction(cc.place(p))，它可以执行一个 Place 的动作，cc.place 函数可以创建一个 Place 对象，Place 动作是将精灵等 Node 对象移动到 p 点。

第⑦行代码 sprite.runAction(cc.flipX(true))，是执行一个 FlipX 动作，FlipX 动作是将精灵等 Node 对象水平方向翻转。

第⑧行代码 sprite.runAction(cc.flipY(true))，是执行一个 FlipY 动作，FlipY 动作是将精灵等 Node 对象垂直方向翻转。

第⑨行代码 sprite.runAction(cc.hide())，是执行一个 Hide 动作，Hide 动作是将精灵等 Node 对象隐藏。第⑩行代码 sprite.runAction(cc.show())，是执行一个 Show 动作，Show 动作是将精灵等 Node 对象显示。

第⑪行代码 sprite.runAction(cc.toggleVisibility())，是执行一个 ToggleVisibility 动作，ToggleVisibility 动作是将精灵等 Node 对象显示/隐藏切换。

第⑫行代码是声明场景类 MyActionScene。第⑬和⑭行代码被注释掉了，这是因为在前一个场景，过渡之前已经完成了第⑬和⑭行任务（创建场景、创建层、把层放入到场景中），前一个场景的相关代码如下：

```
var scene = new MyActionScene();
var layer = new MyActionLayer(sender.tag);
scene.addChild(layer);
```

采用这样的处理方式是因为我们能够很灵活地为层 MyActionLayer 传递参数，而由模板生成的代码是没有参数的。

9.1.2　间隔动作

间隔动作执行完成需要一定的时间，可以设置 duration 属性来设置动作的执行时间。Cocos2d-x JS API 中间隔动作基类是 cc.ActionInterval，间隔动作 cc.ActionInterval 类图如图 9-5 所示。

下面通过一个实例介绍间隔动作的使用，这个实例如图 9-6 所示，(a)图是一个操作菜单场景，选择菜单可以进入到(b)图动作场景，在(b)图动作场景中单击 Go 按钮可以执行选择的动作效果，单击 Back 按钮可以返回到菜单场景。

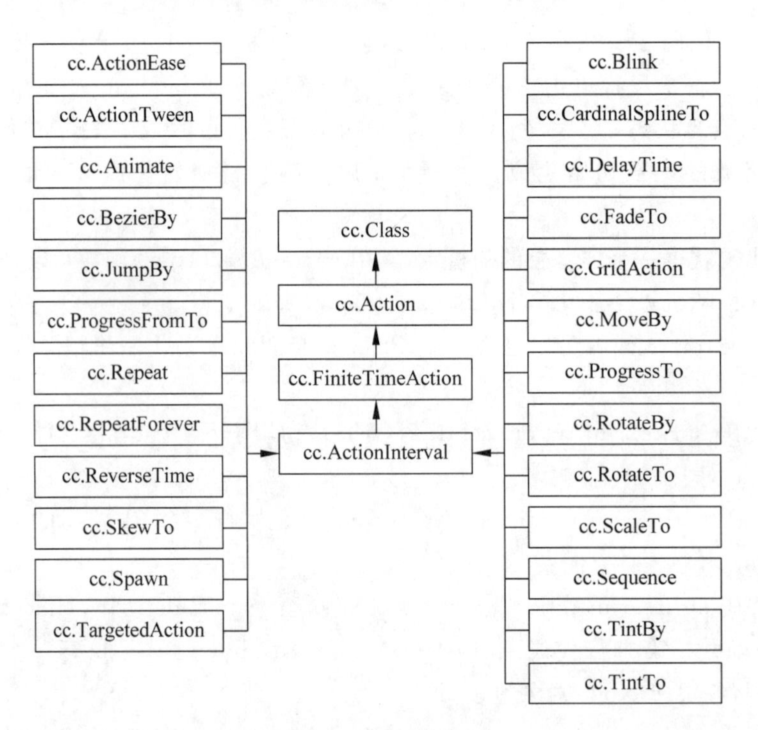

图 9-5　间隔动作类图

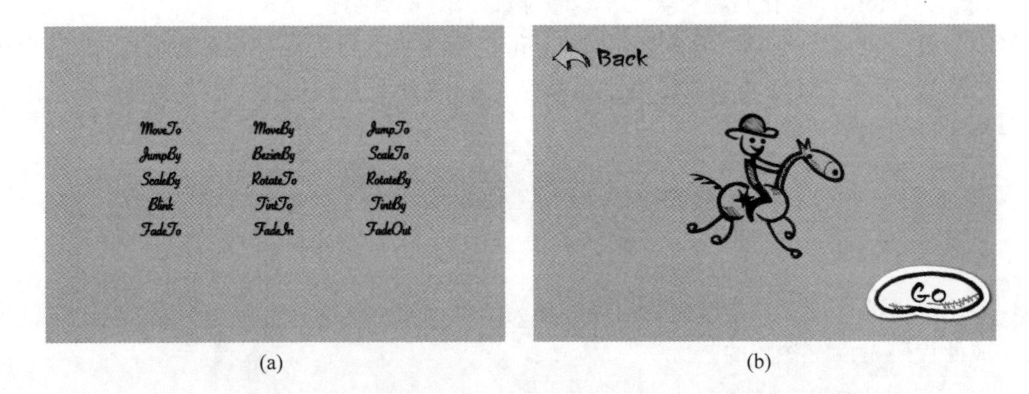

图 9-6　间隔动作实例

下面再看看具体的程序代码，先看一下 app.js 文件，它的代码如下：

```
var HelloWorldLayer = cc.Layer.extend({

    ctor: function () {

        this._super();
        var size = cc.director.getWinSize();
```

```
var bg = new cc.Sprite(res.Background_png);
bg.x = size.width / 2;
bg.y = size.height / 2;
this.addChild(bg);

var pItmLabel1 = new cc.LabelBMFont("MoveTo",res.fnt2_fnt);
var pItmMenu1 = new cc.MenuItemLabel(pItmLabel1, this.onMenuCallback, this);
pItmMenu1.tag = ActionTypes.kMoveTo;

var pItmLabel2 = new cc.LabelBMFont("MoveBy", res.fnt2_fnt);
var pItmMenu2 = new cc.MenuItemLabel(pItmLabel2, this.onMenuCallback, this);
pItmMenu2.tag = ActionTypes.kMoveBy;

var pItmLabel3 = new cc.LabelBMFont("JumpTo", res.fnt2_fnt);
var pItmMenu3 = new cc.MenuItemLabel(pItmLabel3, this.onMenuCallback, this);
pItmMenu3.tag = ActionTypes.kJumpTo;

var pItmLabel4 = new cc.LabelBMFont("JumpBy", res.fnt2_fnt);
var pItmMenu4 = new cc.MenuItemLabel(pItmLabel4, this.onMenuCallback, this);
pItmMenu4.tag = ActionTypes.kJumpBy;

var pItmLabel5 = new cc.LabelBMFont("BezierBy", res.fnt2_fnt);
var pItmMenu5 = new cc.MenuItemLabel(pItmLabel5, this.onMenuCallback, this);
pItmMenu5.tag = ActionTypes.kBezierBy;

var pItmLabel6 = new cc.LabelBMFont("ScaleTo", res.fnt2_fnt);
var pItmMenu6 = new cc.MenuItemLabel(pItmLabel6, this.onMenuCallback, this);
pItmMenu6.tag = ActionTypes.kScaleTo;

var pItmLabel7 = new cc.LabelBMFont("ScaleBy", res.fnt2_fnt);
var pItmMenu7 = new cc.MenuItemLabel(pItmLabel7, this.onMenuCallback, this);
pItmMenu7.tag = ActionTypes.kScaleBy;

var pItmLabel8 = new cc.LabelBMFont("RotateTo", res.fnt2_fnt);
var pItmMenu8 = new cc.MenuItemLabel(pItmLabel8, this.onMenuCallback, this);
pItmMenu8.tag = ActionTypes.kRotateTo;

var pItmLabel9 = new cc.LabelBMFont("RotateBy", res.fnt2_fnt);
var pItmMenu9 = new cc.MenuItemLabel(pItmLabel9, this.onMenuCallback, this);
pItmMenu9.tag = ActionTypes.kRotateBy;

var pItmLabel10 = new cc.LabelBMFont("Blink", res.fnt2_fnt);
var pItmMenu10 = new cc.MenuItemLabel(pItmLabel10, this.onMenuCallback, this);
pItmMenu10.tag = ActionTypes.kBlink;

var pItmLabel11 = new cc.LabelBMFont("TintTo", res.fnt2_fnt);
var pItmMenu11 = new cc.MenuItemLabel(pItmLabel11, this.onMenuCallback, this);
```

```
        pItmMenu11.tag = ActionTypes.kTintTo;

        var pItmLabel12 = new cc.LabelBMFont("TintBy", res.fnt2_fnt);
        var pItmMenu12 = new cc.MenuItemLabel(pItmLabel12, this.onMenuCallback, this);
        pItmMenu12.tag = ActionTypes.kTintBy;

        var pItmLabel13 = new cc.LabelBMFont("FadeTo", res.fnt2_fnt);
        var pItmMenu13 = new cc.MenuItemLabel(pItmLabel13, this.onMenuCallback, this);
        pItmMenu13.tag = ActionTypes.kFadeTo;

        var pItmLabel14 = new cc.LabelBMFont("FadeIn", res.fnt2_fnt);
        var pItmMenu14 = new cc.MenuItemLabel(pItmLabel14, this.onMenuCallback, this);
        pItmMenu14.tag = ActionTypes.kFadeIn;

        var pItmLabel15 = new cc.LabelBMFont("FadeOut", res.fnt2_fnt);
        var pItmMenu15 = new cc.MenuItemLabel(pItmLabel15, this.onMenuCallback, this);
        pItmMenu15.tag = ActionTypes.kFadeOut;

        var mn = new cc.Menu(pItmMenu1,pItmMenu2,pItmMenu3,pItmMenu4,pItmMenu5,
                pItmMenu6,pItmMenu7,pItmMenu8,pItmMenu9,
                pItmMenu10,pItmMenu11,pItmMenu12,
                pItmMenu13,pItmMenu14,pItmMenu15);
        mn.alignItemsInColumns(3, 3, 3, 3, 3);                              ①
        this.addChild(mn);

        return true;
    },
    onMenuCallback:function (sender) {
        cc.log("tag = " + sender.tag);
        var scene = new MyActionScene();
        var layer = new MyActionLayer(sender.tag);
        //layer.tag = sender.tag;
        scene.addChild(layer);
        cc.director.pushScene(new cc.TransitionSlideInR(1, scene));
    }
});

var HelloWorldScene = cc.Scene.extend({
    onEnter: function () {
        this._super();
        var layer = new HelloWorldLayer();
        this.addChild(layer);
    }
});
```

在上述代码中，第①行 mn. alignItemsInColumns(3, 3, 3, 3, 3)，是将菜单项分列显示，菜单分5行，第一参数的3表示第一行有3列，依次类推。

下面看看下一个场景 MyActionScene，其 MyActionScene.js 主要代码如下：

```
var MyActionLayer = cc.Layer.extend({
    flagTag: 0,                                         // 操作标志
    ctor: function (flagTag) {
        //////////////////////////////
        // 1. super init first
        this._super();
        this.flagTag = flagTag;
        this.hiddenFlag = true;
        cc.log("MyActionLayer init flagTag " + this.flagTag);

        var size = cc.director.getWinSize();

        var bg = new cc.Sprite(res.Background_png);
        bg.x = size.width / 2;
        bg.y = size.height / 2;
        this.addChild(bg);

        var sprite = new cc.Sprite("res/hero.png");
        sprite.x = size.width / 2;
        sprite.y = size.height / 2;
        this.addChild(sprite, 1, SP_TAG);

        var backMenuItem = new cc.MenuItemImage(res.Back_up_png, res.Back_down_png,
            function () {
                cc.director.popScene();
            }, this);
        backMenuItem.x = 140;
        backMenuItem.y = size.height - 65;

        var goMenuItem = new cc.MenuItemImage(res.Go_up_png, res.Go_down_png,
            this.onMenuCallback, this);
        goMenuItem.x = 820;
        goMenuItem.y = size.height - 540;

        var mn = new cc.Menu(backMenuItem, goMenuItem);
        this.addChild(mn, 1);
        mn.x = 0;
        mn.y = 0;
        mn.anchorX = 0.5;
        mn.anchorY = 0.5;

        return true;
    },
    onMenuCallback: function (sender) {
        cc.log("Tag = " + this.flagTag);
```

```
var sprite = this.getChildByTag(SP_TAG);
var size = cc.director.getWinSize();

switch (this.flagTag) {
case ActionTypes.kMoveTo:
    sprite.runAction(cc.moveTo(2,cc.p(size.width - 50, size.height - 50)));    ①
    break;
case ActionTypes.kMoveBy:
    sprite.runAction(cc.moveBy(2,cc.p( - 50, - 50)));                           ②
    break;
case ActionTypes.kJumpTo:
    sprite.runAction(cc.jumpTo(2,cc.p(150, 50),30,5));                          ③
    break;
case ActionTypes.kJumpBy:
    sprite.runAction(cc.jumpBy(2,cc.p(100, 100),30,5));                         ④
    break;
case ActionTypes.kBezierBy:
    var bezier = [cc.p(0, size.height/2), cc.p(300, - size.height/2), cc.p(100,100)];  ⑤
    sprite.runAction(cc.bezierBy(3,bezier));                                    ⑥
    break;
case ActionTypes.kScaleTo:
    sprite.runAction(cc.scaleTo(2, 4));                                         ⑦
    break;
case ActionTypes.kScaleBy:
    sprite.runAction(cc.scaleBy(2, 0.5));                                       ⑧
    break;
case ActionTypes.kRotateTo:
    sprite.runAction(cc.rotateTo(2,180));                                       ⑨
    break;
case ActionTypes.kRotateBy:
    sprite.runAction(cc.rotateBy(2, - 180));                                    ⑩
    break;
case ActionTypes.kBlink:
    sprite.runAction(cc.blink(3, 5));                                           ⑪
    break;
case ActionTypes.kTintTo:
    sprite.runAction(cc.tintTo(2, 255, 0, 0));                                  ⑫
    break;
case ActionTypes.kTintBy:
    sprite.runAction(cc.tintBy(0.5,0, 255, 255));                               ⑬
    break;
case ActionTypes.kFadeTo:
    sprite.runAction(cc.fadeTo(1, 80));                                         ⑭
    break;
case ActionTypes.kFadeIn:
    sprite.opacity = 0.5;
    sprite.runAction(cc.fadeIn(1));                                             ⑮
```

```
            break;
        case ActionTypes.kFadeOut:
            sprite.runAction(cc.fadeOut(1));                                    ⑯
            break;
        }
    }
});

var MyActionScene = cc.Scene.extend({
    onEnter: function () {
        this._super();
    }
});
```

上述代码 onMenuCallback 函数是运行间隔动作，间隔动作中有很多类都是 XxxTo 和 XxxBy 命名。XxxTo 是指运动到指定的位置，这个位置是绝对的。XxxBy 是指运动到相对于本身的位置，这个位置是相对的。

第①、②行中的 MoveTo 和 MoveBy 是移动动作，第一个参数是持续的时间，第二个参数是移动到的位置。

第③、④行中的 JumpTo 和 JumpBy 是跳动动作，第一个参数是持续的时间，第二个参数是跳动到的位置，第三个参数是跳到的高度，第四个参数是跳动的次数。

第⑥行 sprite.runAction(cc.bezierBy(3, bezier))是执行贝塞尔曲线动作，第⑤行是定义贝塞尔曲线配置参数 bezier，bezier 是一个数组，它的第一个元素是贝塞尔曲线的第一控制点，第二个元素是贝塞尔曲线的第二控制点，第三个元素是贝塞尔曲线的结束点。

提示 贝赛尔(Bézier)曲线是法国数学家贝塞尔在工作中发现，任何一条曲线都可以通过与它相切的控制线两端的点的位置来定义。因此，贝赛尔曲线可以用 4 个点描述，其中两个点描述两个端点，另外两个描述另一端的切线。贝赛尔曲线可以分为二次方贝赛尔曲线(图 9-7)和高阶贝赛尔曲线(图 9-8 是三次方贝赛尔曲线)。

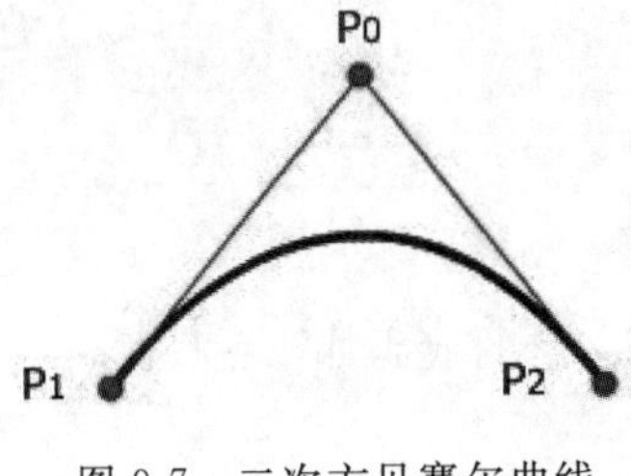

图 9-7 二次方贝赛尔曲线

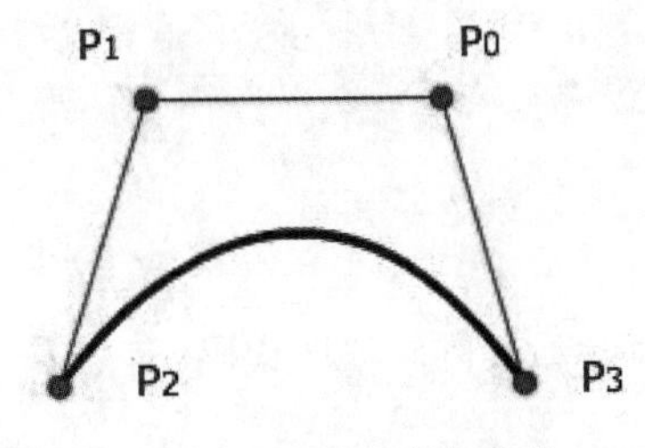

图 9-8 三次方贝赛尔曲线

第⑦、⑧行中的 ScaleTo 和 ScaleBy 是缩放动作，第一个参数是持续时间，第二个参数是缩放比例。

第⑨、⑩行中的 RotateTo 和 RotateBy 是旋转动作，第一个参数是持续时间，第二个参数是旋转角度。

第⑪行代码 sprite.runAction(cc.blink(3, 5))是闪烁动作，第一个参数是持续时间，第二个参数是闪烁次数。

第⑫、⑬行中的 TintTo 和 TintBy 是染色动作，第一个参数是持续时间，第二、三、四参数是 RGB 颜色值，取值范围为 0～255。

第⑭行代码 sprite.runAction(cc.fadeTo(1, 80))是不透明度变换动作，第一个参数是持续时间，第二个参数是不透明度，参数 80 表示不透明度为 80%。

第⑮、⑯行中的 FadeIn 和 FadeOut 分别是淡入(渐显)和淡出(渐弱)动作，参数是持续时间。在设置 FadeIn 之前先通过 sprite.opacity = 10 语句设置精灵的不透明度，取值范围是 0～255，0 为完全透明，255 为完全不透明。

9.1.3 组合动作

动作往往不是单一的，而是复杂的组合，可以按照一定的次序将上述基本动作组合起来，形成连贯的一套组合动作。组合动作包括以下几类：顺序、并列、有限次数重复、无限次数重复、反动作和动画。将在下一节介绍动画，本节重点介绍顺序、并列、有限次数重复、无限次数重复和反动作。

下面通过一个实例介绍组合动作的使用，这个实例如图 9-9 所示，(a)图是一个操作菜单场景，选择菜单可以进入到(b)图动作场景，在(b)图动作场景中单击 Go 按钮可以执行选择的动作效果，单击 Back 按钮可以返回到菜单场景。

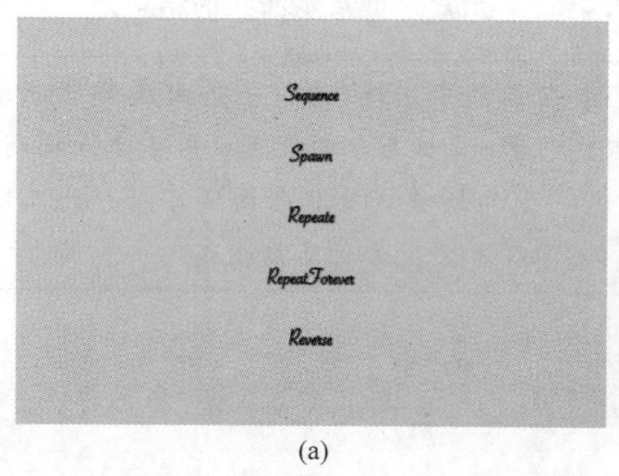

(a)

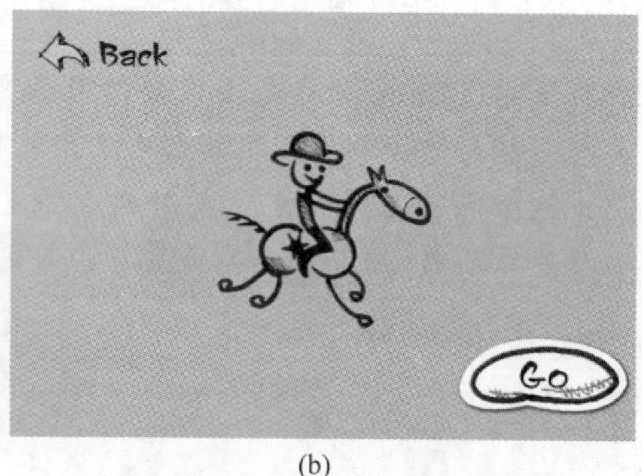

(b)

图 9-9 组合动作实例

下面看看具体的程序代码，首先看一下 app.js 文件，它的代码如下：

```
var HelloWorldLayer = cc.Layer.extend({

    ctor: function () {
        this._super();
```

```
        var size = cc.director.getWinSize();

        var bg = new cc.Sprite(res.Background_png);
        bg.x = size.width / 2;
        bg.y = size.height / 2;
        this.addChild(bg);

        var pItmLabel1 = new cc.LabelBMFont("Sequence",res.fnt2_fnt);
        var pItmMenu1 = new cc.MenuItemLabel(pItmLabel1, this.onMenuCallback, this);
        pItmMenu1.tag = ActionTypes.kSequence;

        var pItmLabel2 = new cc.LabelBMFont("Spawn", res.fnt2_fnt);
        var pItmMenu2 = new cc.MenuItemLabel(pItmLabel2, this.onMenuCallback, this);
        pItmMenu2.tag = ActionTypes.kSpawn;

        var pItmLabel3 = new cc.LabelBMFont("Repeate", res.fnt2_fnt);
        var pItmMenu3 = new cc.MenuItemLabel(pItmLabel3, this.onMenuCallback, this);
        pItmMenu3.tag = ActionTypes.kRepeate;

        var pItmLabel4 = new cc.LabelBMFont("RepeatForever", res.fnt2_fnt);
        var pItmMenu4 = new cc.MenuItemLabel(pItmLabel4, this.onMenuCallback, this);
        pItmMenu4.tag = ActionTypes.kRepeatForever1;

        var pItmLabel5 = new cc.LabelBMFont("Reverse", res.fnt2_fnt);
        var pItmMenu5 = new cc.MenuItemLabel(pItmLabel5, this.onMenuCallback, this);
        pItmMenu5.tag = ActionTypes.kReverse;

        var mn = new cc.Menu(pItmMenu1,pItmMenu2,pItmMenu3,pItmMenu4,pItmMenu5);
        mn.alignItemsVerticallyWithPadding(50);
        this.addChild(mn);

        return true;
    },
    onMenuCallback:function (sender) {
        cc.log("tag = " + sender.tag);
        var scene = new MyActionScene();
        var layer = new MyActionLayer(sender.tag);
        //layer.tag = sender.tag;
        scene.addChild(layer);
        cc.director.pushScene(new cc.TransitionSlideInR(1, scene));
    }
});

var HelloWorldScene = cc.Scene.extend({
    onEnter: function () {
        this._super();
        var layer = new HelloWorldLayer();
```

```
            this.addChild(layer);
        }
    });
```

上述代码这里不再介绍。下面看看下一个场景 MyActionScene，在 MyActionScene.js 中单击 Go 菜单调用函数代码如下：

```
    var MyActionLayer = cc.Layer.extend({
        ……
        onMenuCallback: function (sender) {
            cc.log("Tag = " + this.flagTag);
            var sprite = this.getChildByTag(SP_TAG);
            var size = cc.director.getWinSize();

            switch (this.flagTag) {
            case ActionTypes.kSequence:
                this.onSequence(sender);
                break;
            case ActionTypes.kSpawn:
                this.onSpawn(sender);
                break;
            case ActionTypes.kRepeate:
                this.onRepeat(sender);
                break;
            case ActionTypes.kRepeatForever1:
                this.onRepeatForever(sender);
                break;
            case ActionTypes.kReverse:
                this.onReverse(sender);
                break;
            }
        },
    ……

    });
```

在这个函数中根据选择菜单不同调用不同的函数。

MyActionScene.js 中 onSequence 代码如下：

```
    onSequence: function (sender) {
    var size = cc.director.getWinSize();
    var sprite = this.getChildByTag(SP_TAG);

    var p = cc.p(size.width/2, 200);
    var ac0 = cc.place(p);                                                    ①
    var ac1 = cc.moveTo(2,cc.p(size.width - 130, size.height - 200));         ②
```

```
    var ac2 = cc.jumpBy(2, cc.p(8, 8),6, 3);                                    ③
    var ac3 = cc.blink(2,3);                                                    ④
    var ac4 = cc.tintBy(0.5,0,255,255);                                         ⑤

    sprite.runAction(cc.sequence(ac0, ac1, ac2, ac3, ac4, ac0));                ⑥
}
```

上述代码实现了顺序动作演示，其中主要使用的类是 cc. Sequence，cc. Sequence 是派生于 cc. ActionInterval 属性间隔动作。cc. Sequence 的作用是顺序排列若干个动作，然后按先后次序逐个执行。代码第⑥行执行 cc. Sequence，cc. sequence 函数需要一个动作数组。第①行代码创建 Place 动作。第②行代码创建 MoveTo 动作，第③行代码创建 JumpBy 动作。第④行代码创建 Blink 动作。第⑤行代码创建 TintBy 动作。

MyActionScene. js 中 onSpawn 这个函数，是在演示并列动作时调用的函数，它的代码如下：

```
onSpawn: function (sender) {
    var size = cc.director.getWinSize();
    var sprite = this.getChildByTag(SP_TAG);
    var p = cc.p(size.width/2, 200);

    sprite.setRotation(0);                                                      ①
    sprite.setPosition(p);                                                      ②

    var ac1 = cc.moveTo(2,cc.p(size.width - 100, size.height - 100));          ③
    var ac2 = cc.rotateTo(2, 40);                                               ④

    sprite.runAction(cc.spawn(ac1,ac2));                                        ⑤
}
```

上述代码实现了并列动作演示，其中主要使用的类是 cc. Spawn 类，也是从 cc. ActionInterval 继承而来，该类的作用是同时并列执行若干个动作，但要求动作都必须是可以同时执行的。比如移动式翻转、改变色、改变大小等。第⑤行代码 sprite. runAction (cc. spawn(ac1，ac2))执行并列动作，cc. spawn 函数是动作类型数组。第①行代码 sprite. setRotation(0)设置精灵旋转角度保持原来状态。第②行代码 sprite. setPosition(p)是重新设置精灵位置。第③行代码创建 MoveTo 动作。第④行代码创建 RotateTo 动作。

MyActionScene. js 中 onRepeat 这个函数是在演示重复动作时调用的函数，它的代码如下：

```
onRepeat: function (sender) {
        var size = cc.director.getWinSize();
        var sprite = this.getChildByTag(SP_TAG);
        var p = cc.p(size.width/2, 200);

        sprite.setRotation(0);
        sprite.setPosition(p);
```

```
        var ac1 = cc.moveTo(2,cc.p(size.width - 100, size.height - 100));        ①
        var ac2 = cc.jumpBy(2,cc.p(10, 10), 20,5);                                ②
        var ac3 = cc.jumpBy(2,cc.p( - 10,  - 10),20,3);                           ③
        var seq = cc.sequence (ac1, ac2, ac3);                                    ④

        sprite.runAction(cc.repeat (seq,3));                                      ⑤

    }
```

上述代码实现了重复动作演示，其中主要使用的类是 cc.Repeat 类，也是从 cc.ActionInterval 继承而来。第①行代码创建 MoveTo 动作。第②行代码创建 JumpBy 动作。第③行代码创建 JumpBy 动作。第④行代码创建顺序动作对象 seq。第⑤行代码重复运行顺序动作 3 次。

MyActionScene.js 中 onRepeatForever 这个函数，是在演示无限重复动作时调用的函数，它的代码如下：

```
onRepeatForever: function (sender) {
    var size = cc.director.getWinSize();
    var sprite = this.getChildByTag(SP_TAG);
    var p = cc.p(size.width / 2, 500);

    sprite.setRotation(0);
    sprite.setPosition(p);

    var bezier = [cc.p(0, size.height / 2), cc.p(10, - size.height / 2), cc.p(10, 20)];   ①

    var ac1 = cc.bezierBy(2, bezier);                                         ②
    var ac2 = cc.tintTo(2, 255, 0, 255);                                      ③
    var ac1Reverse = ac1.reverse();                                           ④
    var ac2Repeat = cc.repeat(ac2, 4);                                        ⑤

    var ac3 = cc.spawn(ac1, ac2Repeat);                                       ⑥
    var ac4 = cc.spawn(ac1Reverse, ac2Repeat);                                ⑦
    var seq = cc.sequence(ac3, ac4);                                          ⑧

    sprite.runAction(cc.repeatForever(seq));                                  ⑨
}
```

上述代码实现了重复动作演示，其中主要使用的类是 cc.RepeatForever，它也是从 cc.ActionInterval 继承而来。第⑨行代码 sprite.runAction(cc.repeatForever(seq))执行无限重复动作。第①行代码定义贝塞尔曲线。第②行代码创建贝塞尔曲线动作 BezierBy。第③行代码创建动作 TintBy。第④行代码创建 BezierBy 动作的反转动作。第⑤行代码创建重复动作。第⑥和⑦行代码创建并列动作。第⑨行代码创建顺序动作。

MyActionScene.js 中 onReverse 这个函数，是在演示反动作时调用的函数，它的代码如下：

```
onReverse: function (sender) {
    var size = cc.director.getWinSize();
    var sprite = this.getChildByTag(SP_TAG);
    var p = cc.p(size.width / 2, 300);

    sprite.setRotation(0);
    sprite.setPosition(p);

    var ac1 = cc.moveBy(2, cc.p(40, 60));                              ①
    var ac2 = ac1.reverse();                                           ②
    var seq = cc.sequence(ac1, ac2);                                   ③
    sprite.runAction(cc.repeat(seq, 2));                               ④
}
```

上述代码实现了反动作演示，支持顺序动作的反顺序动作，反顺序动作不是一个类，不是所有的动作类都支持反动作。XxxTo 类通常不支持反动作，XxxBy 类通常支持。第①行代码创建一个移动 MoveBy 动作。第②行代码调用 ac1 的 reverse()函数执行反动作。第③行代码创建顺序动作。第④行代码 sprite.runAction(cc.repeat(seq, 2))执行反动作。

9.1.4　动作速度控制

基本动作和组合动作实现了针对精灵的各种运动和动画效果的改变。但这样的改变速度是匀速、线性的。Cocos2d-x JS API 中提供 cc.ActionEase 类和 cc.Speed 类，可以使精灵以非匀速或非线性速度运动，这样看起来效果更加逼真。

cc.ActionEase 的类图如图 9-10 所示。

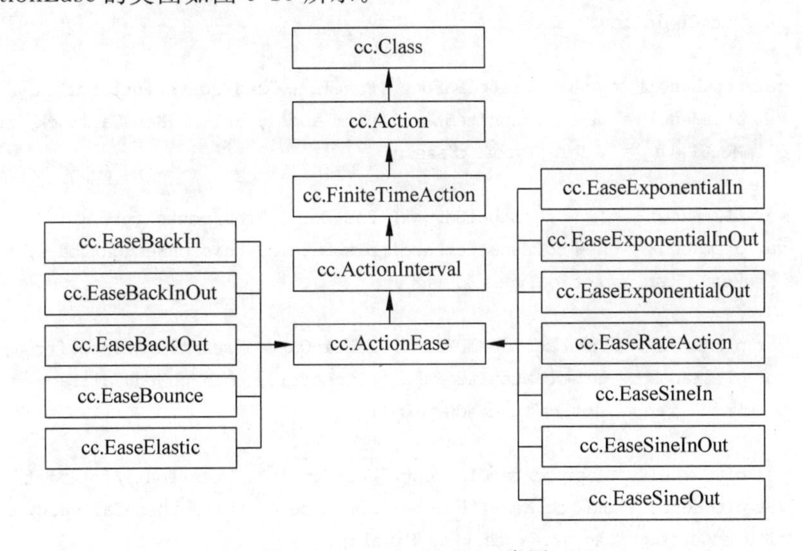

图 9-10　cc.ActionEase 类图

下面通过一个实例介绍这些动作中速度的控制使用,这个实例如图 9-11 所示,图(a)是一个操作菜单场景,选择菜单可以进入到图(b)动作场景,在图(b)动作场景中单击 Go 按钮可以执行选择的动作效果,单击 Back 按钮可以返回到菜单场景。

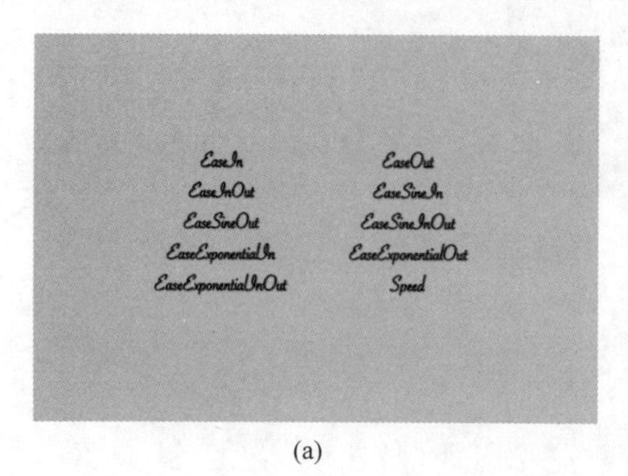

(a)

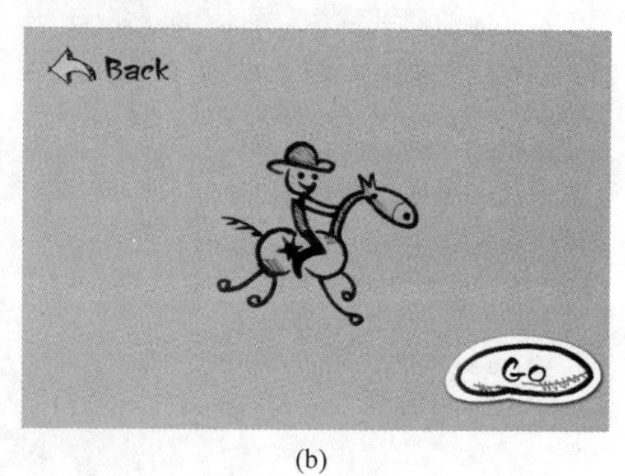

(b)

图 9-11 动作速度控制实例

下面再看看具体的程序代码,首先看一下 app.js 文件,它的代码如下:

```
var HelloWorldLayer = cc.Layer.extend({

    ctor: function () {
        this._super();
        var size = cc.director.getWinSize();

        var bg = new cc.Sprite(res.Background_png);
        bg.x = size.width / 2;
        bg.y = size.height / 2;
        this.addChild(bg);

        var pItmLabel1 = new cc.LabelBMFont("EaseIn", "res/fonts/fnt2.fnt");
        var pItmMenu1 = new cc.MenuItemLabel(pItmLabel1, this.onMenuCallback, this);
        pItmMenu1.tag = ActionTypes.kEaseIn;

        var pItmLabel2 = new cc.LabelBMFont("EaseOut", "res/fonts/fnt2.fnt");
        var pItmMenu2 = new cc.MenuItemLabel(pItmLabel2, this.onMenuCallback, this);
        pItmMenu2.tag = ActionTypes.kEaseOut;

        var pItmLabel3 = new cc.LabelBMFont("EaseInOut", "res/fonts/fnt2.fnt");
        var pItmMenu3 = new cc.MenuItemLabel(pItmLabel3, this.onMenuCallback, this);
        pItmMenu3.tag = ActionTypes.kEaseInOut;

        var pItmLabel4 = new cc.LabelBMFont("EaseSineIn", "res/fonts/fnt2.fnt");
        var pItmMenu4 = new cc.MenuItemLabel(pItmLabel4, this.onMenuCallback, this);
        pItmMenu4.tag = ActionTypes.kEaseSineIn;
```

```
        var pItmLabel5 = new cc.LabelBMFont("EaseSineOut", "res/fonts/fnt2.fnt");
        var pItmMenu5 = new cc.MenuItemLabel(pItmLabel5, this.onMenuCallback, this);
        pItmMenu5.tag = ActionTypes.kEaseSineOut;

        var pItmLabel6 = new cc.LabelBMFont("EaseSineInOut", "res/fonts/fnt2.fnt");
        var pItmMenu6 = new cc.MenuItemLabel(pItmLabel6, this.onMenuCallback, this);
        pItmMenu6.tag = ActionTypes.kEaseSineInOut;

        var pItmLabel7 = new cc.LabelBMFont("EaseExponentialIn", "res/fonts/fnt2.fnt");
        var pItmMenu7 = new cc.MenuItemLabel(pItmLabel7, this.onMenuCallback, this);
        pItmMenu7.tag = ActionTypes.kEaseExponentialIn;

        var pItmLabel8 = new cc.LabelBMFont("EaseExponentialOut", "res/fonts/fnt2.fnt");
        var pItmMenu8 = new cc.MenuItemLabel(pItmLabel8, this.onMenuCallback, this);
        pItmMenu8.tag = ActionTypes.kEaseExponentialOut;

        var pItmLabel9 = new cc.LabelBMFont("EaseExponentialInOut", "res/fonts/fnt2.fnt");
        var pItmMenu9 = new cc.MenuItemLabel(pItmLabel9, this.onMenuCallback, this);
        pItmMenu9.tag = ActionTypes.kEaseExponentialInOut;

        var pItmLabel10 = new cc.LabelBMFont("Speed", "res/fonts/fnt2.fnt");
        var pItmMenu10 = new cc.MenuItemLabel(pItmLabel10, this.onMenuCallback, this);
        pItmMenu10.tag = ActionTypes.kSpeed;

        var mn = new cc.Menu(pItmMenu1, pItmMenu2, pItmMenu3, pItmMenu4,
                            pItmMenu5, pItmMenu6, pItmMenu7, pItmMenu8,
                            pItmMenu9, pItmMenu10);
        mn.alignItemsInColumns(2, 2, 2, 2, 2);
        this.addChild(mn);

        return true;
    },
    onMenuCallback: function (sender) {
        cc.log("tag = " + sender.tag);
        var scene = new MyActionScene();
        var layer = new MyActionLayer(sender.tag);
        scene.addChild(layer);
        cc.director.pushScene(new cc.TransitionSlideInR(1, scene));
    }
});
```

上述代码读者已经比较熟悉了，这里就不再介绍了。下面再看看下一个场景 MyActionScene，在 MyActionScene.js 中单击 Go 菜单调用函数代码如下：

```
var MyActionLayer = cc.Layer.extend({
    flagTag: 0,                                    // 操作标志
    ctor: function (flagTag) {
```

```
        this._super();
        this.flagTag = flagTag;
        this.hiddenFlag = true;
        cc.log("MyActionLayer init flagTag " + this.flagTag);

        var size = cc.director.getWinSize();

        var bg = new cc.Sprite(res.Background_png);
        bg.x = size.width / 2;
        bg.y = size.height / 2;
        this.addChild(bg);

        var sprite = new cc.Sprite(res.hero_png);
        sprite.x = size.width / 2;
        sprite.y = size.height / 2;
        this.addChild(sprite, 1, SP_TAG);

        var backMenuItem = new cc.MenuItemImage(res.Back_up_png,
            res.Back_down_png,
            function () {
                cc.director.popScene();
            }, this);
        backMenuItem.x = 140;
        backMenuItem.y = size.height - 65;

        var goMenuItem = new cc.MenuItemImage(res.Go_up_png,
            res.Go_down_png,
            this.onMenuCallback, this);
        goMenuItem.x = 820;
        goMenuItem.y = size.height - 540;

        var mn = new cc.Menu(backMenuItem, goMenuItem);
        this.addChild(mn, 1);
        mn.x = 0;
        mn.y = 0;
        mn.anchorX = 0.5;
        mn.anchorY = 0.5;

        return true;
    },
    onMenuCallback: function (sender) {
        cc.log("Tag = " + this.flagTag);
        var sprite = this.getChildByTag(SP_TAG);
        var size = cc.director.getWinSize();
```

```
        var ac1 = cc.moveBy(2, cc.p(200, 0));
        var ac2 = ac1.reverse();
        var ac = cc.sequence(ac1, ac2);

        switch (this.flagTag) {
            case ActionTypes.kEaseIn:
                sprite.runAction(new cc.EaseIn(ac, 3));                              ①
                break;
            case ActionTypes.kEaseOut:
                sprite.runAction(new cc.EaseOut(ac, 3));                             ②
                break;
            case ActionTypes.kEaseInOut:
                sprite.runAction(new cc.EaseInOut(ac, 3));                           ③
                break;
            case ActionTypes.kEaseSineIn:
                sprite.runAction(new cc.EaseSineIn(ac));                             ④
                break;
            case ActionTypes.kEaseSineOut:
                sprite.runAction(new cc.EaseSineOut(ac));                            ⑤
                break;
            case ActionTypes.kEaseSineInOut:
                sprite.runAction(new cc.EaseSineInOut(ac));                          ⑥
                break;
            case ActionTypes.kEaseExponentialIn:
                sprite.runAction(new cc.EaseExponentialIn(ac));                      ⑦
                break;
            case ActionTypes.kEaseExponentialOut:
                sprite.runAction(new cc.EaseExponentialOut(ac));                     ⑧
                break;
            case ActionTypes.kEaseExponentialInOut:
                sprite.runAction(new cc.EaseExponentialInOut(ac));                   ⑨
                break;
            case ActionTypes.kSpeed:
                sprite.runAction(new cc.Speed(ac, cc.random0To1() * 5));             ⑩
                break;
        }
    }
});
```

第①行代码是以 3 倍速度由慢至快。第②行代码是以 3 倍速度由快至慢。第③行代码是以 3 倍速度由慢至快再由快至慢。

第④行代码是采用正弦变换速度由慢至快。第⑤行代码是采用正弦变换速度由快至慢。第⑥行代码是采用正弦变换速度由慢至快再由快至慢。

第⑦行代码采用指数变换速度由慢至快。第⑧行代码采用指数变换速度由快至慢。第

⑨行代码采用指数变换速度由慢至快再由快至慢。第⑩代码随机设置变换速度。

9.1.5 回调函数

在顺序动作执行的过程中间或者结束的时候,可以回调某个函数,从而可以在该函数中执行任何处理。函数调用类图如图 9-12 所示,Cocos2d-x JS API 的相关类是 cc.CallFunc。

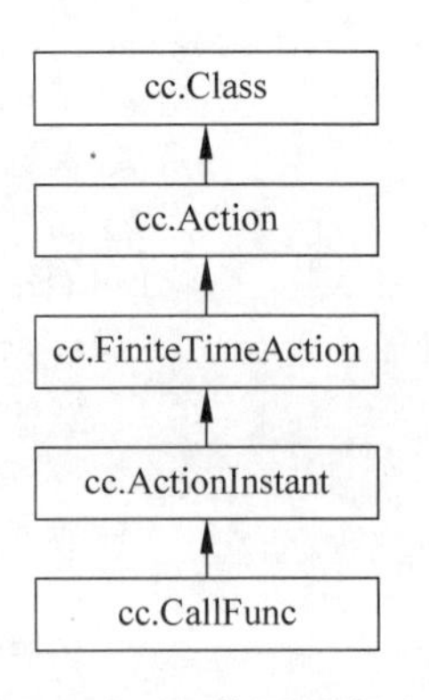

图 9-12 函数调用类图

下面通过实例介绍动作中的函数调用,这个实例如图 9-13 所示,图(a)是一个操作菜单场景,选择菜单可以进入到图(b)动作场景,在图(b)动作场景中单击 Go 按钮可以执行选择的动作效果,单击 Back 按钮可以返回到菜单场景。

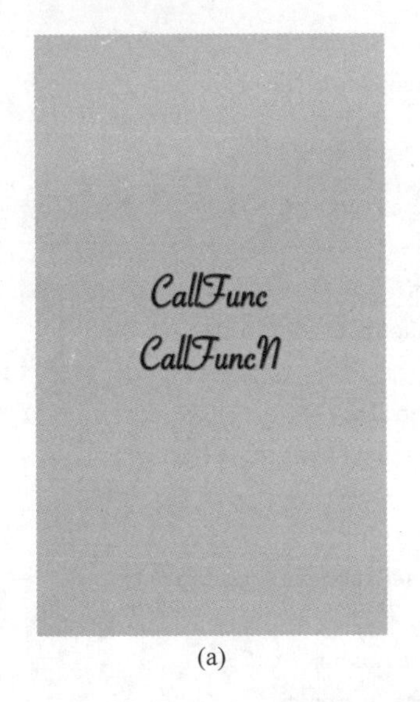

(a)

(b)

图 9-13 函数调用实例

下面再看看具体的程序代码,首先看一下 app.js 文件,它的代码如下:

```
var HelloWorldLayer = cc.Layer.extend({
    ctor: function () {
        this._super();
        var size = cc.director.getWinSize();

        var bg = new cc.Sprite(res.Background_png);
        bg.x = size.width / 2;
        bg.y = size.height / 2;
        this.addChild(bg);

        var pItmLabel1 = new cc.LabelBMFont("CallFunc", res.fnt2_fnt);
```

```
        var pItmMenu1 = new cc.MenuItemLabel(pItmLabel1, this.onMenuCallback, this);
        pItmMenu1.tag = ActionTypes.kFunc;

        var pItmLabel2 = new cc.LabelBMFont("CallFuncN", res.fnt2_fnt);
        var pItmMenu2 = new cc.MenuItemLabel(pItmLabel2, this.onMenuCallback, this);
        pItmMenu2.tag = ActionTypes.kFuncN;

        var mn = new cc.Menu(pItmMenu1, pItmMenu2);
        mn.alignItemsVertically();
        this.addChild(mn);

        return true;
    },
    onMenuCallback: function (sender) {
        cc.log("tag = " + sender.tag);
        var scene = new MyActionScene();
        var layer = new MyActionLayer(sender.tag);
        //layer.tag = sender.tag;
        scene.addChild(layer);
        cc.director.pushScene(new cc.TransitionSlideInR(1, scene));
    }
});
```

下面再看看下一个场景，MyActionScene 代码如下：

```
var MyActionLayer = cc.Layer.extend({
    flagTag: 0,                                    // 操作标志
    ctor: function (flagTag) {
        this._super();
        this.flagTag = flagTag;
        cc.log("MyActionLayer init flagTag " + this.flagTag);

        var size = cc.director.getWinSize();

        var bg = new cc.Sprite(res.Background_png);
        bg.x = size.width / 2;
        bg.y = size.height / 2;
        this.addChild(bg);

        var sprite = new cc.Sprite(res.Plane_png);
        sprite.x = size.width / 2;
        sprite.y = size.height / 2;
        this.addChild(sprite, 1, SP_TAG);

        var backMenuItem = new cc.MenuItemImage(res.Back_up_png, res.Back_down_png,
```

```
            function () {
                cc.director.popScene();
            }, this);
        backMenuItem.x = 120;
        backMenuItem.y = size.height - 100;

        var goMenuItem = new cc.MenuItemImage(res.Go_up_png, res.Go_down_png,
            this.onMenuCallback, this);
        goMenuItem.x = size.width / 2;
        goMenuItem.y = 100;

        var mn = new cc.Menu(backMenuItem, goMenuItem);
        this.addChild(mn, 1);
        mn.x = 0;
        mn.y = 0;
        mn.anchorX = 0.5;
        mn.anchorY = 0.5;

        return true;
    },
    onMenuCallback: function (sender) {
        cc.log("Tag = " + this.flagTag);

        switch (this.flagTag) {
            case ActionTypes.kFunc:
                this.onCallFunc(sender);
                break;
            case ActionTypes.kFuncN:
                this.onCallFuncN(sender);
                break;
        }
    },
    onCallFunc: function (sender) {
        var sprite = this.getChildByTag(SP_TAG);
        var size = cc.director.getWinSize();

        var ac1 = cc.moveBy(2, cc.p(100, 100));
        var ac2 = ac1.reverse();

        var acf = cc.callFunc(                                                    ①
            this.callBack1,
            this);
        var seq = cc.sequence(ac1, acf, ac2);                                    ②
        sprite.runAction(cc.sequence(seq));                                       ③
    },
```

```
    callBack1: function () {                                                    ④
        var sprite = this.getChildByTag(SP_TAG);
        sprite.runAction(cc.tintBy(0.5, 255, 0, 255));                          ⑤
    },
    onCallFuncN: function (sender) {
        var sprite = this.getChildByTag(SP_TAG);
        var size = cc.director.getWinSize();

        var ac1 = cc.moveBy(2, cc.p(100, 100));
        var ac2 = ac1.reverse();
        var acf = cc.callFunc(
            this.callBack2,
            this, sprite);                                                      ⑥
        var seq = cc.sequence(ac1, acf, ac2);                                   ⑦
        sprite.runAction(cc.sequence(seq));                                     ⑧
    },
    callBack2: function (sp) {                                                  ⑨
        sp.runAction(cc.tintBy(1, 255, 0, 255));                                ⑩
    }
});
```

上述第①行代码是创建 cc. callFunc 对象，其中 this. callBack1 是指定一个回调函数。第②行代码创建一个顺序动作，它的执行顺序是 ac1→ acf → ac2。第③行代码执行顺序动作，效果是移动精灵(ac1 动作执行)，然后调用 this. callBack1 函数，函数执行完成后再执行移动精灵(ac2 动作执行)。第④行代码是在 cc. callFunc 执行时回调的函数。第⑤行代码创建 TintBy 染色动作。

第⑥行代码创建 cc. callFunc 对象，其中第三个参数是给回调函数传递的数据。第⑦行代码创建一个顺序动作，它的执行顺序是 ac1→ acf → ac2。第⑧行代码执行顺序动作，效果是移动精灵(ac1 动作执行)，然后调用 this. callBack1 函数，函数执行完成再执行移动精灵(ac2 动作执行)。第⑨行代码是在 cc. callFunc 执行时回调的函数。第⑩行代码创建 TintBy 染色动作。

9.2 特效

Cocos2d-x JS API 提供了很多特效，这些特效事实上属于间隔动作，特效类 cc. GridAction 也称为网格动作，它的类图如图 9-14 所示。

9.2.1 网格动作

Cocos2d-x JS API 中的网格动作是 cc. GridAction。从图 9-14 所示的类图可见，cc. GridAction 有两个主要的子类 cc. Grid3DAction 和 cc. TiledGrid3DAction。cc. TiledGrid3DAction 系列

的子类中会有瓦片效果，图 9-15 是 Waves3D 特效（cc. Grid3DAction 子类），图 9-16 是 WavesTiles3D 特效（cc. TiledGrid3DAction 子类），比较这两个效果会看到瓦片效果的特别之处是界面被分割成多个方格。

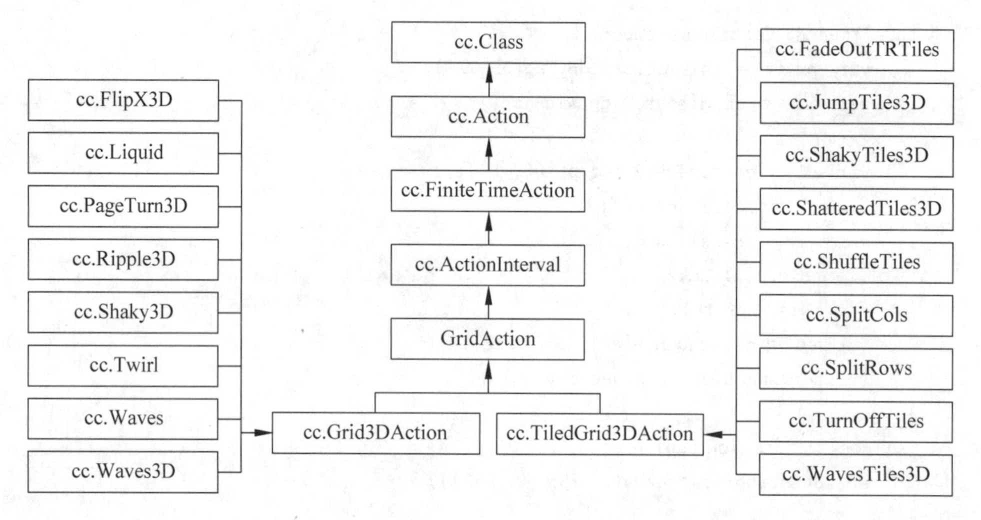

图 9-14　网格动作类图

图 9-15　Waves3D 特效

图 9-16　WavesTiles3D 特效

网格动作都是采用 3D 效果，给用户带来的体验是非常震撼和绚丽的，但是它们也给内存和 CPU 造成了巨大的压力和负担。如果不启用 Open GL 的深度缓冲，3D 效果就会失真，但是启用就会对显示性能造成负面影响。

9.2.2　实例：特效演示

下面通过实例介绍几个特效的使用，这个实例如图 9-17 所示，图(a)是一个操作菜单场景，选择菜单可以进入图(b)动作场景，在图(b)动作场景中单击 Go 按钮可以执行选择的特效动作，单击 Back 按钮可以返回到菜单场景。

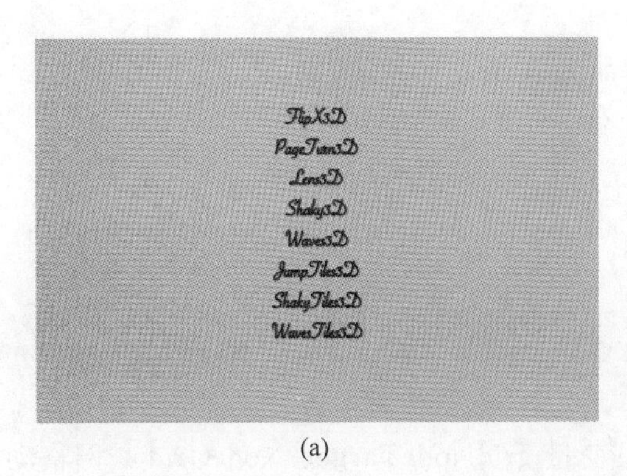

(a)

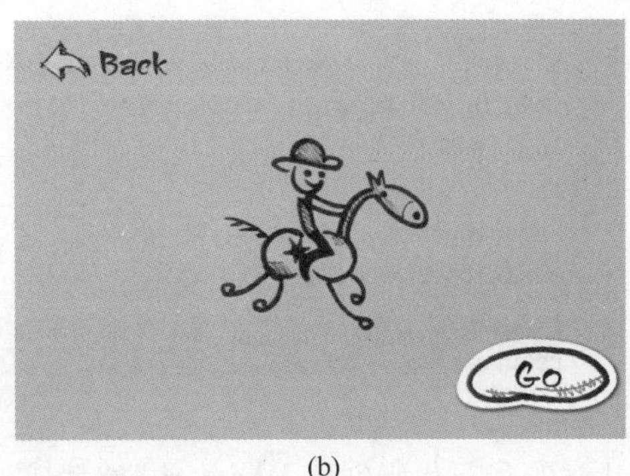

(b)

图 9-17 特效实例

MyActionScene.js 中的 ctor 构造函数代码如下：

```
ctor: function (flagTag) {
    this._super();
    this.flagTag = flagTag;
    this.gridNodeTarget = new cc.NodeGrid();                                    ①
    this.addChild(this.gridNodeTarget);

    cc.log("MyActionLayer init flagTag " + this.flagTag);

    var size = cc.director.getWinSize();

    var bg = new cc.Sprite(res.Background_png);
    bg.x = size.width / 2;
    bg.y = size.height / 2;
    this.gridNodeTarget.addChild(bg);

    var sprite = new cc.Sprite(res.hero_png);
    sprite.x = size.width / 2;
    sprite.y = size.height / 2;
    this.gridNodeTarget.addChild(sprite, 1, SP_TAG);

    var backMenuItem = new cc.MenuItemImage(res.Back_up_png, res.Back_down_png,
        function () {
            cc.director.popScene();
        }, this);
    backMenuItem.x = 140;
    backMenuItem.y = size.height - 65;

    var goMenuItem = new cc.MenuItemImage(res.Go_up_png, res.Go_down_png,
        this.onMenuCallback, this);
    goMenuItem.x = 820;
    goMenuItem.y = size.height - 540;
```

```
        var mn = new cc.Menu(backMenuItem, goMenuItem);
        this.gridNodeTarget.addChild(mn, 1);
        mn.x = 0;
        mn.y = 0;
        mn.anchorX = 0.5;
        mn.anchorY = 0.5;

        return true;
    }
```

上述第①行代码创建 NodeGrid 类型成员变量 gridNodeTarget，NodeGrid 是网格动作管理类。MyActionScene.js 中的 onMenuCallback 函数代码如下：

```
    onMenuCallback: function (sender) {
        cc.log("Tag = " + this.flagTag);
        var size = cc.director.getWinSize();

        switch (this.flagTag) {
            case ActionTypes.kFlipX3D:
                this.gridNodeTarget.runAction(cc.flipX3D(3.0));                                ①
                break;
            case ActionTypes.kPageTurn3D:
                this.gridNodeTarget.runAction(cc.pageTurn3D(3.0, cc.size(15, 10)));            ②
                break;
            case ActionTypes.kLens3D:
                this.gridNodeTarget.runAction(cc.lens3D(3.0, cc.size(15, 10),
                                        cc.p(size.width / 2, size.height / 2), 240));          ③
                break;
            case ActionTypes.kShaky3D:
                this.gridNodeTarget.runAction(cc.shaky3D(3.0, cc.size(15, 10), 5, false));     ④
                break;
            case ActionTypes.kWaves3D:
                this.gridNodeTarget.runAction(cc.waves3D(3.0, cc.size(15, 10), 5, 40));        ⑤
                break;
            case ActionTypes.kJumpTiles3D:
                this.gridNodeTarget.runAction(cc.jumpTiles3D(3.0, cc.size(15, 10), 2, 30)); ⑥
                break;
            case ActionTypes.kShakyTiles3D:
                this.gridNodeTarget.runAction(cc.shakyTiles3D(3.0, cc.size(16, 12), 5, false)); ⑦
                break;
            case ActionTypes.kWavesTiles3D:
                this.gridNodeTarget.runAction(cc.wavesTiles3D(3.0, cc.size(15, 10), 4, 120));
                                                                                               ⑧
                break;
        }
    }
```

上述代码 onMenuCallback 函数是运行特效动作，第①行是使用 FlipX3D 实现 X 轴 3D 翻转特效，cc. flipX3D 函数的参数是持续时间。

第②行代码是使用 PageTurn3D 实现翻页特效，cc. pageTurn3D 函数的第一个参数是持续时间，第二个参数是网格的大小。

第③行代码是使用 Lens3D 实现是凸透镜特效，cc. lens3D 函数的第一个参数是持续时间，第二个参数是网格大小，第三个参数是网透镜中心点，第四个参数是透镜半径。

第④行代码是使用 Shaky3D 实现晃动特效，cc. shaky3D 函数的第一个参数是持续时间，第二个参数是网格的大小，第三个参数是晃动的范围，第四个参数判断是否伴有 Z 轴晃动。

第⑤行代码是使用 Waves3D 实现 3D 波动特效，cc. waves3D 函数的第一个参数是持续时间，第二个参数是网格的大小，第三个参数是波动次数，第四个参数是振幅。

第⑥行代码是使用 JumpTiles3D 实现晃动特效，3D 瓦片跳动特效，cc. jumpTiles3D 函数的第一个参数是持续时间，第二个参数是网格的大小，第三个参数是跳动次数，第四个参数是跳动幅度。

第⑦行代码是使用 ShakyTiles3D 实现 3D 瓦片晃动特效，cc. shakyTiles3D 函数的第一个参数是持续时间，第二个参数是网格的大小，第三个参数晃动的范围，第四个参数判断是否伴有 Z 轴晃动。

第⑧行代码是使用 WavesTiles3D 实现 3D 瓦片波动特效，cc. wavesTiles3D 函数的第一个参数是持续时间，第二个参数是网格的大小，第三个参数是波动次数，第四个参数是振幅。

9.3 动画

与动作密不可分的还有动画，动画又可以分为场景过渡动画和帧动画。场景过渡动画在第 8 章中介绍过，这里只介绍帧动画。

9.3.1 帧动画

帧动画就是按一定的时间间隔、一定的顺序，一帧一帧地显示帧图片。我们的美工要为精灵的运动绘制每一帧图片，因此帧动画由很多帧组成，按照一定的顺序切换这些图片就可以了。

在 Cocos2d-x JS API 中播放帧动画涉及两个类 cc. Animation 和 cc. Animate，类图如图 9-18 所示，cc. Animation 是动画类，它保存有很多动画帧，cc. Animate 类是动作类，它继承自 cc. ActionInterval 类，属于间隔动作类，它的作用是将 cc. Animation 定义的动画转换成动作执行，这样就可以看到动画播放的效果了。

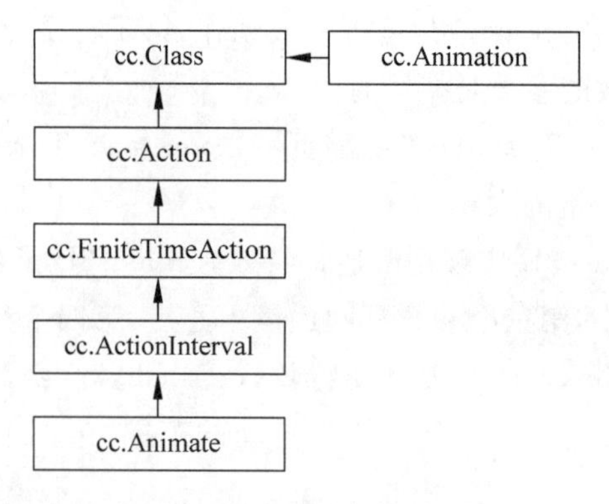

图 9-18 帧动画相关类图

9.3.2 实例：帧动画使用

下面通过一个实例介绍帧动画的使用，这个实例如图 9-19 所示，单击 Go 按钮开始播放动画，这时播放按钮标题变为 Stop，单击 Stop 按钮可以停止播放动画。

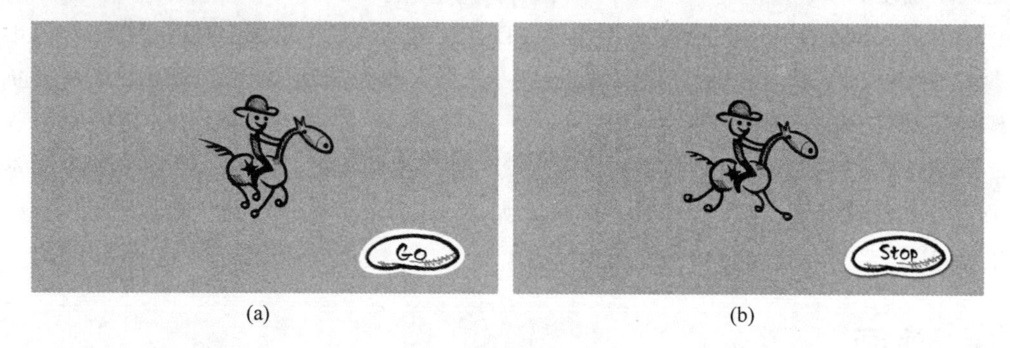

(a) (b)

图 9-19 帧动画实例

下面再看看具体的程序代码，app.js 中的 HelloWorldLayer 的构造代码如下：

```
ctor: function () {
    this._super();
    var size = cc.director.getWinSize();

    var bg = new cc.Sprite(res.Background_png);
    bg.x = size.width / 2;
    bg.y = size.height / 2;
    this.addChild(bg);

    var frameCache = cc.spriteFrameCache;
    frameCache.addSpriteFrames(res.run_plist, res.run_png);

    this.sprite = new cc.Sprite("#h1.png");
    this.sprite.x = size.width / 2;
```

```
    this.sprite.y = size.height / 2;
    this.addChild(this.sprite);

    //toggle 菜单
    var goNormalSprite = new cc.Sprite("#go.png");
    var goSelectedSprite = new cc.Sprite("#go.png");
    var stopSelectedSprite = new cc.Sprite("#stop.png");
    var stopNormalSprite = new cc.Sprite("#stop.png");

    var goToggleMenuItem = new cc.MenuItemSprite(goNormalSprite, goSelectedSprite);
    var stopToggleMenuItem = new cc.MenuItemSprite(stopSelectedSprite, stopNormalSprite);

    var toggleMenuItem = new cc.MenuItemToggle(
        goToggleMenuItem,
        stopToggleMenuItem,
        this.onAction, this);
    toggleMenuItem.x = 930;
    toggleMenuItem.y = size.height - 540;

    var mn = new cc.Menu(toggleMenuItem);
    mn.x = 0;
    mn.y = 0;
    this.addChild(mn);

    return true;
}
```

app.js 中的 HelloWorldLayer 的 onAction 函数代码如下：

```
onAction: function (sender) {

    if (this.isPlaying != true) {

        ///////////////动画开始//////////////////////
        var animation = new cc.Animation();                                           ①
        for (var i = 1; i <= 4; i++) {
            var frameName = "h" + i + ".png";                                         ②
            cc.log("frameName = " + frameName);
            var spriteFrame = cc.spriteFrameCache.getSpriteFrame(frameName);          ③
            animation.addSpriteFrame(spriteFrame);                                    ④
        }

        animation.setDelayPerUnit(0.15);            //设置两个帧播放时间               ⑤
        animation.setRestoreOriginalFrame(true);    //动画执行后还原初始状态           ⑥

        var action = cc.animate(animation);                                           ⑦
        this.sprite.runAction(cc.repeatForever(action));                              ⑧
```

```
        ///////////////////动画结束////////////////////

        this.isPlaying = true;

    } else {
        this.sprite.stopAllActions();                                    ⑨
        this.isPlaying = false;
    }
}
```

第①行代码是创建一个 Animation 对象，它是动画对象，然后我们要通过循环将各个帧图片放到 Animation 对象中。第②行代码是获得帧图片的文件名。第③行代码是通过帧名创建精灵帧对象，第④行代码把精灵帧对象添加到 Animation 对象中。

第⑤行代码 animation. setDelayPerUnit(0. 15)是设置两个帧播放时间，这个动画播放是 4 帧。第⑥行代码 animation. setRestoreOriginalFrame(true)是动画执行完成是否还原到初始状态。第⑦行代码是通过一个 Animation 对象创建 Animate 对象，第⑧行代码 this. sprite. runAction(cc. repeatForever(action))执行动画动作，无限循环方式。

第⑨行代码 this. sprite. stopAllActions()停止所有的动作。

本章小结

通过本章的学习，读者熟悉了 Cocos2d-x JS API 中的动作、特效和动画等动态特性。在动作部分详细介绍了瞬时动作、间隔动作、组合动作、动作速度控制以及函数调用等；在特效部分详细介绍了网格动作；在动画部分详细介绍了帧动画。

第10章

用户事件

在移动平台中用户输入的方式有触摸屏幕、键盘输入和各种传感器(如加速度计和麦克风等)。这些用户输入被封装成为事件,例如,在iOS平台有触摸事件和加速度事件等,在Android和Windows Phone平台有触摸事件、键盘事件和加速度事件等。

Cocos2d-x游戏引擎具有跨平台的特点,能够接收并处理的事件包括触摸事件、键盘事件、鼠标事件、加速度事件和自定义事件等。需要注意的是,在Cocos2d-x游戏引擎中有些事件在一些平台下是无法接收的,这是跟平台的硬件有关系,例如,在iOS平台就无法接收键盘事件,而在PC和Mac OS X平台下不能接收触摸事件和加速度事件。

本章介绍基于Cocos2d-x JS API的用户事件处理。

10.1 事件处理机制

在很多图形用户技术中,事件处理机制一般都有3个重要的角色:事件、事件源和事件处理者。事件源是事件发生的场所,通常就是各个视图或控件,事件处理者是接收事件并对其进行处理的一段程序。

10.1.1 事件处理机制中3个角色

在Cocos2d-x引擎事件处理机制中也有这3个角色。

1. 事件

事件类的Cocos2d-x JS API是cc. Event,它的类图如图10-1所示,它的子类有cc. EventTouch(触摸事件)、cc. EventMouse(鼠标事件)、cc. EventCustom(自定义)、cc. EventKeyboard(键盘事件)和cc. EventAcceleration(加速度事件)。

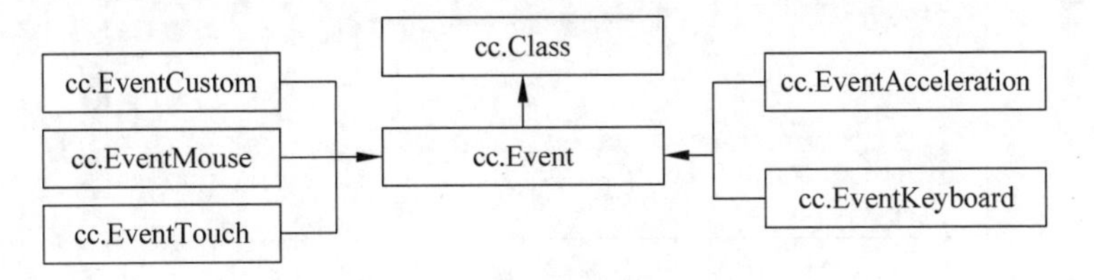

图10-1 事件类图

2. 事件源

事件源可以是Cocos2d-x中的精灵、层、菜单等节点对象。

3. 事件处理者

事件处理者是通过事件监听器类实现的，Cocos2d-x JS API中事件监听器类是cc.EventListener，它包括几种不同类型的监听器：

- cc.EventListener.ACCELERATION：加速度事件监听器。
- cc.EventListener.CUSTOM：自定义事件监听器。
- cc.EventListener.KEYBOARD：键盘事件监听器。
- cc.EventListener.MOUSE：鼠标事件监听器。
- cc.EventListener.TOUCH_ALL_AT_ONCE：多点触摸事件监听器。
- cc.EventListener.TOUCH_ONE_BY_ONE：单点触摸事件监听器。

10.1.2 事件管理器

从命名上可以看出事件监听器与事件具有对应的关系，例如，键盘事件（cc.EventKeyboard）只能由键盘事件监听器（cc.EventListener.KEYBOARD）处理，它们之间需要在程序中建立关系，这种关系的建立过程称为"注册监听器"。Cocos2d-x JS API提供一个事件管理器cc.EventManager负责管理这种关系。具体来说，事件管理器负责注册监听器、注销监听器和事件分发。

cc.EventManager类中注册事件监听器的函数如下：

```
addListener(listener, nodeOrPriority)
```

其中第一个参数listener是要注册的事件监听器对象。第二个参数nodeOrPriority可以是一个Node对象或是一个数值：如果传入的是Node对象，则按照精灵等Node对象的显示优先级作为事件优先级，图10-2所示的实例精灵BoxC优先级是最高的，按照精灵显示的

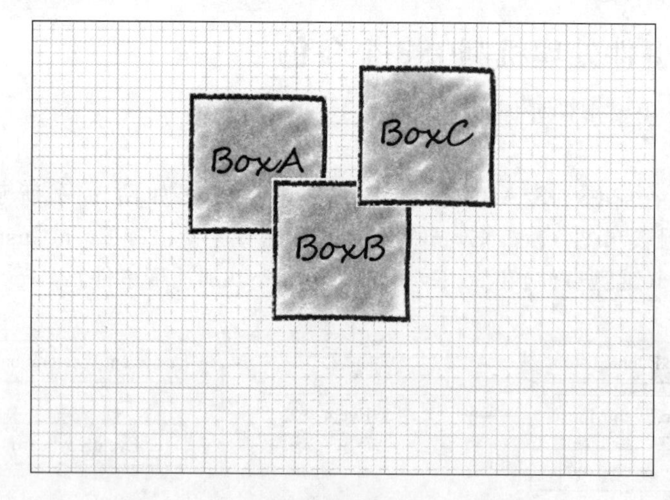

图10-2 精灵显示优先级作为事件优先级

顺序 BoxC 在最前面；如果传入的是数值，则按照指定的级别作为事件优先级，事件优先级决定事件响应的优先级别，值越小优先级越高。

当不再进行事件响应的时候，应该注销事件监听器，主要的注销函数如下：

- removeListener(listener)：注销指定的事件监听器。
- removeCustomListeners(customEventName)：注销自定义事件监听器。
- removeListeners(listenerType, recursive)：注销所有特点类型的事件监听器，recursive 参数判断是否递归注销。
- removeAllEventListeners()：注销所有事件监听器，注意使用该函数之后，菜单也不能响应事件了，因为它也需要接受触摸事件。

10.2 触摸事件

理解一个触摸事件可以从时间和空间两方面考虑。

10.2.1 触摸事件的时间方面

触摸事件的时间如图 10-3 所示，可以有不同的“按下”、“移动”和“抬起”等阶段，表示触摸是否刚刚开始、正在移动或处于静止状态，以及何时结束，也就是手指何时从屏幕抬起。此外，触摸事件的不同阶段都可以有单点触摸或多点触摸，是否支持多点触摸还要看设备和平台。

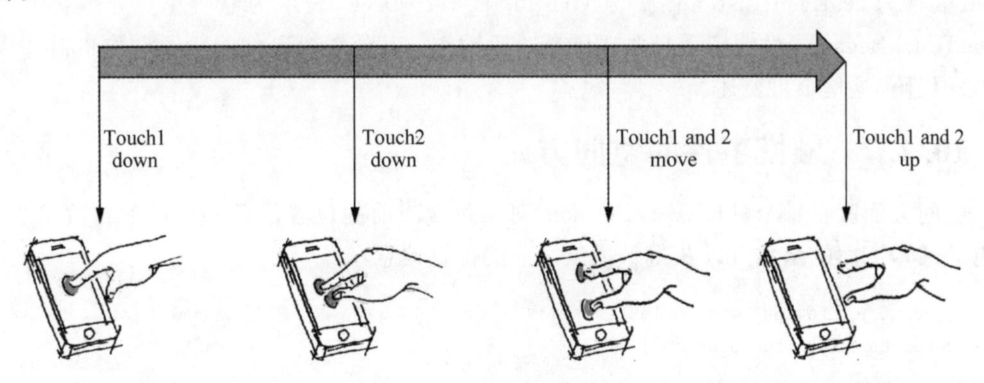

图 10-3 触摸事件的阶段

触摸事件有两个事件监听器：cc.EventListener.TOUCH_ONE_BY_ONE 和 cc.EventListener.TOUCH_ALL_AT_ONCE，分别对应单点触摸和多点触摸。这些监听器有一些触摸事件响应属性，这些属性对应触摸事件的不同阶段。通过设置这些属性能够实现事件与事件处理者的函数关联。

单点触摸事件的响应属性：

- onTouchBegan：当一个手指触碰屏幕时回调该属性所指定的函数。如果函数返回值为 true，则可以回调后面的两个属性(onTouchMoved 和 onTouchEnded)所指定的函数，否则不回调。

- onTouchMoved：当一个手指在屏幕移动时回调该属性所指定的函数。
- onTouchEnded：当一个手指离开屏幕时回调该属性所指定的函数。
- onTouchCancelled：当单点触摸事件被取消时回调该属性所指定的函数。

多点触摸事件响应属性：

- onTouchesBegan：当多个手指触碰屏幕时回调该属性所指定的函数。
- onTouchesMoved：当多个手指在屏幕上移动时回调该属性所指定的函数。
- onTouchesEnded：当多个手指离开屏幕时回调该属性所指定的函数。
- onTouchesCancelled：当多点触摸事件被取消时回调该属性所指定的函数。

使用这些属性的代码片段演示它们的使用：

```
var listener = cc.EventListener.create({
    event: cc.EventListener.TOUCH_ONE_BY_ONE,
    onTouchBegan: function (touch, event) {
        ……
        return false;
    }
});
```

首先需要使用 cc.EventListener.create()函数创建事件监听器对象，然后设置它的 event 属性为 cc.EventListener.TOUCH_ONE_BY_ONE，表示为监听单点触摸事件。设置 onTouchBegan 属性响应手指触碰屏幕阶段动作。其他触摸事件的阶段动作也需要采用类似的代码，这里不再赘述。

10.2.2 触摸事件的空间方面

空间方面就是每个触摸点(cc.Touch)对象包含当前的位置信息和之前的位置信息(如果有的话)，下面的函数可以获得触摸点之前的位置信息：

```
cc.Point getPreviousLocationInView()                              //UI 坐标
cc.Point getPreviousLocation()                                    //OpenGL 坐标
```

下面的函数可以获得触摸点当前的位置信息：

```
cc.Point getLocationInView()                                      //UI 坐标
cc.Point getLocation()                                            //OpenGL 坐标
```

10.2.3 实例：单点触摸事件

为了掌握 Cocos2d-x JS API 中的事件机制，下面以触摸事件为例，使用事件触发器实现单点触摸事件。该实例如图 10-2 所示，场景中有 3 个方块精灵，显示顺序如图 10-2 所示，拖曳可以移动它们，事件响应优先级是按照它们的显示顺序。

下面再看看具体的程序代码，首先看一下 app.js 文件，其中初始化相关代码如下：

```
var HelloWorldLayer = cc.Layer.extend({

    ctor:function () {

        this._super();
        cc.log("HelloWorld init");
        var size = cc.director.getWinSize();

        var bg = new cc.Sprite(res.Background_png);
        bg.x = size.width/2;
        bg.y = size.height/2;
        this.addChild(bg, 0, 0);

        var boxA = new cc.Sprite(res.BoxA2_png);                    ①
        boxA.x = size.width/2 - 120;
        boxA.y = size.height/2 + 120;
        this.addChild(boxA, 10, SpriteTags.kBoxA_Tag);

        var boxB = new cc.Sprite(res.BoxB2_png);
        boxB.x = size.width/2;
        boxB.y = size.height/2;
        this.addChild(boxB, 20, SpriteTags.kBoxB_Tag);

        var boxC = new cc.Sprite(res.BoxC2_png);
        boxC.x = size.width/2 + 120;
        boxC.y = size.height/2 + 160;
        this.addChild(boxC, 30, SpriteTags.kBoxC_Tag);              ②

        return true;
    },
    ……
}
```

代码第①～②行创建了 3 个方块精灵，在注册它到当前层的时候我们使用 3 个参数的 addChild(child, localZOrder, tag) 函数，这样可以通过 localZOrder 参数指定精灵的显示顺序。

app.js 中的 HelloWorldLayer 的 onEnter 函数代码如下：

```
onEnter: function () {
        this._super();
        cc.log("HelloWorld onEnter");
        var listener = cc.EventListener.create({
            event: cc.EventListener.TOUCH_ONE_BY_ONE,               ①
            swallowTouches: true,                                   ②
```

```
            onTouchBegan: function (touch, event) {                                    ③

                var target = event.getCurrentTarget();                                 ④

                var locationInNode = target.convertToNodeSpace(touch.getLocation());   ⑤
                var s = target.getContentSize();                                       ⑥
                var rect = cc.rect(0, 0, s.width, s.height);                           ⑦

                // 点击范围判断检测
                if (cc.rectContainsPoint(rect, locationInNode)) {                      ⑧
                    cc.log ( " sprite began... x = " + locationInNode.x + ", y = " +
locationInNode.y);
                    cc.log("sprite tag = " + target.tag);
                    target.runAction(cc.scaleBy(0.06, 1.06));                          ⑨
                    return true;
                }
                return false;
            },
            onTouchMoved: function (touch, event) {                                    ⑩
                cc.log("onTouchMoved");
                var target = event.getCurrentTarget();
                var delta = touch.getDelta();
                // 移动当前按钮精灵的坐标位置
                target.x += delta.x;
                target.y += delta.y;
            },
            onTouchEnded: function (touch, event) {                                    ⑪
                cc.log("onTouchesEnded");
                var target = event.getCurrentTarget();
                // 获取当前单击点所在相对按钮的位置坐标
                var locationInNode = target.convertToNodeSpace(touch.getLocation());
                var s = target.getContentSize();
                var rect = cc.rect(0, 0, s.width, s.height);

                // 点击范围判断检测
                if (cc.rectContainsPoint(rect, locationInNode)) {
                    cc.log ( " sprite began... x = " + locationInNode.x + ", y = " +
locationInNode.y);
                    cc.log("sprite tag = " + target.tag);
                    target.runAction(cc.scaleTo(0.06, 1.0));
                }
            }
        });

        // 注册监听器
        cc.eventManager.addListener(listener, this.getChildByTag(SpriteTags.kBoxA_Tag));   ⑫
        cc.eventManager.addListener(listener.clone(),
```

```
                                this.getChildByTag(SpriteTags.kBoxB_Tag));          ⑬
        cc.eventManager.addListener(listener.clone(),
                                this.getChildByTag(SpriteTags.kBoxC_Tag));          ⑭

    }
```

上述代码第①行创建一个单点触摸事件监听器对象。第②行设置是否吞没事件，如果设置为 true，那么在 onTouchBegan 函数返回 true 时吞没事件，事件不会传递给下一个 Node 对象。第③行设置监听器的 onTouchBegan 属性回调函数。第⑩行设置监听器的 onTouchMoved 属性回调函数。第⑪行设置监听器的 onTouchEnded 属性回调函数。

第④行代码是获取事件绑定的精灵对象，其中 event. getCurrentTarget()语句返回值是 Node 对象。第⑤行代码获取当前触摸点相对于 target 对象的模型坐标。第⑥行代码获得 target 对象的尺寸。第⑦行代码通过 target 对象的尺寸创建 rect 变量。第⑧行代码判断触摸点是否在 target 对象范围。第⑨行代码放大 target 对象。

第⑫～⑭行代码注册监听器，其中第⑫行使用精灵显示优先级注册事件监听器，其中参数 getChildByTag(kBoxA_Tag)是通过精灵标签 tag 实现获得精灵对象。第⑬～⑭行代码为另外两个精灵注册事件监听器，其中 listener. clone()获得 listener 对象，使用 clone()函数是因为每一个事件监听器只能被注册一次，addEventListener 会在注册事件监听器时设置一个注册标识，一旦设置了注册标识，该监听器就不能再用于注册其他事件监听了，因此我们需要使用 listener. clone()复制一个新的监听器对象，把这个新的监听器对象用于注册。

app. js 中的 HelloWorldLayer 的 onExit 函数代码如下：

```
onExit: function () {
        this._super();
        cc.log("HelloWorld onExit");
        cc.eventManager.removeListeners(cc.EventListener.TOUCH_ONE_BY_ONE);        ①
}
```

上述 onExit()函数是退出层时回调，我们在这个函数中注销所有单点触摸事件的监听。

10.2.4　实例：多点触摸事件

多点触摸事件是与具体的平台有关系的，多点触摸和单点触摸开发流程基本相似。下面介绍一个使用多点触摸事件的实例。

下面再看看具体的程序代码，首先看一下 app. js 文件，其中初始化相关代码如下：

```
var HelloWorldLayer = cc.Layer.extend({

    ctor:function () {
        this._super();
```

```
        cc.log("HelloWorld init");
        var size = cc.director.getWinSize();

        var bg = new cc.Sprite(res.Background_png);
        bg.x = size.width/2;
        bg.y = size.height/2;
        this.addChild(bg, 0, 0);

        return true;
    },
    onEnter: function () {
        this._super();
        cc.log("HelloWorld onEnter");

        if( 'touches' in cc.sys.capabilities ) {                                    ①
                cc.eventManager.addListener({
                event: cc.EventListener.TOUCH_ALL_AT_ONCE,                          ②
                onTouchesBegan: this.onTouchesBegan,                                ③
                onTouchesMoved: this.onTouchesMoved,                                ④
                onTouchesEnded: this.onTouchesEnded                                 ⑤
            }, this);
        } else {
            cc.log("TOUCHES not supported");
        }
    },
    onTouchesBegan:function(touches, event) {                                       ⑥
      var target = event.getCurrentTarget();
      for (var i = 0; i < touches.length;i++) {
          var touch = touches[i];                                                   ⑦
          var pos = touch.getLocation();
          var id = touch.getId();                                                   ⑧
          cc.log("Touch #" + i + ". onTouchesBegan at: " + pos.x + " " + pos.y + " Id:" + id);
      }
    },
    onTouchesMoved:function(touches, event) {                                       ⑨
      var target = event.getCurrentTarget();
      for (var i = 0; i < touches.length;i++) {
          var touch = touches[i];
          var pos = touch.getLocation();
          var id = touch.getId();
          cc.log("Touch #" + i + ". onTouchesMoved at: " + pos.x + " " + pos.y + " Id:" + id);
      }
    },
    onTouchesEnded:function(touches, event) {                                       ⑩
      var target = event.getCurrentTarget();
      for (var i = 0; i < touches.length;i++) {
          var touch = touches[i];
```

```
            var pos = touch.getLocation();
            var id = touch.getId();
            cc.log("Touch #" + i + ". onTouchesEnded at: " + pos.x + " " + pos.y + " Id:" + id);
        }
    },
    onExit: function () {
        this._super();
        cc.log("HelloWorld onExit");
        cc.eventManager.removeListeners(cc.EventListener.TOUCH_ALL_AT_ONCE);
    }
});
```

上述第①行代码'touches' in cc.sys.capabilities是判断当前系统和设备是否支持多点触摸。第②～⑤行代码是一种快捷的注册事件监听器到管理器的方式，主要代码如下：

```
cc.eventManager.addListener({ …… }, this)
```

使用这种快捷方式，可以不需要创建EventListener对象，直接注册事件监听器。

第③行代码是设置监听器的onTouchBegan属性回调第⑥行的函数。第④行代码是设置监听器的onTouchMoved属性回调第⑨行的函数。第⑤行代码是设置监听器的onTouchEnded属性回调第⑩行的函数。

第⑦行代码var touch = touches[i]从touches(触摸点集合)中取出一个touch(触摸点)。第⑧行代码var id = touch.getId()获得触摸点的id，相同的id说明是同一个触摸点。

提示 测试上述代码需要在移动设备上。使用Cocos Code IDE工具中的模拟器无法测试多点触摸。在测试时可以把多个手指放在屏幕上，下面日志是3个手指放到屏幕上输出的结果：

```
cocos2d: JS: Touch #0. onTouchesBegan at: 199.05300903320312 359.9334411621094 Id:0
cocos2d: JS: Touch #0. onTouchesBegan at: 688.3888549804688 207.18505859375 Id:1
cocos2d: JS: Touch #0. onTouchesMoved at: 199.05300903320312 365.92401123046875 Id:0
cocos2d: JS: Touch #0. onTouchesBegan at: 489.2798767089844 488.72210693359375 Id:2
cocos2d: JS: Touch #0. onTouchesMoved at: 198.209716796875 366.9224548339844 Id:0
cocos2d: JS: Touch #1. onTouchesMoved at: 686.7022705078125 209.18138122558594 Id:1
cocos2d: JS: Touch #0. onTouchesMoved at: 194.83447265625 361.9302978515625 Id:0
cocos2d: JS: Touch #0. onTouchesEnded at: 686.7022705078125 209.18138122558594 Id:1
cocos2d: JS: Touch #1. onTouchesEnded at: 489.2798767089844 488.72210693359375 Id:2
cocos2d: JS: Touch #0. onTouchesEnded at: 194.83447265625 361.9302978515625 Id:0
```

10.3 键盘事件

Cocos2d-x JS API中的键盘事件与触摸事件不同，它没有空间方面信息。键盘事件不仅可以响应键盘，还可以响应设备的菜单。

键盘事件是EventKeyboard，对应的键盘事件监听器(cc. EventListener. KEYBOARD)，键盘事件响应属性：

- onKeyPressed：当键按下时回调该属性所指定函数。
- onKeyReleased：当键抬起时回调该属性所指定函数。

使用键盘事件处理的代码片段如下：

```
onEnter: function () {
        this._super();
        cc.log("HelloWorld onEnter");

        cc.eventManager.addListener({                                          ①
            event: cc.EventListener.KEYBOARD,                                  ②
            onKeyPressed: function(keyCode, event){                            ③
                cc.log("Key with keycode " + keyCode + " pressed");
            },
            onKeyReleased: function(keyCode, event){                           ④
                cc.log("Key with keycode " + keyCode + " released");
            }
        }, this);
    },
    onExit: function () {
        this._super();
        cc.log("HelloWorld onExit");
        cc.eventManager.removeListeners(cc.EventListener.KEYBOARD);            ⑤
    }
```

上述第①行代码cc. eventManager. addListener是通过快捷方式注册事件监听器对象。第②行代码设置键盘事件cc. EventListener. KEYBOARD。第③行代码设置键盘按下属性onKeyPressed，其中的参数keyCode是按下的键编号。第④行代码设置键盘抬起属性onKeyReleased。

上述onExit()函数是退出层时回调，我们在第⑤行代码注销所有键盘事件的监听。

我们可以使用Cocos Code IDE和WebStorm工具进行测试，输出的结果如下：

```
JS: Key with keycode 124 released
JS: Key with keycode 124 pressed
JS: Key with keycode 139 pressed
JS: Key with keycode 139 released
JS: Key with keycode 124 released
JS: Key with keycode 139 pressed
JS: Key with keycode 124 pressed
JS: Key with keycode 139 released
JS: Key with keycode 124 released
JS: Key with keycode 139 pressed
JS: Key with keycode 124 pressed
JS: Key with keycode 139 released
JS: Key with keycode 124 released
```

10.4　鼠标事件

鼠标事件与键盘事件类似，可以在不同的平台上使用。当然设备的支持也很关键。

鼠标事件是 EventMouse，对应鼠标事件监听器(cc. EventListener. MOUSE)，鼠标事件响应属性：

- onMouseDown：当鼠标键按下时回调该属性所指定函数。
- onMouseMove：当鼠标键移动时回调该属性所指定函数。
- onMouseUp：当鼠标键抬起时回调该属性所指定函数。

使用鼠标事件处理的代码片段如下：

```
var HelloWorldLayer = cc.Layer.extend({

    ctor:function () {
        this._super();
        cc.log("HelloWorld init");
        var size = cc.director.getWinSize();

        var bg = new cc.Sprite(res.Background_png);
        bg.x = size.width/2;
        bg.y = size.height/2;
        this.addChild(bg, 0, 0);

        var boxA = new cc.Sprite(res.BoxA2_png);
        boxA.x = size.width/2 - 120;
        boxA.y = size.height/2 + 120;
        this.addChild(boxA, 10, SpriteTags.kBoxA_Tag);

        return true;
    },
    onEnter: function () {
        this._super();
        cc.log("HelloWorld onEnter");

        if( 'mouse' in cc.sys.capabilities ) {                                    ①
            cc.eventManager.addListener({                                         ②
                event: cc.EventListener.MOUSE,                                    ③
                onMouseDown: function(event){                                     ④
                    var pos = event.getLocation();                                ⑤
                    if(event.getButton() === cc.EventMouse.BUTTON_RIGHT)          ⑥
                        cc.log("onRightMouseDown at: " + pos.x + " " + pos.y );
                    else if(event.getButton() === cc.EventMouse.BUTTON_LEFT)      ⑦
                        cc.log("onLeftMouseDown at: " + pos.x + " " + pos.y );
```

```
                },
                onMouseMove: function(event){                                          ⑧
                    var pos = event.getLocation();
                    cc.log("onMouseMove at: " + pos.x + " " + pos.y );
                },
                onMouseUp: function(event){                                            ⑨
                    var pos = event.getLocation();
                    cc.log("onMouseUp at: " + pos.x + " " + pos.y );
                }
            }, this);
        } else {
            cc.log("MOUSE Not supported");
        }
    },
    onExit: function () {
        this._super();
        cc.log("HelloWorld onExit");
        cc.eventManager.removeListeners(cc.EventListener.MOUSE);                       ⑩
    }
});
```

上述第①行代码中'mouse' in cc. sys. capabilities 判断当前系统和设备是否支持鼠标事件。第②行代码 cc. eventManager. addListener 通过快捷方式注册事件监听器对象。第③行代码设置鼠标事件 cc. EventListener. MOUSE。第④行代码设置鼠标键按下属性 onMouseDown。第⑧行代码设置鼠标移动属性 onMouseMove。第⑨行代码设置鼠标键抬起属性 onMouseUp。

代码第⑤行 var pos = event. getLocation()获得鼠标单击的坐标。第⑥行代码判断是否单击鼠标右键。第⑦行代码判断是否单击鼠标左键。

上述 onExit()函数是退出层时回调,在代码第⑩行注销所有鼠标事件的监听。

下面可以使用 Cocos Code IDE 和 WebStorm 工具进行测试,输出结果如下:

```
cocos2d: JS: HelloWorld onEnter
cocos2d: JS: onMouseMove at: 481.3041687011719 554.359375
cocos2d: JS: onMouseMove at: 503.5249938964844 547.0703125
cocos2d: JS: onMouseMove at: 700.191650390625 483.52734375
cocos2d: JS: onMouseMove at: 700.191650390625 481.4453125
cocos2d: JS: onMouseMove at: 700.191650390625 480.75
cocos2d: JS: onMouseUp at: 700.191650390625 480.75
cocos2d: JS: onLeftMouseDown at: 700.191650390625 480.75
cocos2d: JS: onMouseUp at: 700.191650390625 480.75
cocos2d: JS: onMouseUp at: 700.191650390625 480.75
cocos2d: JS: onMouseMove at: 705.5250244140625 480.75
cocos2d: JS: onMouseMove at: 726.6333618164062 480.75
```

10.5 加速度计与加速度事件

在很多移动设备的游戏中使用了加速度计，Cocos2d-x JS API 提供了访问加速度计传感器的能力。本节首先介绍加速度计传感器，然后再介绍如何在 Cocos2d-x JS API 中访问加速度计。

10.5.1 加速度计

加速度计是一种能够感应设备某个方向上线性加速度的传感器。广泛用于航空、航海、宇航及武器的制导与控制中。加速度计的种类很多，在 iOS 等移动设备中，目前采用的是三轴加速度计，可以感应设备上 x、y、z 轴方向上线性加速度的变化。如图 10-4 所示，iOS 和 Android 等设备三轴加速度计的坐标系是右手坐标系，即设备竖直向上，正面朝向用户，水平向右为 x 轴正方向，竖直向上为 y 轴正方向，z 轴正方向是从设备指向用户方向。

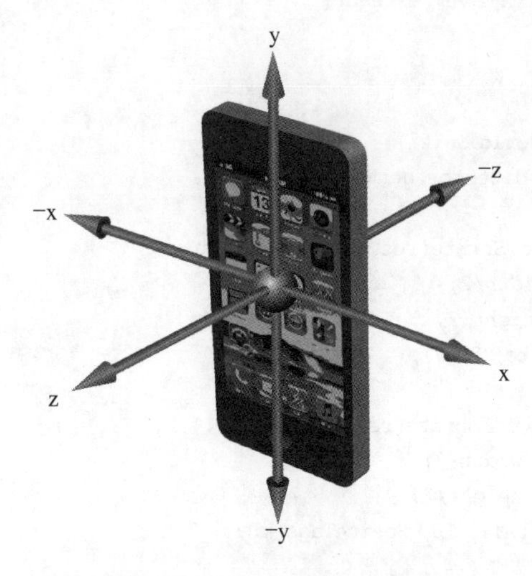

图 10-4　iOS 上三轴加速度计

提示　有人将加速度计称为"重力加速度计"，这是错误的。作用于 3 个轴上的加速度是指所有加速度的总和，包括由重力产生的加速度和用户移动设备产生的加速度。在设备静止的情况下，加速度就只有重力加速度。

10.5.2 实例：运动的小球

下面通过一个实例介绍如何通过层加速度计事件实现访问加速度计。该实例场景如图 10-5 所示，场景中有一个小球，我们首先把移动设备水平放置，屏幕向上，然后左右晃动移动设备来改变小球的位置。

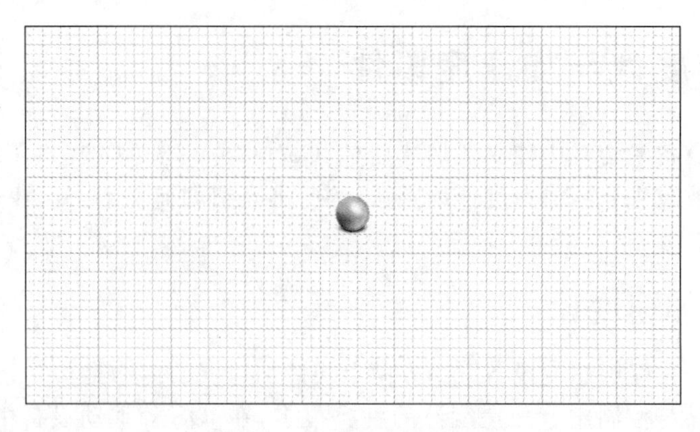

图 10-5　访问加速度计实例

下面再看看具体的程序代码，首先看一下 app.js 文件，它的主要代码如下：

```
var HelloWorldLayer = cc.Layer.extend({

    ctor:function () {
        this._super();
        cc.log("HelloWorld init");
        var size = cc.director.getWinSize();

        var bg = new cc.Sprite(res.Background_png);
        bg.x = size.width/2;
        bg.y = size.height/2;
        this.addChild(bg, 0, 0);

        var ball = new cc.Sprite(res.Ball_png);
        ball.x = size.width/2;
        ball.y = size.height/2;
        this.addChild(ball, 10, SpriteTags.kBall_Tag);

        return true;
    },
    onEnter: function () {
        this._super();
        cc.log("HelloWorld onEnter");
        var ball = this.getChildByTag(SpriteTags.kBall_Tag);

        cc.inputManager.setAccelerometerEnabled(true);                          ①

        cc.eventManager.addListener({                                           ②
            event: cc.EventListener.ACCELERATION,                               ③
            callback: function(acc, event){                                     ④
                var size = cc.director.getWinSize();                            ⑤
                var s = ball.getContentSize();                                  ⑥
```

```
                var p0 = ball.getPosition();

                var p1x = p0.x + acc.x * SPEED ;                                ⑦
                if ((p1x - s.width/2) < 0) {                                    ⑧
                    p1x = s.width/2;                                            ⑨
                }
                if ((p1x + s.width / 2) > size.width) {                         ⑩
                    p1x = size.width - s.width / 2;                             ⑪
                }

                var p1y = p0.y + acc.y * SPEED ;
                if ((p1y - s.height/2) < 0) {
                    p1y = s.height/2;
                }
                if ((p1y + s.height/2) > size.height) {
                    p1y = size.height - s.height/2;
                }
                ball.runAction(cc.place(cc.p( p1x, p1y)));                      ⑫
            }
        }, ball);
    },
    onExit: function () {
            this._super();
            cc.log("HelloWorld onExit");
            cc.eventManager.removeListeners(cc.EventListener.ACCELERATION);     ⑬
        }
    });
```

上述代码中第①行是开启加速计设备。第②行 cc.eventManager.addListener 通过快捷方式注册事件监听器对象。第③行设置加速度事件 cc.EventListener.ACCELERATION。第④行设置加速度事件回调函数。第⑤行获得屏幕的大小。第⑥行获得小球的大小。

第⑦行代码是 var p1x = p0.x + acc.x * SPEED,获得小球的 x 轴方向移动的位置,但是需要考虑左右超出屏幕的情况,第⑧行代码是(p1x-s.width/2)<0,判断超出左边屏幕,这种情况下需要通过第⑨行代码 p1x = s.width/2 重新设置它的 x 轴坐标。第⑩行代码是(p1x + s.width / 2)>size.width,判断超出右边屏幕,这种情况下需要通过第⑪行代码 p1x = size.width - s.width / 2 重新设置它的 x 轴坐标。类似的判断 y 轴也相同,代码就不再介绍了。

回调函数中的参数 acc 是 cc.Acceleration 类的实例,cc.Acceleration 是加速度计信息的封装类,它有以下 4 个属性。

- x:属性是获得 x 轴方向上的加速度,单位为 g,$1g=9.81m \cdot s^{-2}$。
- y:属性是获得 y 轴方向上的加速度。
- z:属性是获得 z 轴方向上的加速度。
- timestamp:时间戳属性,用来表示事件发生的相对时间。

重新获得小球的坐标位置后，通过第⑫行代码 ball.runAction(cc.place(cc.p(p1x, p1y)))执行一个动作使小球移动到新的位置。

上述 onExit()函数是退出层时回调，在代码第⑬行注销所有加速度事件的监听。

本章小结

通过本章的学习，读者了解了 Cocos2d-x JS API 的用户输入事件处理，这些事件包括触摸事件、键盘事件、鼠标事件、加速度事件和自定义等事件。

第 11 章

AudioEngine 音频引擎

游戏中音频的处理也非常重要,它分为背景音乐播放与音效播放。背景音乐是长时间循环播放,会长时间占用较大的内存,背景音乐不能多个同时播放。而音效是短的声音,例如,单击按钮、发射子弹等声音,它占用内存较小,音效能多个同时播放。在 Cocos2d-x JS API 中提供了一个音频引擎——AudioEngine,通过引擎能够很好地控制游戏背景音乐与音效优化播放。

11.1 Cocos2d-x 中音频文件

Cocos2d-x 是跨平台的游戏引擎,而各个平台支持的音频文件不同。首先介绍一下各个平台的音频文件。

11.1.1 音频文件介绍

音频多媒体文件主要是存放音频数据信息,音频文件在录制过程中,把声音信号通过音频编码变成音频数字信号保存到某种格式文件中。在播放过程中再对音频文件解码,解码出的信号通过扬声器等设备转成音波。音频文件在编码过程中数据量很大,所以有的文件格式对数据进行了压缩,因此音频文件可以分为:

- 无损格式,是非压缩数据格式,文件很大一般不适合移动设备,例如 WAV、AU、APE 等文件。
- 有损格式,对于数据进行了压缩,压缩后丢掉了一些数据,例如 MP3、WMA (Windows Media Audio)等文件。

下面分别介绍。

1. WAV 文件

WAV 文件是目前最流行的无损压缩格式。WAV 文件的格式灵活,可以储存多种类型的音频数据。由于文件较大不太适合于移动设备这些存储容量小的设备。

2. MP3 文件

MP3(MPEG Audio Layer 3)格式现在非常流行,MP3 是一种有损压缩格式,它尽可能地去掉人耳无法感觉的部分和不敏感的部分。MP3 是利用 MPEG Audio Layer 3 的技术，将数据以 10∶1 甚至 12∶1 的压缩率，压缩成容量较小的文件。由于这么高的压缩比率，所以非常适合移动设备这些存储容量小的设备。

3. WMA 文件

WMA（Windows Media Audio）格式是微软发布的文件格式，也是有损压缩格式。它与 MP3 格式不分伯仲。在低比特率渲染情况下，WMA 格式显示出比 MP3 更多的优点，压缩比 MP3 更高，音质更好。但是在高比特率渲染情况下 MP3 还是占有优势。

4. CAFF 文件

CAFF（Core Audio File Format）文件，是苹果开发的专门用于 Mac OS X 和 iOS 系统无压缩音频格式。它被用来替换老的 WAV 格式。

5. AIFF 文件

AIFF（Audio Interchange File Format）文件，是苹果开发的专业音频文件格式。AIFF 的压缩格式是 AIFF-C（或 AIFC），将数据以 4∶1 的压缩率进行压缩，专门应用于 Mac OS X 和 iOS 系统。

6. MID 文件

MID 文件是 MIDI（Musical Instrument Digital Interface）格式，专业音频文件格式，允许数字合成器和其他设备交换数据。MID 文件主要用于原始乐器作品、流行歌曲的业余表演、游戏音轨以及电子贺卡等。

7. Ogg 文件

Ogg 文件全称 OGGVobis（oggVorbis），是一种新的音频压缩格式，类似于 MP3 等音乐格式。Ogg 是完全免费、开放和没有专利限制的。Ogg 文件格式可以不断地进行大小和音质的改良，而不影响旧的编码器或播放器。

11.1.2 Cocos2d-x JS API 跨平台音频支持

Cocos2d-x JS API 程序代码可以通过 Cocos2d-x JSB 在本地运行，还可以通过 Cocos2d-html 在 Web 平台运行。在本地运行时所支持的音频，与 Cocos2d-x 所支持的音乐与音效文件一样；而在 Web 平台运行时所支持的音频，则要依赖于具体的 Web 浏览器支持，现在 Web 浏览器又有多种不同的版本，支持比较复杂，所以测试和适配是必须的。

Cocos2d-x JS API 对于背景音乐与音效的播放，在不同平台支持的格式是不同的。Cocos2d-x JS API 对于背景音乐播放各个平台格式支持如下：

- Android 平台支持与 android. media. MediaPlayer 所支持的格式相同。android. media. MediaPlayer 是 Android 多媒体播放类。
- iOS 平台支持推荐使用 MP3 和 CAFF 格式。
- Windows 平台支持 MIDI、WAV 和 MP3 格式。
- Windows Phone 平台支持 MIDI 和 WAV 格式。

- Web 平台要依赖于具体的浏览器，如果是 HTML5，一般支持 Ogg 和 MP3，可以是纯音频的 MP4 和 M4A，但是使用之前需要进行测试。

Cocos2d-x JS API 对于音效播放各个平台格式支持如下：

- Android 平台支持 Ogg 和 WAV 文件，但最好是 Ogg 文件。
- iOS 平台支持使用 CAFF 格式。
- Windows 平台支持 MIDI 和 WAV 文件。
- Windows Phone 平台支持 MIDI 和 WAV 格式。
- Web 平台要依赖于具体的浏览器，如果是 HTML5，一般支持 WAV，但是使用之前需要进行测试。

11.2 使用 AudioEngine 引擎

Cocos2d-x 提供了一个音频 AudioEngine 引擎，具体使用的 Cocos2d-x JS API 是 cc. AudioEngine 类。cc. AudioEngine 有以下几个常用的函数。

- playMusic(url, loop)：播放背景音乐，参数 url 是播放文件的路径，参数 loop 控制是否循环播放，缺省情况下 false。
- stopMusic()：停止播放背景音乐。
- pauseMusic()：暂停播放背景音乐。
- resumeMusic ()：继续播放背景音乐。
- isMusicPlaying()：判断背景音乐是否在播放。
- playEffect (url, loop)：播放音效，参数同 playMusic 函数。
- pauseEffect(audioID)：暂停播放音效，参数 audioID 是 playEffect 函数返回 ID。
- pauseAllEffects ()：暂停所有播放音效。
- resumeEffect (audioID)：继续播放音效，参数 audioID 是 playEffect 函数返回 ID。
- resumeAllEffects ()：继续播放所有音效。
- stopEffect(audioID)：停止播放音效，参数 audioID 是 playEffect 函数返回 ID。
- stopAllEffects ()：停止所有播放音效。

11.2.1 音频文件的预处理

无论是播放背景音乐还是音效，在播放之前进行预处理是有必要的。如果不进行预处理，则会发现在第一次播放这个音频文件时感觉很“卡”，用户体验不好。Cocos2d-x JS API 中提供了资源文件的预处理功能。

通过模板生成的 Cocos2d-x JS API 工程中有一个 main. js，它的内容如下：

```
cc.game.onStart = function(){
    if(!cc.sys.isNative && document.getElementById("cocosLoading"))
        document.body.removeChild(document.getElementById("cocosLoading"));
```

```
        cc.view.enableRetina(cc.sys.os === cc.sys.OS_IOS ? true : false);
        cc.view.adjustViewPort(true);
        cc.view.setDesignResolutionSize(1136, 640, cc.ResolutionPolicy.SHOW_ALL);
        cc.view.resizeWithBrowserSize(true);
        //load resources
        cc.LoaderScene.preload(g_resources, function () {                    ①
            cc.director.runScene(new HelloWorldScene());
        }, this);
    };
    cc.game.run();
```

其中,cc.LoaderScene.preload 函数可以预处理一些资源,g_resources 是资源文件集合变量,它是在 resource.js 文件中定义的,resource.js 文件的内容如下:

```
var res = {

    //image
    On_png: "res/on.png",
    Off_png: "res/off.png",
    background_png: "res/background.png",
    start_up_png: "res/start-up.png",
    start_down_png: "res/start-down.png",
    setting_up_png: "res/setting-up.png",
    setting_down_png: "res/setting-down.png",
    help_up_png: "res/help-up.png",
    help_down_png: "res/help-down.png",
    setting_back_png: "res/setting-back.png",
    ok_down_png: "res/ok-down.png",
    ok_up_png: "res/ok-up.png",

    //plist
    //fnt
    //tmx
    //bgm
    //music
    bgMusicSynth_mp3: 'res/sound/Synth.mp3',                                  ①
    bgMusicJazz_mp3: 'res/sound/Jazz.mp3'                                     ②
    //effect
};

var g_resources = [                                                          ③

];


for (var i in res) {                                                          ④
```

```
    g_resources.push(res[i]);
}
```

上述代码中，第③行定义了资源集合变量 g_resources，第④行的 for 循环是将背景音乐资源文件添加到 g_resources 资源集合变量中。注意，为了防止硬编码，需要在 res 变量中添加资源别名的声明，见代码第①行和第②行。

通过上述设置，游戏在运行时可以加载所有资源文件，包括图片、声音、属性列表文件(plist)、字体文件(fnt)、瓦片地图文件(tmx)等。

11.2.2 播放背景音乐

背景音乐的播放与停止实例代码如下：

```
cc.audioEngine.playMusic(res.bgMusicSynth_mp3, true);
cc.audioEngine.stopMusic(res.bgMusicSynth_mp3);
```

其中，cc.audioEngine 是 cc.AudioEngine 类创建的对象。

背景音乐的播放代码放置到什么地方比较适合呢？例如，在 Setting 场景中，主要代码如下：

```
var SettingLayer = cc.Layer.extend({

    ctor:function () {
        this._super();
        cc.log("SettingLayer init");
        //播放代码                                                    ①
        return true;
    },
    onEnter: function () {
      this._super();
      cc.log("SettingLayer onEnter");
      //播放代码                                                      ②
    },
    onEnterTransitionDidFinish: function () {
      this._super();
      cc.log("SettingLayer onEnterTransitionDidFinish");
      //播放代码                                                      ③
    },
    onExit: function () {
      this._super();
      cc.log("SettingLayer onExit");
      //播放代码                                                      ④
    },
    onExitTransitionDidStart: function () {
      this._super();
      //播放代码                                                      ⑤
```

```
    }
});
```

关于播放背景音乐，理论上是可以将播放代码 cc.audioEngine.playMusic(res.bgMusicSynth_mp3, true)放置到三个位置(代码中的①、②、③)。下面分别分析一下这样做有什么不同。

1. 代码放到第①行

代码放到第①行(即在 ctor 构造函数)，如果前面场景中没有调用背景音乐停止语句，则可以正常播放背景音乐。但是如果前面场景层 HelloWorldLayer onExit 函数有调用背景音乐停止语句，那么会出现背景音乐播放几秒钟后停止。

为了解释这个现象，可以参考 8.3.2 节多场景切换生命周期。使用 pushScene 函数从实现 HelloWorld 场景进入 Setting 场景，生命周期函数调用顺序如图 11-1 所示。

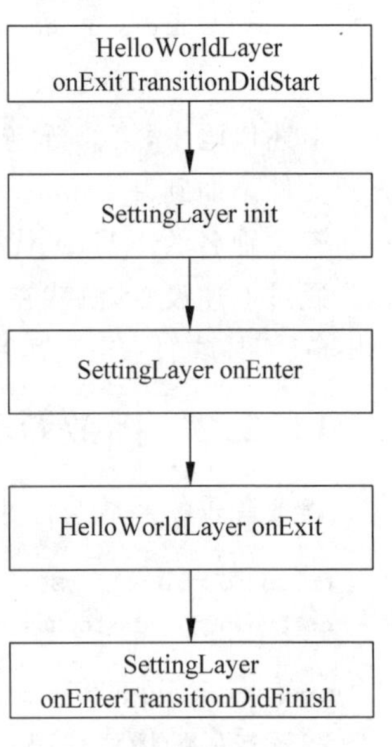

图 11-1 生命周期事件顺序

从图 11-1 可见，HelloWorldLayer onExit 调用是在 SettingLayer init(ctor 构造函数)之后，这样当在 SettingLayer init 中开始播放背景音乐后，过一会调用 HelloWorldLayer onExit 停止背景音乐播放，这样问题就出现了。

注意 无论播放和停止的是否同一个文件，都会出现这个问题。

---

2. 代码放到第②行

代码放到第②行(即在 SettingLayer onEnter 函数)，如果前面场景中没有调用背景音乐停止语句，则可以正常播放背景音乐。如果前面的场景层 HelloWorldLayer onExit 函数有背景音乐停止语句，也会出现背景音乐播放几秒钟后停止。原因与代码放到第①行情况一样。

3. 代码放到第③行

推荐代码放到第③行代码位置，因为 onEnterTransitionDidFinish 函数是在进入层而且过渡动画结束时调用，代码放到这里不用考虑前面场景中是否有调用背景音乐停止语句。而且用户也不会先听到声音、后出现界面现象。

综上所述，是否能够成功播放背景音乐，与前面场景是否有调用背景音乐停止语句有关，也与当前场景中播放代码在哪个函数里有关。如果前面场景中没有调用背景音乐停止语句，问题就简单了，可以将播放代码放置在代码①、②、③任何一处。但是如果前面场景中调用背景音乐停止语句，那么在 onEnterTransitionDidFinish 函数播放背景音乐会更好一些。

11.2.3 停止播放背景音乐

停止背景音乐播放代码放置到什么地方比较适合呢？例如，在 HelloWorld 场景中，主要代码如下：

```
var HelloWorldLayer = cc.Layer.extend({

    ctor:function () {
        this._super();
        cc.log("HelloWorldLayer init");
    },
    onEnter: function () {
        this._super();
        cc.log("HelloWorldLayer onEnter");
    },
    onEnterTransitionDidFinish: function () {
        this._super();
        cc.log("HelloWorldLayer onEnterTransitionDidFinish");
    },
    onExit: function () {
        this._super();
        cc.log("HelloWorldLayer onExit");
        //停止播放代码                                              ①
    },
    onExitTransitionDidStart: function () {
        this._super();
        //停止播放代码                                              ②
    }
});
```

关于停止背景音乐播放，理论上可以将停止播放代码 cc.audioEngine.stopMusic(res.bgMusicSynth_mp3)放置到两个位置(代码中的①和②)。下面分别分析一下这样做有什么不同。

1. 代码放到第①行

代码放到第①行(即在 HelloWorldLayer onExit 函数)，如果后面场景的 ctor 构造函数和 onEnter 函数中背景音乐播放，则可能导致播放背景音乐异常，但是如果在后面场景的 onEnterTransitionDidFinish 函数中播放背景音乐就不会有异常了。关于这个问题在前一节已经介绍过了。

2. 代码放到第②行

代码放到第②行(即在 HelloWorldLayer onExitTransitionDidStart 函数)，从图 11-1 可见，HelloWorldLayer onExitTransitionDidStart 函数第一个被执行，如果停止播放代码放在这里，不会对其他场景的背景音乐播放产生影响。我们推荐停止播放代码放在这里。

提示 当程序在 JSB 本地平台下运行时，在场景过渡过程中不停止播放背景音乐也是一个很好地解决问题的方案，当进入下一个场景播放新的背景音乐后，前一个场景的背景音乐播放自然就会停止，因为背景音乐不能同时播放多个。但是在 Web 平台不可以，因为 Web 平台下背景音乐可以同时播放多个。

11.3 实例：设置背景音乐与音效

为了进一步介绍背景音乐和音效播放 API 的使用，下面通过一个实例介绍一下。如图 11-2 所示有两个场景：HelloWorld 和 Setting。在 HelloWorld 场景中单击“游戏设置”菜单可以切换到 Setting 场景，在 Setting 场景中可以设置是否播放背景音乐和音效，设置完成后单击“OK”菜单可以返回到 HelloWorld 场景。

图 11-2　设置背景音乐与音效(上图为 HelloWorld 场景，下图为 Setting 场景)

11.3.1 资源文件编写

为了有效地管理资源，需要修改 resource.js 文件，它的代码如下：

```
var res = {
        Background_png : "res/background.png",
        StartUp_png : "res/start - up.png",
        StartDown_png : "res/start - down.png",
        SettingUp_png : "res/setting - up.png",
        SettingDown_png : "res/setting - down.png",
        HelpUp_png : "res/help - up.png",
        HelpDown_png : "res/help - down.png",
        SettingBack_png : "res/setting - back.png",
```

```
        on_png : "res/on.png",
        off_png : "res/off.png",
        OkDown_png : "res/ok-down.png",
        OkUp_png : "res/ok-up.png",
        bgMusicSynth_mp3 : 'res/sound/Synth.mp3',
        bgMusicJazz_mp3 : 'res/sound/Jazz.mp3',
        effectBlip_wav : 'res/sound/Blip.wav'                                ①
};

var g_resources = [
    //image
    res.Background_png,
    res.StartUp_png,
    res.StartDown_png,
    res.SettingUp_png,
    res.SettingDown_png,
    res.HelpUp_png,
    res.HelpDown_png,
    res.SettingBack_png,
    res.on_png,
    res.off_png,
    res.OkDown_png,
    res.OkUp_png,

    //plist

    //fnt

    //tmx

    //bgm

    //music
    res.bgMusicSynth_mp3,
    res.bgMusicJazz_mp3,

    //effect
    res.effectBlip_wav
];
```

在 resource.js 文件中添加音效和背景音乐等资源文件。第①行代码的 Blip.wav 是音效资源文件。

11.3.2　HelloWorld 场景实现

HelloWorld 场景就是游戏中的主菜单场景。app.js 文件代码如下：

```
var audioEngine = cc.audioEngine;                                                   ①

var isEffectPlay = true;                                                            ②

var HelloWorldLayer = cc.Layer.extend({

    ctor:function () {
        this._super();
        cc.log("HelloWorldLayer init");

        var size = cc.director.getWinSize();

        var bg = new cc.Sprite(res.Background_png);
        bg.x = size.width/2;
        bg.y = size.height/2;
        this.addChild(bg);

        //开始精灵
        var startSpriteNormal = new cc.Sprite(res.start_up_png);
        var startSpriteSelected = new cc.Sprite(res.start_down_png);

        var startMenuItem = new cc.MenuItemSprite(startSpriteNormal,
              startSpriteSelected,
              function () {
                  if (isEffectPlay) {
                      audioEngine.playEffect(res.effectBlip_wav);                  ③
                  }
                  cc.log("startMenuItem is clicked!");
              }, this);
        startMenuItem.x = 700;
        startMenuItem.y = size.height - 170;

        // 设置图片菜单
        var settingMenuItem = new cc.MenuItemImage(
            res.setting_up_png,
            res.setting_down_png,
            function () {
                if (isEffectPlay) {
                    audioEngine.playEffect(res.effectBlip_wav);                    ④
                }
                cc.director.pushScene(new cc.TransitionFadeTR (1.0, new SettingScene()));
            }, this);
        settingMenuItem.x = 480;
        settingMenuItem.y = size.height - 400;

        // 帮助图片菜单
        var helpMenuItem = new cc.MenuItemImage(
```

```
                res.help_up_png,
                res.help_down_png,
                function () {
                    cc.log("helpMenuItem is clicked!");
                    if (isEffectPlay) {
                        audioEngine.playEffect(res.effectBlip_wav);          ⑤
                    }
                }, this);
        helpMenuItem.x = 860;
        helpMenuItem.y = size.height - 480;

        var mu = new cc.Menu(startMenuItem, settingMenuItem, helpMenuItem);
        mu.x = 0;
        mu.y = 0;
        this.addChild(mu);

        return true;
    },
    onEnter: function () {
      this._super();
      cc.log("HelloWorldLayer onEnter");

    },
    onEnterTransitionDidFinish: function () {
      this._super();
      cc.log("HelloWorldLayer onEnterTransitionDidFinish");
      audioEngine.playMusic(res.bgMusicSynth_mp3, true);                     ⑥
    },
    onExit: function () {
      this._super();
      cc.log("HelloWorldLayer onExit");
    },
    onExitTransitionDidStart: function () {
      this._super();
      cc.log("HelloWorldLayer onExitTransitionDidStart");
      audioEngine.stopMusic(res.bgMusicSynth_mp3);                           ⑦
    }
});

var HelloWorldScene = cc.Scene.extend({
    onEnter:function () {
      this._super();
      var layer = new HelloWorldLayer();
      this.addChild(layer);
    }
});
```

上述代码中，第①行 var audioEngine = cc.audioEngine 声明并初始化全局变量 audioEngine，由于 cc.audioEngine 采用单例设计，audioEngine 保存了 cc.audioEngine 单例对象。第②行代码 var isEffectPlay = true 声明全局变量 isEffectPlay，isEffectPlay 表示音效是否可以播放。

第③、④、⑤行代码 audioEngine.playEffect(res.effectBlip_wav)是在单击菜单时播放音效。第⑥、⑦行代码 audioEngine.playMusic(res.bgMusicSynth_mp3, true)播放背景音乐。

11.3.3 设置场景实现

设置场景(Setting)，Setting.js 文件代码如下：

```
var SettingLayer = cc.Layer.extend({

    ctor:function () {

        this._super();
        cc.log("SettingLayer init");

        var size = cc.director.getWinSize();

        var background = new cc.Sprite(res.SettingBack_png);
        background.anchorX = 0;
        background.anchorY = 0;
        this.addChild(background);

        // 音效
        var soundOnMenuItem = new cc.MenuItemImage(res.On_png, res.On_png);
        var soundOffMenuItem = new cc.MenuItemImage(res.Off_png, res.Off_png);

        var soundToggleMenuItem = new cc.MenuItemToggle(
              soundOnMenuItem,
              soundOffMenuItem,
              function () {
                  cc.log("soundToggleMenuItem is clicked!");

                  if (isEffectPlay) {
                      audioEngine.playEffect(res.effectBlip_wav);                    ①
                  }

                  if (soundToggleMenuItem.getSelectedIndex() == 1) {               ②
                      isEffectPlay = false;
                  } else {
                      isEffectPlay = true;
                      audioEngine.playEffect(res.effectBlip_wav);                    ③
```

```
                }
            }, this);
        soundToggleMenuItem.x = 818;
        soundToggleMenuItem.y = size.height - 220;

        // 音乐
        var musicOnMenuItem = new cc.MenuItemImage(
            res.On_png, res.On_png);
        var musicOffMenuItem = new cc.MenuItemImage(
            res.Off_png, res.Off_png);
        var musicToggleMenuItem = new cc.MenuItemToggle(
            musicOnMenuItem,
            musicOffMenuItem,
            function () {
                cc.log("musicToggleMenuItem is clicked!");
                if (musicToggleMenuItem.getSelectedIndex() == 1) {
                    audioEngine.stopMusic(res.bgMusicJazz_mp3);
                } else {
                    audioEngine.playMusic(res.bgMusicJazz_mp3, true);
                }
                if (isEffectPlay) {
                    audioEngine.playEffect(res.effectBlip_wav);                ④
                }
            }, this);
        musicToggleMenuItem.x = 818;
        musicToggleMenuItem.y = size.height - 362;

        // Ok 按钮
        var okMenuItem = new cc.MenuItemImage(
            res.OkDown_png,
            res.OkUp_png,
            function () {
                if (isEffectPlay) {
                    audioEngine.playEffect(res.effectBlip_wav);                ⑤
                }
                cc.director.popScene();
            },this);
        okMenuItem.x = 600;
        okMenuItem.y = size.height - 510;

        var menu = new cc.Menu(soundToggleMenuItem, musicToggleMenuItem,okMenuItem);
        menu.x = 0;
        menu.y = 0;
        this.addChild(menu, 1);

        return true;
    },
```

```
    onEnter: function () {
      this._super();
      cc.log("SettingLayer onEnter");

    },
    onEnterTransitionDidFinish: function () {
      this._super();
      cc.log("SettingLayer onEnterTransitionDidFinish");
      isEffectPlay = true;
      // 播放
      audioEngine.playMusic(res.bgMusicJazz_mp3, true);                ⑥
    },
    onExit: function () {
      this._super();
      cc.log("SettingLayer onExit");
    },
    onExitTransitionDidStart: function () {
      this._super();
      cc.log("SettingLayer onExitTransitionDidStart");
      audioEngine.stopMusic(res.bgMusicJazz_mp3);                      ⑦
    }
});

var SettingScene = cc.Scene.extend({
    onEnter:function () {
        this._super();
        var layer = new SettingLayer();
        this.addChild(layer);
    }
});
```

上述代码中,第①、④、⑤行是在判断 isEffect 为 true(音效播放开关打开)情况下播放音效。

第②行代码判断是否按钮状态从 Off→On,如果是则将开关变量 isEffect 设置为 false,否则为 true。而且通过第③行代码播放一次音效。

第⑥行代码是开始播放背景音乐,它是在 onEnterTransitionDidFinish 函数中播放背景音乐。第⑦行代码是停止播放背景音乐,它是在 onExitTransitionDidStart 函数中停止播放背景音乐。

本章小结

通过对本章的学习,读者了解了 Cocos2d-x JS API 在不同平台所支持的音频文件格式以及在 Cocos2d-x JS API 中音频引擎 AudioEngine。

第 12 章

粒 子 系 统

我们经常会在游戏中会看到火和爆炸等动画效果,我们怎么才能制作得非常逼真,而且又不需要消耗大量的内存呢?可以使用“粒子系统”来创建这些动画效果。“粒子系统”是本章要介绍的内容。

12.1 问题的提出

如果游戏场景中有一堆篝火(见图 12-1),篝火要一直不停地燃烧,你会如何实现呢?通过之前学习过的内容,我们会首先考虑使用帧动画。

图 12-1 帧动画

我们需要准备多张帧图片,然后编写 app.js 如下代码实现。

```
var HelloWorldLayer = cc.Layer.extend({

    ctor: function () {
        this._super();
        cc.log("HelloWorldLayer init");
```

```
        var size = cc.director.getWinSize();

        // /////////////动画开始//////////////////////
        var animation = new cc.Animation();
        for (var i = 1; i < 18; i++) {
            var str = "0" + i;
            var str1 = str.substring(str.length - 2, str.length);
            var frameName = "res/fire/campFire" + str1 + ".png";
            cc.log("frameName = " + frameName);
            animation.addSpriteFrameWithFile(frameName);
        }

        animation.setDelayPerUnit(0.11);                    // 设置两个帧播放时间
        animation.setRestoreOriginalFrame(true);            // 动画执行后还原初始状态
        var action = cc.animate(animation);

        var sprite = new cc.Sprite(res.campFire01_png);
        sprite.x = size.width / 2;
        sprite.y = size.height / 2;
        this.addChild(sprite);

        sprite.runAction(cc.repeatForever(action));
        // ////////////////动画结束///////////////////

        return true;
    }
});

var HelloWorldScene = cc.Scene.extend({
    onEnter: function () {
        this._super();
        var layer = new HelloWorldLayer();
        this.addChild(layer);
    }
});
```

把这个案例运行一下，看看动画效果，如果每一帧能够设计得很好，那么运行的效果也会不错。但是，另外的问题出现了，那就是性能。我们需要将大量的帧图片渲染到屏幕上，而且每一帧图片很大，这样程序会消耗大量的内存，有可能导致内存的溢出。

因此，这种帧动画方案解决这种火焰效果不是很理想，而粒子系统是解决这类问题的最佳方案。

12.2 粒子系统基本概念

"粒子系统"是模拟自然界中的一些粒子的物理运动的效果，如烟雾、下雪、下雨、火、爆炸等。单个或几个粒子无法体现出粒子运动的规律性，必须有大量的粒子才体现运行的规律。而且,大量的粒子不断消失,又有大量的粒子不断产生。微观上,粒子运动是随机不确定的,而宏观上是有规律的,它们符合物理学中的“测不准原理”。

12.2.1 实例:打火机

我们通过一个最简单的实例来初步了解粒子系统。图 12-2 是一个 Zippo 打火机,它的火苗就是粒子系统。

图 12-2 粒子发射模式

我们只需下面的几行代码就可以实现这个实例。

```
var HelloWorldLayer = cc.Layer.extend({

    ctor: function () {
        // ///////////////////////////////
        // 1. super init first
        this._super();
        cc.log("HelloWorldLayer init");
        var size = cc.director.getWinSize();

        var bg = new cc.Sprite(res.zippo_png);
        bg.x = size.width / 2;
        bg.y = size.height / 2;
        this.addChild(bg);

        var particleSystem = new cc.ParticleFire();
                                                    ①
        particleSystem.texture = cc.textureCache.addImage(res.s_fire);        ②
        particleSystem.x = 270;                                               ③
        particleSystem.y = size.height - 380;                                 ④
        this.addChild(particleSystem);                                        ⑤

        return true;
    }
});
```

上述代码第①行是创建火焰粒子系统对象,在 Cocos2d-x JS API 中粒子系统是 cc.ParticleSystem,cc.ParticleSystem 子类 cc.ParticleFire 是火焰粒子系统类,图 12-3 是粒子系统类图,从类图可见粒子系统也是派生子节点类 cc.Node,类图中 cc.ParticleBatchNode 是批次渲染粒子系统类,批次渲染可以一次渲染相同纹理节点。除 cc.ParticleBatchNode 外,还有 11 种粒子系统,这 11 种粒子系统是 Cocos2d-x 引擎内置的粒子系统类。

第②行代码是设置粒子系统的纹理,其中 res.s_fire 变量保存火粒子系统的纹理图片,路径是 res/fire.png。

提示 Cocos2d-x JSB 本地运行时不需要设置粒子系统纹理图片,而在 Web 平台运行时需要设置粒子系统纹理图片。

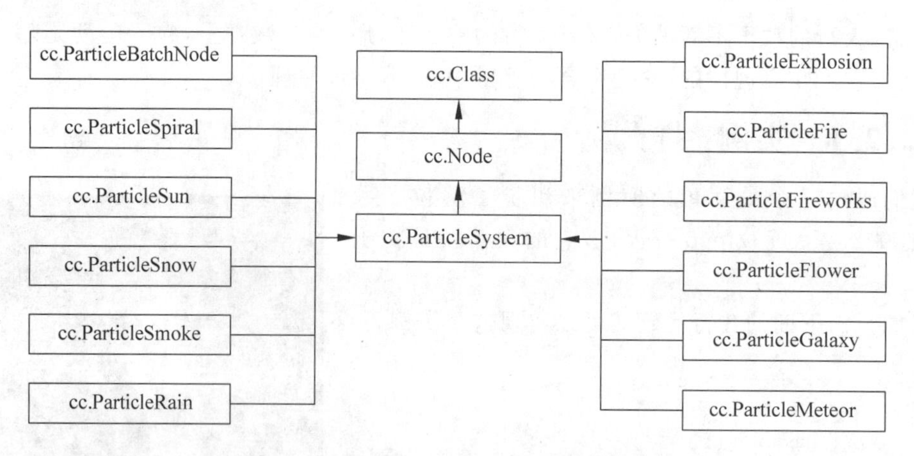

图 12-3 粒子系统类图

第③～④行代码是设置粒子系统的位置。第⑤行代码是添加火焰粒子系统对象到当前层。

12.2.2 粒子发射模式

粒子系统发射的时候有两种模式：重力模式和半径模式。重力模式是让粒子围绕一个中心点做远离或紧接运动(见图 12-4(a))，半径模式是让粒子围绕中心点旋转(见图 12-4(b))。

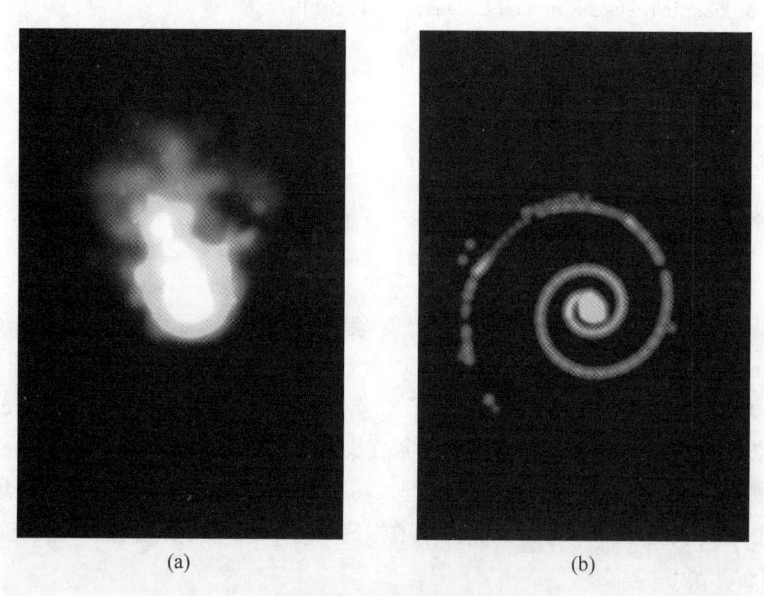

图 12-4 粒子发射模式

12.2.3　粒子系统属性

可能有人会发现前面介绍的粒子系统实例很简单，事实上并非如此，如果需要调整样式，那就会变得非常麻烦。属性很多，粒子的各种行为都是通过属性控制的，一些属性还与发射模式有关系。表12-1是粒子系统的属性。

表12-1　粒子系统属性

属性名	行为	模式
Duration	粒子持续时间，-1是永远持续	重力和半径模式
sourcePosition	粒子初始化位置	重力和半径模式
posVar	粒子初始化位置偏差	重力和半径模式
Angle	粒子方向	重力和半径模式
angleVar	粒子方向角度偏差	重力和半径模式
startSize	粒子初始化大小	重力和半径模式
startSizeVar	粒子初始化大小偏差	重力和半径模式
endSize	粒子最后大小	重力和半径模式
endSizeVar	粒子最后大小偏差	重力和半径模式
Life	粒子生命期单位秒	重力和半径模式
liveVar	粒子生命期偏差	重力和半径模式
startColor	粒子的开始颜色	重力和半径模式
startColorVar	粒子开始颜色偏差	重力和半径模式
endColor	粒子的结束颜色	重力和半径模式
endColorVar	粒子的结束颜色偏差	重力和半径模式
startSpin	粒子的开始旋转角度	重力和半径模式
startSpinVar	粒子的开始旋转角度偏差	重力和半径模式
endSpin	粒子的结束旋转角度	重力和半径模式
endSpinVar	粒子的结束旋转角度偏差	重力和半径模式
Texture	粒子的纹理图片	重力和半径模式
Gravity	粒子的重力	重力模式
Speed	粒子移动加速度	重力模式
speedVar	粒子移动加速度偏差	重力模式
tangentialAccel	切向（飞行垂直方向）加速度	重力模式
tangentialAccelVar	切向加速度偏差	重力模式
radialAccel	径向加速度	重力模式
radialAccelVar	径向加速度偏差	重力模式
startRadius	开始半径	半径模式
startRadiusVar	开始半径偏差	半径模式
endRadius	结束半径	半径模式
endRadiusVar	结束半径偏差	半径模式
rotatePerSecond	每秒钟粒子旋转的角度	半径模式
rotatePerSecondVar	每秒钟粒子旋转的角度偏差	半径模式

这些多粒子属性确实很难全部记下来，从这个角度看粒子系统又是比较复杂的。事实上，我们不需要将所有的属性全部记下来，只需要记住其中常用的。而且很多属性之间是有规律的，它们是成对出现的(xxx 和 xxxVar)，例如 startRadius 和 startRadiusVar，后面的 Var 表示 Variance(偏差)，即浮动值，表示随机上下浮动的修正值，实际值由原始值(startRadius)±浮动值(startRadiusVar)组成，例如 startRadius=50，startRadiusVar=10。那么，随机出来的结果就是 40～60。

cc. ParticleSystem 中定义了很多粒子属性。如果想让 12.2.1 节的 Zippo 打火机火焰大一点，可以调整这些属性，修改程序代码如下：

```
var HelloWorldLayer = cc.Layer.extend({

    ctor: function () {
        this._super();
        cc.log("HelloWorldLayer init");
        var size = cc.director.getWinSize();

        var bg = new cc.Sprite(res.zippo_png);
        bg.x = size.width / 2;
        bg.y = size.height / 2;
        this.addChild(bg);

        var particleSystem = new cc.ParticleFire();
        particleSystem.texture = cc.textureCache.addImage(res.s_fire);

        //设置粒子的重力
        particleSystem.setGravity(cc.p(45, 300));                    ①
        //设置径向加速度
        particleSystem.setRadialAccel(58);
        //设置粒子初始化大小
        particleSystem.setStartSize(84);
        //设置粒子初始化大小偏差
        particleSystem.setStartSizeVar(73);
        //设置粒子最后大小偏差
        particleSystem.setEndSize(123);
        //设置粒子最后大小偏差
        particleSystem.setEndSizeVar(17);
        //设置粒子切向加速度
        particleSystem.setTangentialAccel(70);
        //设置粒子切向加速度偏差
        particleSystem.setTangentialAccelVar(47);
        //设置粒子生命期
        particleSystem.setLife(0.79);
        //设置粒子生命期偏差
```

```
        particleSystem.setLifeVar(0.45);                                    ②

        particleSystem.x = 270;
        particleSystem.y = size.height - 380;
        this.addChild(particleSystem);

        return true;
    }
});
```

我们在上述代码①～②行设置了粒子系统对象的属性。

12.3 Cocos2d-x 内置粒子系统

从图 12-3 所示类图中可以看到，Cocos2d-x 中有内置的 11 种粒子，这些粒子的属性都是预先定义好的，我们也可以在程序代码中单独修改某些属性，在上一节的实例中已经实现了这些属性的设置。

12.3.1 内置粒子系统

内置的 11 种粒子系统说明如下：

- ParticleExplosion：爆炸粒子效果，属于半径模式。
- ParticleFire：火焰粒子效果，属于重力模式。
- ParticleFireworks：烟花粒子效果，属于重力模式。
- ParticleFlower：花粒子效果，属于重力模式。
- ParticleGalaxy：星系粒子效果，属于半径模式。
- ParticleMeteor：流星粒子效果，属于重力模式。
- ParticleSpiral：漩涡粒子效果，属于半径模式。
- ParticleSnow：雪粒子效果，属于重力模式。
- ParticleSmoke：烟粒子效果，属于重力模式。
- ParticleSun：太阳粒子效果，属于重力模式。
- ParticleRain：雨粒子效果，属于重力模式。

这 11 种粒子的属性，根据它的发射模式不同也会有所不同，具体情况可以参考表 12-1。

12.3.2 实例：内置粒子系统

下面通过一个实例演示这 11 种内置粒子系统。这个实例如图 12-5 所示，图(a)是一个操作菜单场景，选择菜单可以进入到图(b)动作场景，在图(b)动作场景中演示选择的粒子系统效果，单击右下角返回按钮可以返回到菜单场景。

(a) (b)

图 12-5 内置粒子系统实例

下面重点介绍场景 MyActionScene，它的 MyActionScene.js 代码如下：

```
var MyActionLayer = cc.Layer.extend({
    flagTag: 0,                                          // 操作标志
    pLabel: null,                                                              ①
    ctor: function (flagTag) {

        this._super();
        this.flagTag = flagTag;

        cc.log("MyActionLayer init flagTag " + this.flagTag);

        var size = cc.director.getWinSize();

        var backMenuItem = new cc.LabelBMFont("<Back", res.fnt_fnt);
        var backMenuItem = new cc.MenuItemLabel(backMenuItem, this.backMenu, this);
        backMenuItem.x = size.width - 100;
        backMenuItem.y = 100;

        var mn = new cc.Menu (backMenuItem);
        mn.x = 0;
        mn.y = 0;
        mn.anchorX = 0.5;
        mn.anchorY = 0.5;
        this.addChild(mn);

        this.pLabel = new cc.LabelBMFont("", res.fnt_fnt);
        this.pLabel.x = size.width /2;
        this.pLabel.y = size.height - 50;
        this.addChild(this.pLabel, 3);

        return true;
    },
```

```
backMenu: function (sender) {
    cc.director.popScene();
},
onEnterTransitionDidFinish: function () {
    cc.log("Tag = " + this.flagTag);
    var sprite = this.getChildByTag(SP_TAG);
    var size = cc.director.getWinSize();

   var system;
    switch (this.flagTag) {                                                    ②
        case ActionTypes.kExplosion:
            system = new cc.ParticleExplosion();
            this.pLabel.setString("Explosion");
            break;
        case ActionTypes.kFire:
            system = new cc.ParticleFire();
            system.texture = cc.textureCache.addImage(res.s_fire);                ③
            this.pLabel.setString("Fire");
            break;
        case ActionTypes.kFireworks:
            system = new cc.ParticleFireworks();
            this.pLabel.setString("Fireworks");
            break;
        case ActionTypes.kFlower:
            system = new cc.ParticleFlower();
            this.pLabel.setString("Flower");
            break;
        case ActionTypes.kGalaxy:
            system = new cc.ParticleGalaxy();
            this.pLabel.setString("Galaxy");
            break;
        case ActionTypes.kMeteor:
            system = new cc.ParticleMeteor();
            this.pLabel.setString("Meteor");
            break;
        case ActionTypes.kRain:
            system = new cc.ParticleRain();
            this.pLabel.setString("Rain");
            break;
        case ActionTypes.kSmoke:
            system = new cc.ParticleSmoke();
            this.pLabel.setString("Smoke");
            break;
        case ActionTypes.kSnow:
            system = new cc.ParticleSnow();
            this.pLabel.setString("Snow");
            break;
```

```
                case ActionTypes.kSpiral:
                    system = new cc.ParticleSpiral();
                    this.pLabel.setString("Spiral");
                    break;
                case ActionTypes.kSun:
                    system = new cc.ParticleSun();
                    this.pLabel.setString("Sun");
                    break;                                              ④
            }

            system.x = size.width /2;
            system.y = size.height /2;

            this.addChild(system);
        }
});

var MyActionScene = cc.Scene.extend({
    onEnter: function () {
        this._super();
    }
});
```

在头文件中第①行代码定义了 cc. LabelBMFont 类型的成员变量 pLabel,用来在场景中显示粒子系统的名称。

我们在 MyActionLayer 的 onEnterTransitionDidFinish 函数中创建粒子系统对象,而不是在 MyActionLayer 的 onEnter 函数创建,这是因为 MyActionLayer 的 onEnter 函数调用时,场景还没有显示,如果在该函数中创建爆炸等显示一次的粒子系统,等到场景显示的时候,爆炸已经结束了,我们看不到效果。

第②~④行代码创建了 11 种粒子系统,这里创建粒子系统时采用了默认属性值。其中 this. pLabel. setString("XXX")函数是为场景中标签设置内容,这样在进入场景后可以看到粒子系统的名称。

另外,如果在 Web 浏览器中运行还需要为粒子系统添加纹理,我们只在第③行代码添加了火粒子纹理,其他的粒子纹理添加与此类似。

12.4 自定义粒子系统

除了使用 Cocos2d-x 的 11 种内置粒子系统外,还可以通过创建 ParticleSystem 对象,并设置属性实现自定义粒子系统,通过这种方式完全可以实现所需要的各种效果的粒子系统。使用 cc. ParticleSystem 自定义粒子系统至少有两种方式可以实现:代码创建和 plist 文件创建。

代码创建粒子系统需要手工设置这些属性,维护起来非常困难。我们推荐使用 Particle

Designer 等粒子设计工具进行所见即所得的设计，这些工具一般会生成一个描述粒子的属性类表文件 plist，然后通过类似下面的语句加载：

```
var particleSystem = new cc.ParticleSystem("res/snow.plist");
```

snow. plist 是描述运动的属性文件，plist 文件是一种 XML 文件，参考代码如下：

```
<?xml version = "1.0" encoding = "UTF - 8"?>
<! DOCTYPE plist PUBLIC " - //Apple//DTD PLIST 1.0//EN" "http://www.apple.com/DTDs/PropertyList -
1.0.dtd">
< plist version = "1.0">
< dict >
    < key > angle </key >
    < real > 270 </real >
    < key > angleVariance </key >
    < real > 5 </real >
    < key > blendFuncDestination </key >
    < integer > 771 </integer >
    < key > blendFuncSource </key >
    < integer > 1 </integer >
    < key > duration </key >
    < real > - 1 </real >
    < key > emitterType </key >
    < real > 0.0 </real >
    < key > finishColorAlpha </key >
    < real > 1 </real >
    < key > finishColorBlue </key >
    < real > 1 </real >
    < key > finishColorGreen </key >
    < real > 1 </real >
    < key > finishColorRed </key >
    < real > 1 </real >
    < key > finishColorVarianceAlpha </key >
    < real > 0.0 </real >
    < key > finishColorVarianceBlue </key >
    < real > 0.0 </real >
    < key > finishColorVarianceGreen </key >
    < real > 0.0 </real >
    < key > finishColorVarianceRed </key >
    < real > 0.0 </real >
    < key > finishParticleSize </key >
    < real > - 1 </real >
    < key > finishParticleSizeVariance </key >
    < real > 0.0 </real >
    < key > gravityx </key >
    < real > 0.0 </real >
    < key > gravityy </key >
```

```
<real>-10</real>
<key>maxParticles</key>
<real>700</real>
<key>maxRadius</key>
<real>0.0</real>
<key>maxRadiusVariance</key>
<real>0.0</real>
<key>minRadius</key>
<real>0.0</real>
<key>minRadiusVariance</key>
<real>0.0</real>
<key>particleLifespan</key>
<real>3</real>
<key>particleLifespanVariance</key>
<real>1</real>
<key>radialAccelVariance</key>
<real>0.0</real>
<key>radialAcceleration</key>
<real>1</real>
<key>rotatePerSecond</key>
<real>0.0</real>
<key>rotatePerSecondVariance</key>
<real>0.0</real>
<key>rotationEnd</key>
<real>0.0</real>
<key>rotationEndVariance</key>
<real>0.0</real>
<key>rotationStart</key>
<real>0.0</real>
<key>rotationStartVariance</key>
<real>0.0</real>
<key>sourcePositionVariancex</key>
<real>1200</real>
<key>sourcePositionVariancey</key>
<real>0.0</real>
<key>speed</key>
<real>130</real>
<key>speedVariance</key>
<real>30</real>
<key>startColorAlpha</key>
<real>1</real>
<key>startColorBlue</key>
<real>1</real>
<key>startColorGreen</key>
<real>1</real>
<key>startColorRed</key>
<real>1</real>
```

```
    <key>startColorVarianceAlpha</key>
    <real>0.0</real>
    <key>startColorVarianceBlue</key>
    <real>0.0</real>
    <key>startColorVarianceGreen</key>
    <real>0.0</real>
    <key>startColorVarianceRed</key>
    <real>0.0</real>
    <key>startParticleSize</key>
    <real>10</real>
    <key>startParticleSizeVariance</key>
    <real>5</real>
    <key>tangentialAccelVariance</key>
    <real>0.0</real>
    <key>tangentialAcceleration</key>
    <real>1</real>
    <key>textureFileName</key>
    <string>snow.png</string>
</dict>
</plist>
```

上述的 plist 文件描述的属性和属性值都是成对出现，其中<key>标签描述的是属性，<real>描述的是属性值。

plist 文件中的 textureFileName 属性指定了纹理图片，纹理图片宽度和高度必须是 2^n，大小不要超过 64×64 像素，在美工设计纹理图片时，不用关注太多细节，例如，设计雪花纹理图片时，按照雪花是有 6 个角的，很多人会设计为图 12-6 所示的样式，而事实上我们需要的是图 12-7 所示的渐变效果的圆点。

图 12-6 雪花图片

图 12-7 雪花粒子纹理图片

下面通过实现如图 12-8 所示的下雪粒子系统，介绍自定义粒子系统的实现。

图 12-8 所示的下雪实例使用 plist 文件创建，主要代码如下：

```
var HelloWorldLayer = cc.Layer.extend({

    ctor: function () {
        //////////////////////////////
        // 1. super init first
        this._super();
        var size = cc.director.getWinSize();
```

```
            var bg = new cc.Sprite("res/background-1.png");
            bg.x = size.width / 2;
            bg.y = size.height / 2;
            this.addChild(bg);

            var particleSystem = new cc.ParticleSystem("res/snow.plist");
            particleSystem.x = size.width / 2;
            particleSystem.y = size.height - 50;
            this.addChild(particleSystem);

            return true;
        }
});
```

从代码可见，plist 文件创建粒子系统要比代码创建简单很多，这主要是因为采用了 plist 描述粒子属性。

图 12-8　下雪粒子系统实例

12.5 粒子系统设计工具 Particle Designer

Particle Designer 是一款专门针对粒子系统进行效果编辑、设计和生成的工具，是目前众多粒子编辑器里功能全面、效果突出的一款，目前最新的版本是 2.0(如图 12-9 所示)。Particle Designer 的 2.0 版无论从功能上，还是从用户体验和界面设计上都比之前的版本有了质的飞跃，这也是这款应用极受热捧的原因。

Particle Designer 目前只有 Mac OS X 版本。它的优势是能够直接生成单个的数据文本文件，把粒子纹理的 png 图像以二进制编码的形式嵌入到这个文件的文本中，方便开发

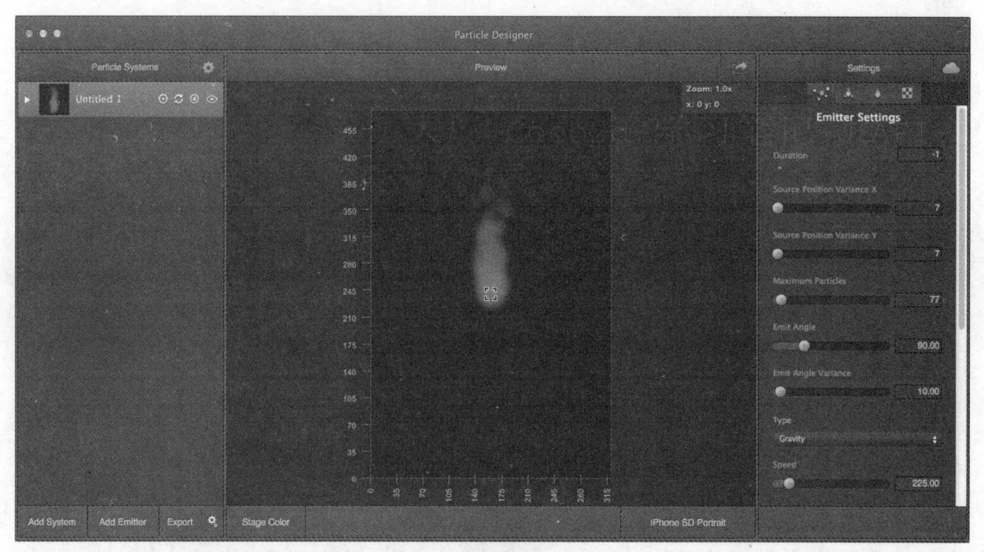

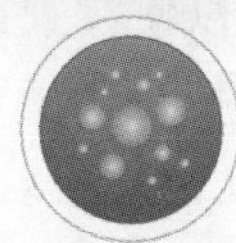

图 12-9　Particle Designer 2.0

者使用。同时，在设计过程中可以通过图层叠加的方式直观地对多个粒子运动进行重叠和对比调整。下面就来看看是如何操作的。

通过图 12-9 可以看到 Particle Designer 2.0 的用户界面大体分成三部分：左侧的 Particle Systems（粒子系统列表），中间的 Preview（预览面板）和右侧的 Settings（设置面板）。通过“预览面板”可以实时观察到粒子效果调整的结果。而“设置面板”是软件的主体，用于设计和调整粒子效果的各项具体参数。那么，我们先从这个最核心的“设置面板”开始，详细介绍 Particle Designer 的使用。

12.5.1　粒子设置面板

粒子效果制作的最大特点是参数繁多，由于要模仿自然界的真实物理效果和运动规律，我们需要对很多参数细节进行细微调整。

粒子相关参数放置在界面右侧 Settings（设置）面板里，分成了四个版块：Emitter Settings（发射设置）、Particle Settings（粒子设置）、Color Settings（颜色设置）和 Texture Settings（纹理设置），如图 12-10 所示。

这些参数与表 12-1 的参数是有对应关系的。Emitter Settings（发射设置）用于设置粒子的发射模式。Particle Designer（粒子设置）用于调整粒子本身属性的各项参数。Color Settings（颜色设置）用来调整粒子的色彩，分为三部分：Start Color（粒子的开始颜色）、End Color（粒子的结束颜色）和 Blend（粒子混合模式）。Texture Settings（纹理设置）用来设置

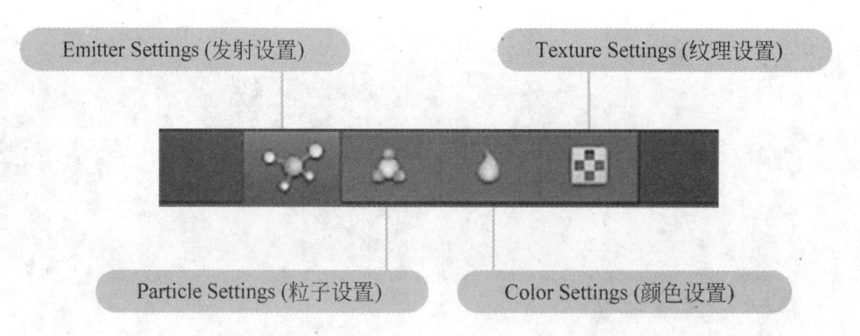

图 12-10　Particle Designer 2.0 粒子相关参数的四个版块

粒子图片。

12.5.2　使用分享案例

可能很多读者已经注意到，在 Particle Designer 界面的右上角，也就是设置面板标题的右侧有一个云端图形的按钮，单击之后可以使设置面板翻转，出现 Shared Emitters(分享案例)面板。这里有很多 Particle Designer 使用者实时分享的案例，通过网络共享且定期更新。我们可以从中选择符合或者接近自己需要的效果，返回到设置面板观察它的各项参数，这样可以从中得到很多经验和技巧。同时，在一些比较成熟案例的基础上进行修改，可以节约精力、事半功倍，甚至得到意想不到的完美效果(见图 12-11)。

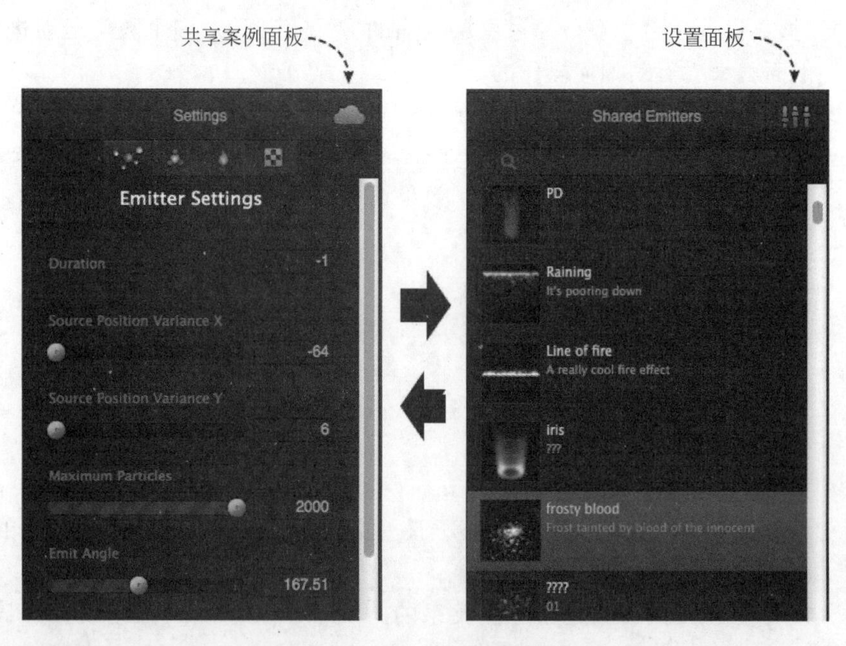

图 12-11　进入 Particle Designer“共享案例面板”和“返回设置面板”

12.5.3　粒子的输出

设置好粒子效果后，我们需要把成型的动态效果输出成可以在游戏引擎中使用的文件。我们可以输出成 PEX、Plist、JSON、Unity3d 四种格式，适应目前所有的主流游戏引擎。

输出前，我们需要先设置输出的格式和文件存储位置。单击"输出"(Export)按钮右侧的"输出设置"(一个齿轮图标按钮)，出现"输出格式"(Export Type)和"输出位置"(Export location)两个选项(见图 12-12)。设置完成后单击"输出"(Export)按钮完成输出，随着文件的修改，我们可以随时单击"输出"(Export)按钮对之前输出的文件覆盖。需要注意的是，如果要另存输出，需要重新设置输出位置避免覆盖。

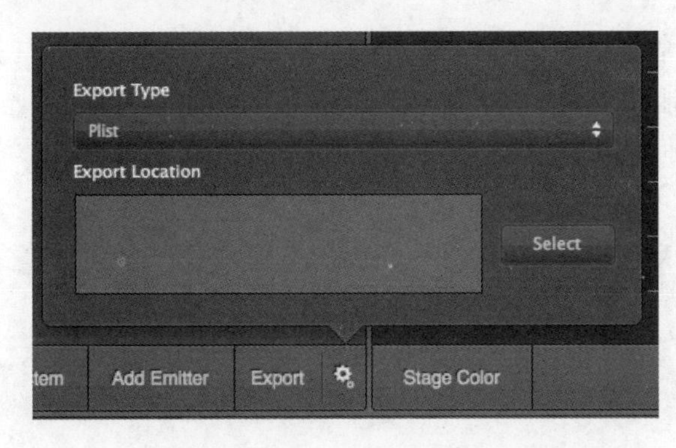

图 12-12　Particle Designer 输出设置

本章小结

通过本章的学习，读者熟悉了粒子系统的基本概念。然后我们还学习了内置粒子系统和自定义粒子系统。最后学习了粒子系统设计工具 Particle Designer 的使用。

第13章 瓦片地图

在游戏中我们经常会用到背景，有些背景比较大而且复杂，使用一个大背景图片会消耗大量内存，采用一些地图技术构建的大背景可以解决性能问题。本章我们将介绍瓦片(Tiltes)地图，以及如何使用瓦片地图构建复杂大背景。

13.1 地图性能问题

图13-1所示的游戏场景是第10章介绍的实例，在场景中有三个方块精灵(BoxA、BoxB、BoxC)和背景精灵。

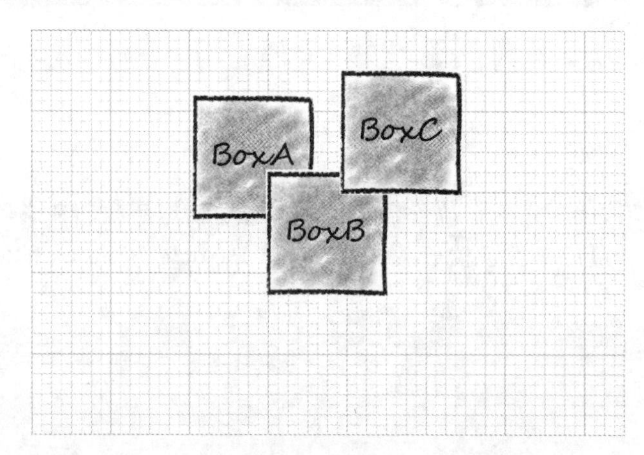

图13-1 游戏场景

那么如何设计这个游戏地图呢？我们可以使用两种方法：采用一张大图片和采用小纹理图片重复贴图。

1. 采用一张大图片

我们在第10章介绍的实例，采用一张大图片。我们可以让美术设计师帮助我们制作一个屏幕大小的图片，大小960×640像素，如图13-2所示。如果是RGBA8888格式，则占用内存大小大约2400K字节。

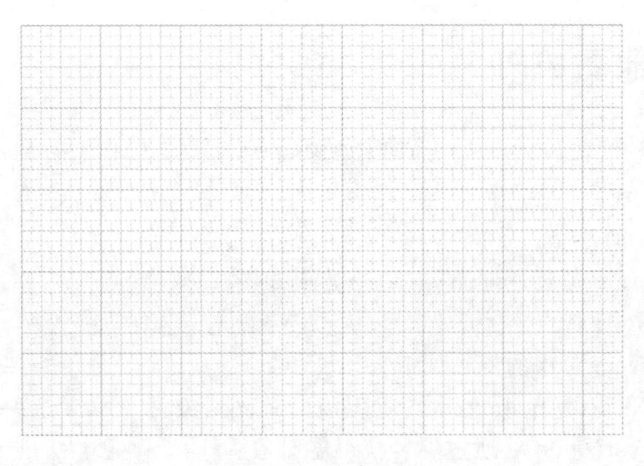

图 13-2　游戏地图

2. 采用小纹理图片重复贴图

采用小纹理图片重复贴图，每个小的纹理图片大小是 128×128 像素，如图 13-3 所示。如果是 RGBA8888 格式，则占用内存大小大约 64K 字节，纹理图片宽高必须是 2^n。

提示　图片占用内存大小与图片格式有关，图片格式主要有 RGBA8888、RGBA4444 和 RGB565 等。RGBA8888 和 RGBA4444 格式一个像素有 4 个(红、绿、蓝、透明)通道，RGBA8888 一个通道占 8 比特，RGBA4444 一个通道占 4 比特，1 字节=8 比特。因此 RGBA8888 格式的计算的公式为：长×宽×4 字节，RGBA4444 格式的计算的公式为：长×宽×2 字节。

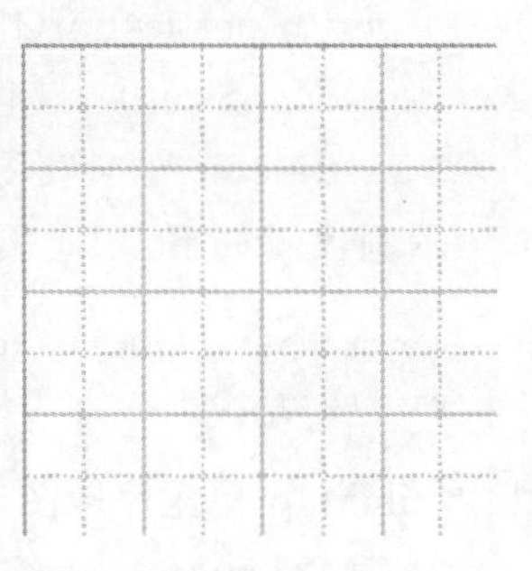

图 13-3　小纹理图片

采用小纹理图片重复贴图的方式可以通过瓦片地图实现，采用瓦片地图可以构建图 13-4 所示的复杂地图。

图 13-4　复杂地图

13.2 瓦片地图 API

为了访问瓦片地图，Cocos2d-x JS API 中的类主要有：cc. TMXTiledMap、cc. TMXLayer 和 cc. TMXObjectGroup 等。

1. TMXTiledMap

cc. TMXTiledMap 是瓦片地图类，它的类图如图 13-5 所示，cc. TMXTiledMap 派生自 cc. Node 类，具有 Node 特点。

cc. TMXTiledMap 常用的函数如下：

- new cc. TMXTiledMap(tmxFile)：创建瓦片地图对象。
- getLayer(layerName)：通过层名获得层对象。
- getObjectGroup(groupName)：通过对象层名获得层中对象组集合。
- getObjectGroups()：获得对象层中所有对象组集合。
- getProperties()：获得层中所有属性。
- getPropertiesForGID (GID)：通过 GID[①] 获得属性。
- getMapSize()：获得地图的尺寸，它的单位是瓦片。
- getTileSize()：获得瓦片尺寸，它的单位是像素。

cc.Class

cc.Node

cc.TMXTiledMap

图 13-5 TMXTiledMap 类图

示例代码如下：

```
var group = _tileMap.getObjectGroup("Objects");
var background = _tileMap.getLayer("Background");
```

其中_tileMap 是瓦片地图对象。

2. TMXLayer

cc. TMXLayer 是地图层类，它的类图如图 13-6 所示，cc. TMXLayer 也派生自 cc. Node 类，具有 Node 的特点。同时，cc. TMXLayer 也派生自 cc. SpriteBatchNode 类，所有 cc. TMXLayer 对象具有批量渲染的能力，瓦片地图层就是由大量重复的图片构成，它们需要渲染以提高性能。

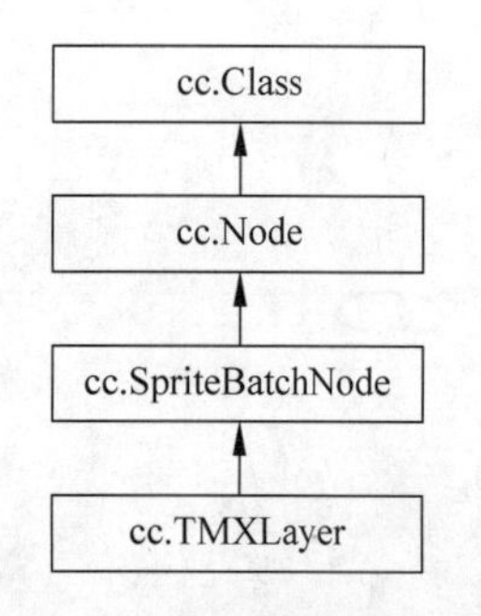

图 13-6 TMXLayer 类图

cc. TMXLayer 常用的函数如下：

- getLayerName()：获得层名。
- getLayerSize()：获得层尺寸，单位是瓦片。
- getMapTileSize()：获得瓦片尺寸，单位是像素。
- getPositionAt(pos)：通过瓦片坐标获得像素坐标，瓦片坐标 y 轴方向与像素坐标 y 轴方向相反。

---

① GID 是一个瓦片的全局标识符。

□ getTileGIDAt(pos)：通过瓦片坐标获得 GID 值。

3. TMXObjectGroup

cc. TMXObjectGroup 是对象层中的对象组集合，它的类图如图 13-7 所示，注意，cc. TMXObjectGroup 与 cc. TMXLayer 不同，cc. TMXObjectGroup 不是派生自 cc. Node，不具有 Node 特性。

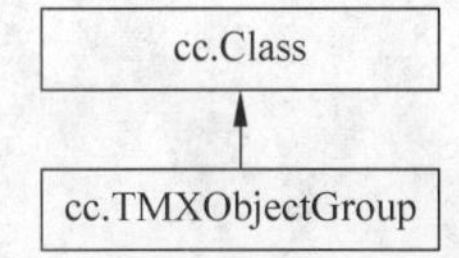

图 13-7　TMXObjectGroup 类图

cc. TMXObjectGroup 常用的函数如下：

- □ propertyNamed(propertyName)：通过属性名获得属性值。
- □ objectNamed(objectName)：通过对象名获得对象信息。
- □ getProperties()：获得对象的属性。
- □ getObjects()：获得所有对象。

13.3　使用 Tiled 地图编辑器

能否有一个所见即所得的瓦片地图编辑工具呢？我们推荐“Tiled”地图编辑器，这是目前主流的免费瓦片地图工具。

Tiled 地图编辑器可以设计直角地图和斜角地图，不能设计六边形地图。它的风格类似简化版的 PhotoShop，使用层来管理地图。它所生成文件是通用的 XML 格式，能够支持多种类型的游戏引擎。

我们可以从 http://www.mapeditor.org/网址下载 Tiled。可喜的是，这是一款支持多种操作系统的免费软件，无论安装在 Windows 系统上还是在 Mac 系统里，界面和操作完全一样。同时该软件具备本地化功能，使我们能够在全中文的界面上操作，更加有利于我们快速学习和掌握软件的各项功能。

Tiled 的开发者一直致力于使 Tiled 地图编辑器在多平台上使用。所以，在历史上 Tiled 还有一个 Java 版本，而且是开源的。而现在的 Tiled 是 Qt[①] 版本，Qt 也具有跨平台特点，我们可以在网站上下载到适合各个平台的 Tiled 版本。下载完成并安装，使用 Tiled 地图编辑器打开瓦片地图文件 tmx(见图 13-8)。

下面通过一个实例介绍如何使用瓦片地图，这个实例地图如图 13-9 所示。

上面的地图由表 13-1 所示的元素构成。它们都可以分割成 64×64 像素的小图片，需要由美术设计师把这些图片拼接成一张图片的瓦片集，如图 13-10 所示。

---

① Qt 是一个跨平台的 C++应用程序开发框架，广泛用于开发 GUI 程序，在 GUI 程序方面，无论从运行速度还是从用户体验方面都胜于 Java。

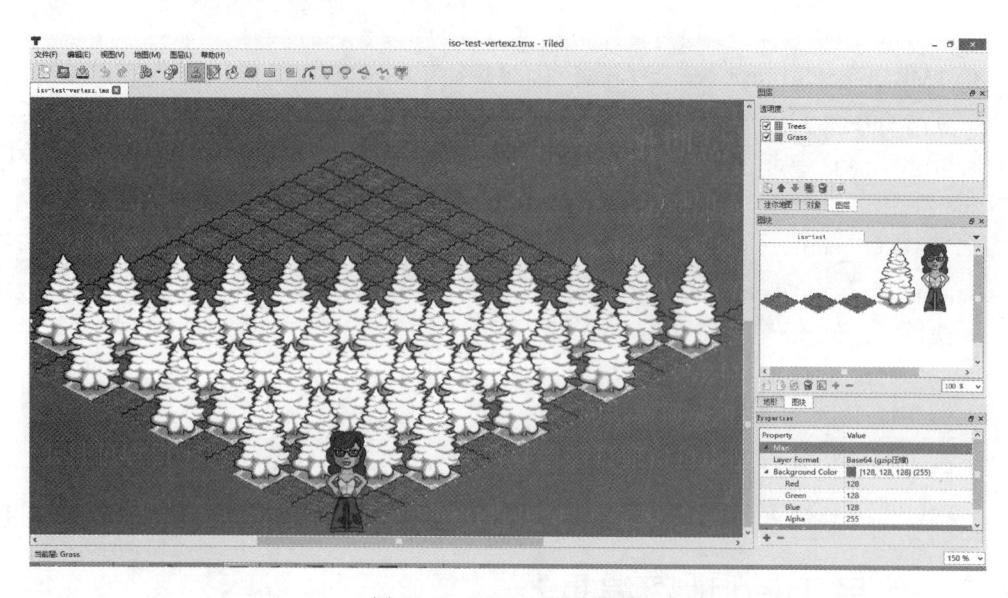

图 13-8　Tiled 地图编辑器

图 13-9　复杂地图实例

表 13-1　复杂地图构成元素

图片文件	图　　片	说　　明
background. png		地图背景，大小为 64×128 像素，可以分割成两个瓦片，图片背景不透明
bird. png		地图上的鸟，64×64 像素，一个瓦片大小，图片背景透明

续表

图片文件	图　片	说　明
cereus-1. png	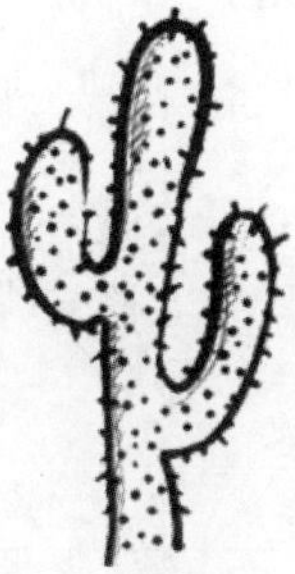	地图上的仙人掌 1，它的大小是 128×256 像素，可以分割成 8 个瓦片，图片背景透明
cereus-2. png		地图上的仙人掌 2，它的大小是 64×128 像素，可以分割成两个瓦片，图片背景透明
cloud-1. png		地图上的云 1，它的大小是 256×128 像素，可以分割成 8 个瓦片，图片背景透明
cloud-2. png		地图上的云 2，它的大小是 256×128 像素，可以分割成 8 个瓦片，图片背景透明
cloud-3. png		地图上的云 3，它的大小是 128×64 像素，可以分割成两个瓦片，图片背景透明
tree-1. png		地图上的树 1，它的大小是 128×192 像素，可以分割成 6 个瓦片，图片背景透明
tree-2. png	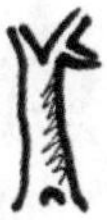	地图上的树 2，它的大小是 64×128 像素，可以分割成两个瓦片，图片背景透明

续表

图片文件	图　　片	说　　明
tree-3. png		地图上的树 3,它的大小是 320×320 像素,可以分割成 25 个瓦片
ground. png		地图上的地,它的大小是 448×64 像素,可以分割成 7 个瓦片

图 13-10　瓦片集

讨论　我们可以将所有云放在一个瓦片集文件中,把所有树放在一个瓦片集文件中,这样就可以制作几种不同的瓦片集文件。但是使用 Tiled 地图编辑器,一个层使用的瓦片集只能来自一个图片集文件,假如将"树"和"云"放到一个层中,地图显示就会有问题。当然,如果分别建立"树"层和"云"层,这样问题就不会出现了。层也不能太多,太多会增加系统开销,层的个数最好不超过 4 个。

13.3.1　新建地图

下面介绍使用 Tiled 地图编辑器新建地图的过程。

首先，启动 Tiled 地图编辑器软件，通过选择“菜单→文件→新文件”，新建地图工程，弹出对话框(见图 13-11)。

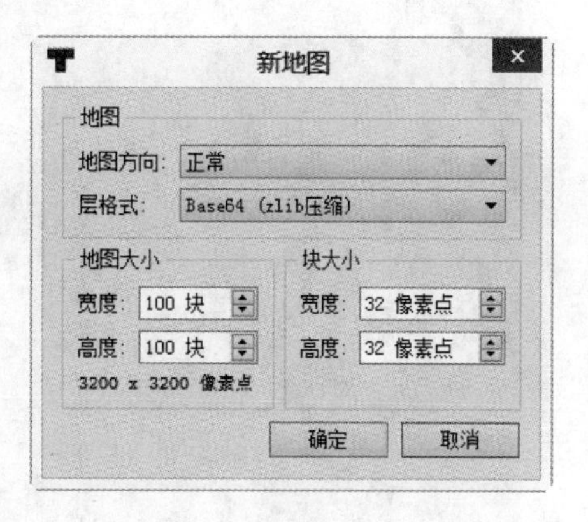

图 13-11　新建地图对话框

在图 13-11 所示的对话框中，可以选择地图方向：正常、45 度和 45 度(交错的)，如图 13-12 所示。正常是创建直角地图，45 度是创建斜角地图。本例选择“正常”。

在图 13-12 所示的对话框中，我们可以选择层格式：XML、Base64[①](无压缩)、Base64(gzip 压缩)、Base64(zlib 压缩)和 CSV，如图 13-13 所示。本例选择“Base64(zlib 压缩)”。

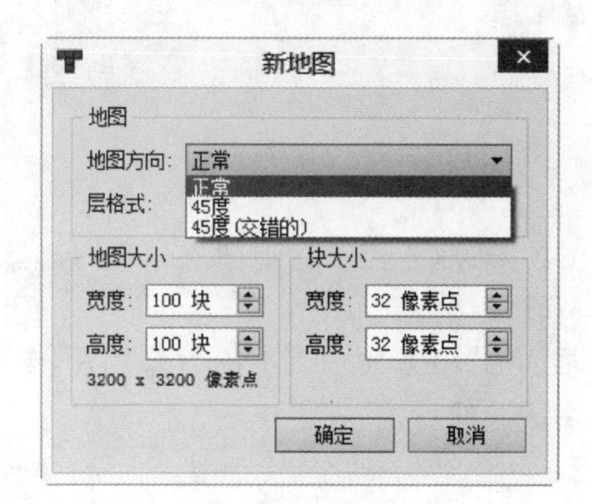

图 13-12　选择地图方向

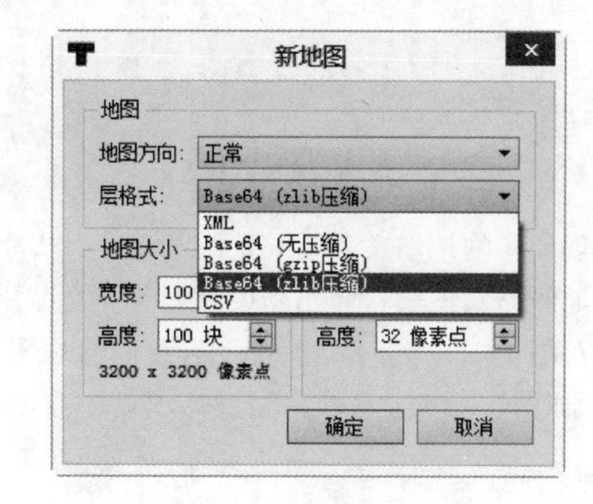

图 13-13　选择层格式

在图 13-13 所示的对话框中，还有地图尺寸(Map size)和块尺寸(Tile size)需要设置，地图尺寸的单位是瓦片，块尺寸的单位是像素，块即是瓦片。本例设置的地图尺寸是 45×10，块(瓦片)尺寸是 64×64。设置完成后单击“确定”按钮就可以创建一个瓦片地图了(见图 13-14)。

提示　Tiled 地图编辑器中文版中的“块”，就是前面说的“瓦片”(英文是 Tile)。Tile 在本书中统一翻译为“瓦片”。

---

① Base64 是一种基于 64 个可打印字符来表示二进制数据的方法。Base64 常用于在通常处理文本数据的场合，表示、传输或存储一些二进制数据。——引自维基百科 http://zh.wikipedia.org/wiki/Base64

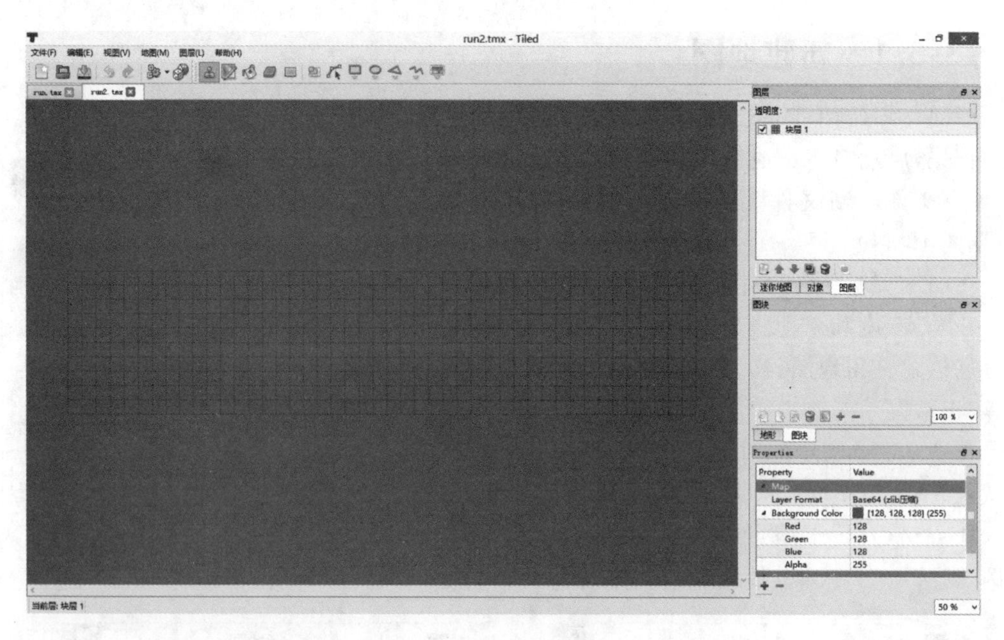

图 13-14　新建的地图

13.3.2　导入瓦片集

创建新的地图文件后，需要导入瓦片集地图中，然后才能设计地图层。我们选择“菜单→地图→新图块”，弹出新图块对话框（见图 13-15）。

在图 13-15 所示的对话框中，我们通过图像后面的“浏览”按钮选择瓦片集图片，选择完成后（如图 13-16 所示），在“名称”项目中自动命名为文件名。

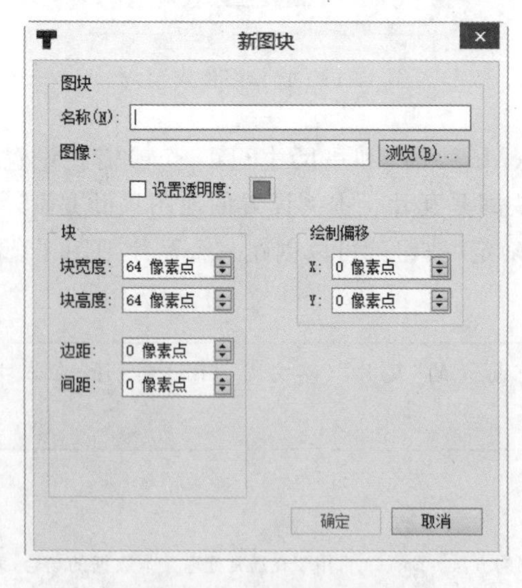

图 13-15　新图块对话框

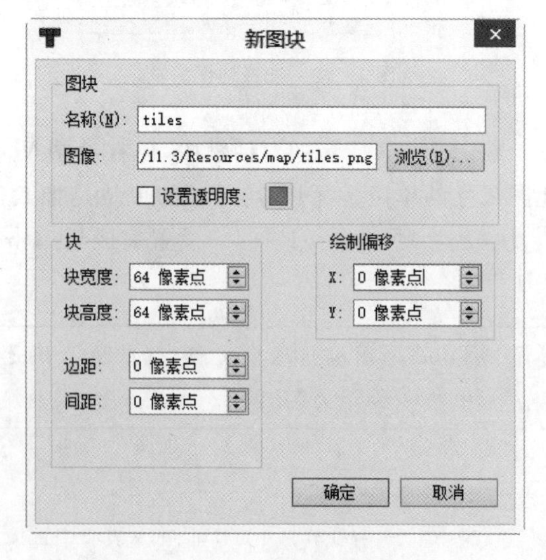

图 13-16　选择瓦片集图片

导入瓦片集还有块宽度和高度，以及边距和间距。块宽度和高度就是瓦片的高度和宽度，本例设置：块(瓦片)宽度和高度都为64像素。边距就是当前瓦片计算自身像素的时候，它需要减去多少个像素(宽度和高度都包含在内)，一般设置为0。间距就是相邻两个瓦片之间的缝隙，一般也设置为0。绘制偏移是设置绘制瓦片时的偏移量。设置完成后，单击"确定"按钮，设计如图13-17所示。

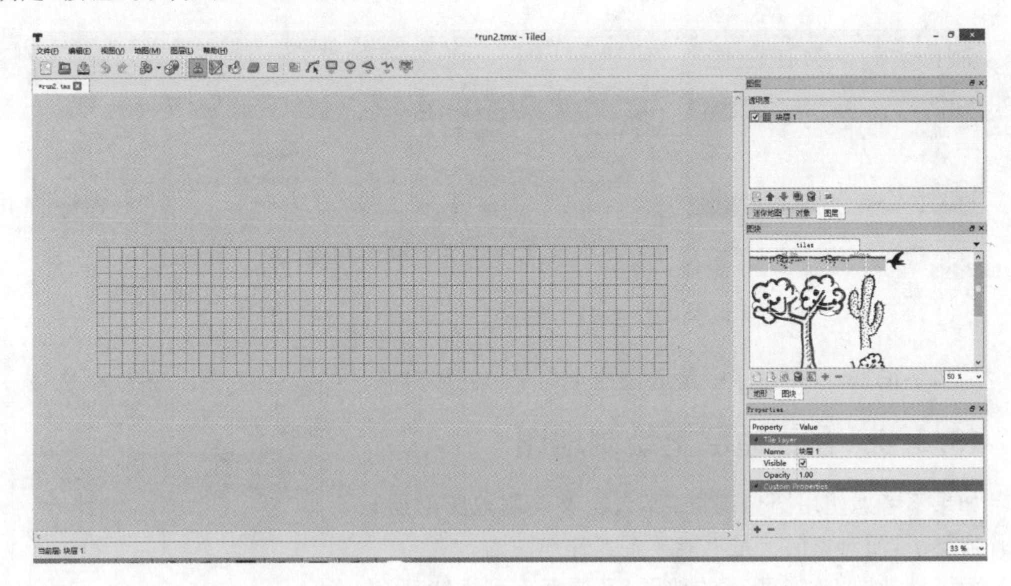

图13-17　导入瓦片集

成功导入瓦片集后，就可以看到右边的图块视图中增加了刚导入的瓦片集。在这图块视图中可以发现，它们已经被分割了。

13.3.3　创建层

我们可以在Tiled地图编辑器中对层进行管理，Tiled层类似于PhotoShop中的层。Tiled层视图如图13-18所示。可以对层进行创建、删除、隐藏、显示和改变顺序等操作。对层操作的工具栏如图13-19所示。

图13-18　Tiled层视图

在Tiled中新建层可以有三种：普通层、对象层和图像图层，如图13-20所示。其中图像图层是非常特殊的层，它是使用一张图片作为一层，我们不推荐使用这种层。不同类型的层有不同的属性，可以通过选中层来修改它的属性，如图13-21所示。

有时为了方便记忆和管理，以及程序访问的需要，我们会给层重新命名。如图13-22所示，双击层的名字，会处于编辑状态，在这里可以修改层名字。

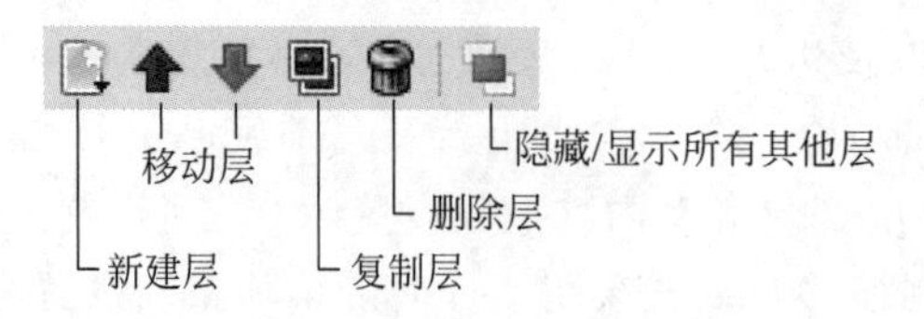

图 13-19　Tiled 图层视图工具栏

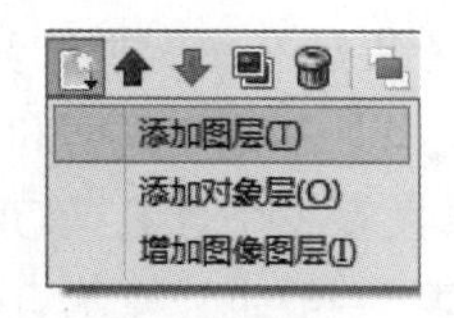

图 13-20　新建层

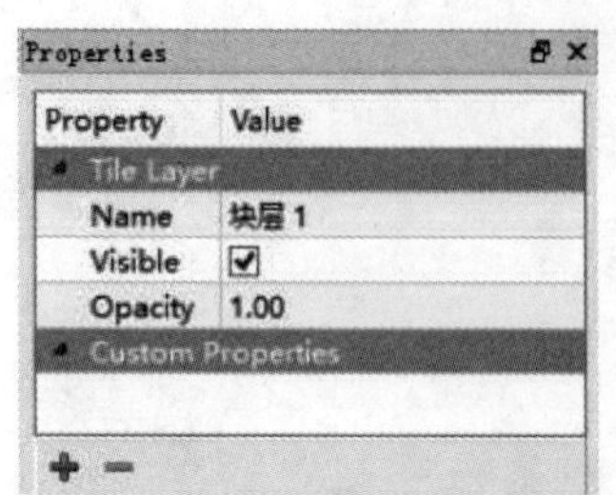

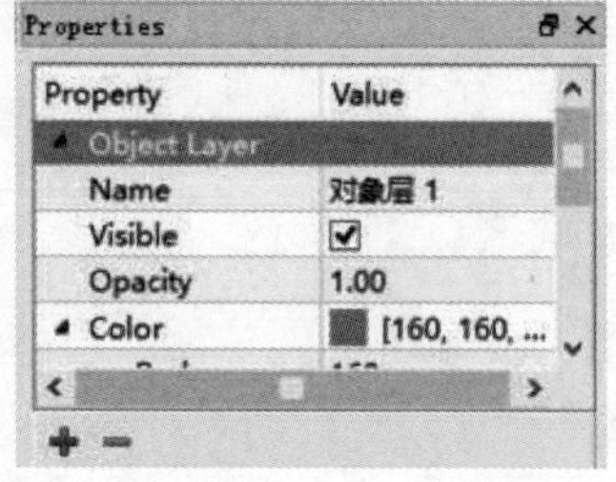

图 13-21　层属性(左普通层、中对象层、右像图层)

层名字很重要,在程序中是通过这个名字访问层对象。

13.3.4　在普通层上绘制地图

如果不考虑使用图像图层,那么能够绘制地图的层只有普通层了,而对象层上是不能放置瓦片地图的。

为了设计图 13-10 所示的地图,又要考虑到性能,我们设计创建三个普通层:background、ground 和 other。它们的先后顺序是 background→ground→other,background 层是地图中的背景,位于最后面,构成它的瓦片不需要透明。

图 13-22　层重新命名

具体设计的时候,需要使用层设计工具栏(如图 13-23 所示),对此说明如下:

- 图印章:可以为特定的地图块铺设瓦片,使用的时候选择该工具,再选中铺设使用的瓦片(瓦片可以多选),然后在层设计界面上点击地图块。
- 地形刷:可以复制地图中的地形。
- 填充:将地图全部填充为一种瓦片。
- 橡皮:可以删除地图块上的瓦片。
- 矩形选择:可以在地图上选择一个矩形区域。

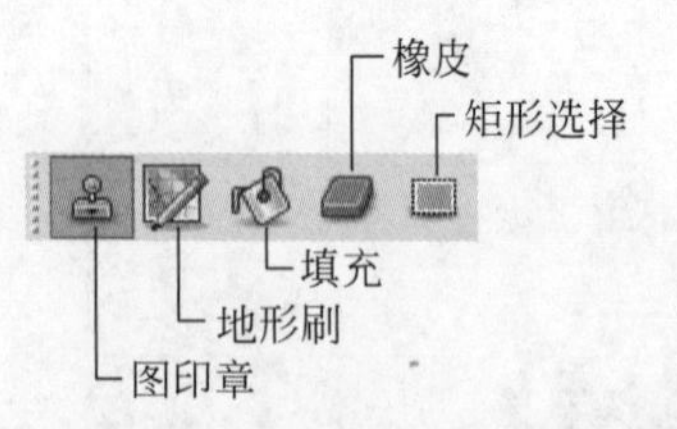

图 13-23　层设计工具栏

1. background 层设计

首先使用填充工具,将地图全部填充为□瓦片,如图 13-24 所示。然后再使用图印章工具,选择□瓦片,在层设计界面最上面一排地图块铺设瓦片,铺设完成的 background 层如图 13-25 所示。

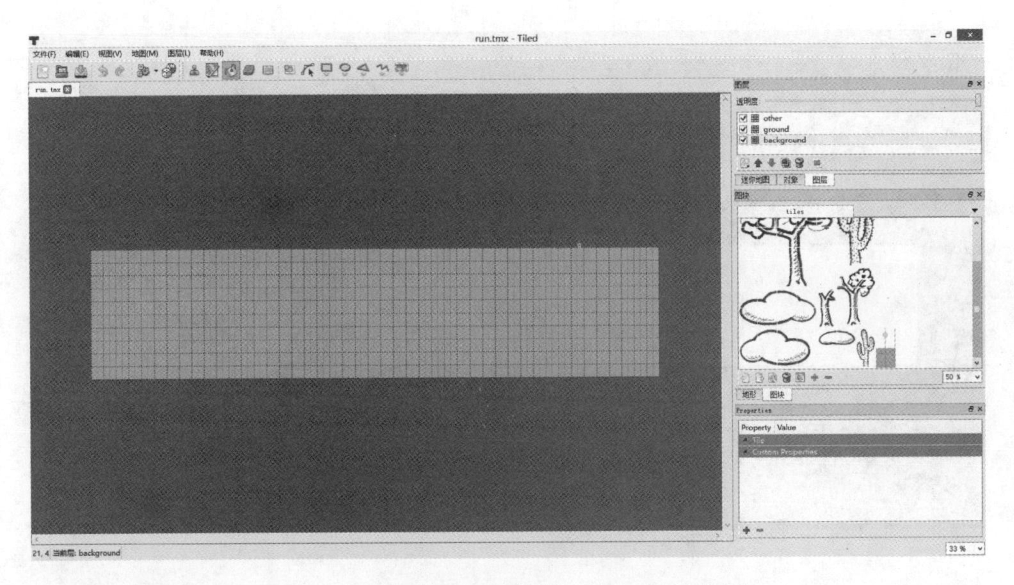

图 13-24　使用填充工具铺设 background 层瓦片

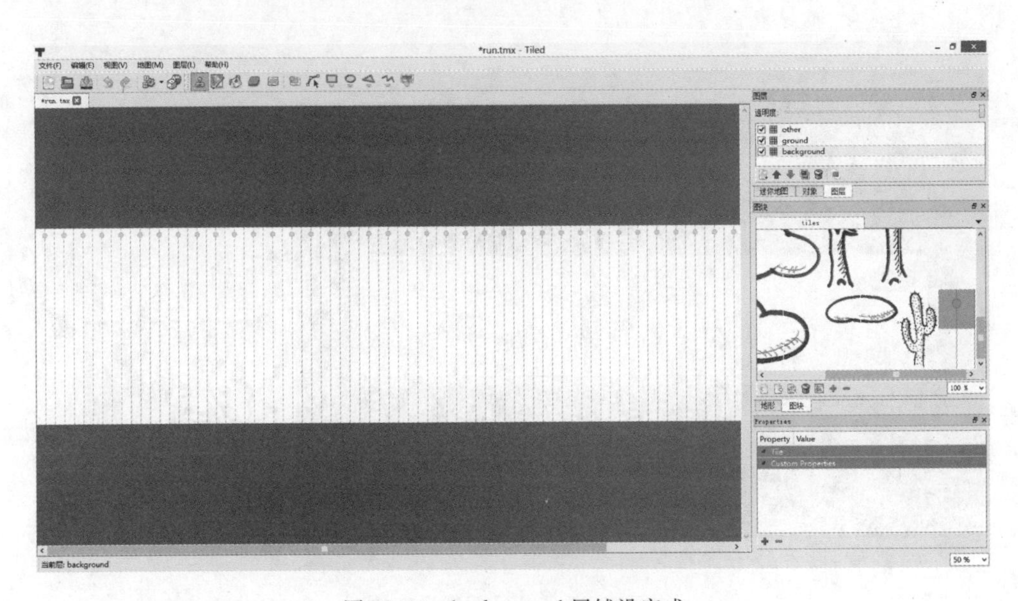

图 13-25　background 层铺设完成

2. ground 层设计

首先选中 ground 层，然后选择图印章工具，再选择全部 7 个 ground 瓦片(按住鼠标滑过)，在层设计界面最下面一排地图块铺设瓦片，铺设完成的 ground 层如图 13-26 所示。

3. other 层设计

other 层包含鸟、云、树和仙人掌等地图元素。我们参考 ground 层铺设，按照图 13-10 所示的效果图设计 other 层，完成后如图 13-27 所示。

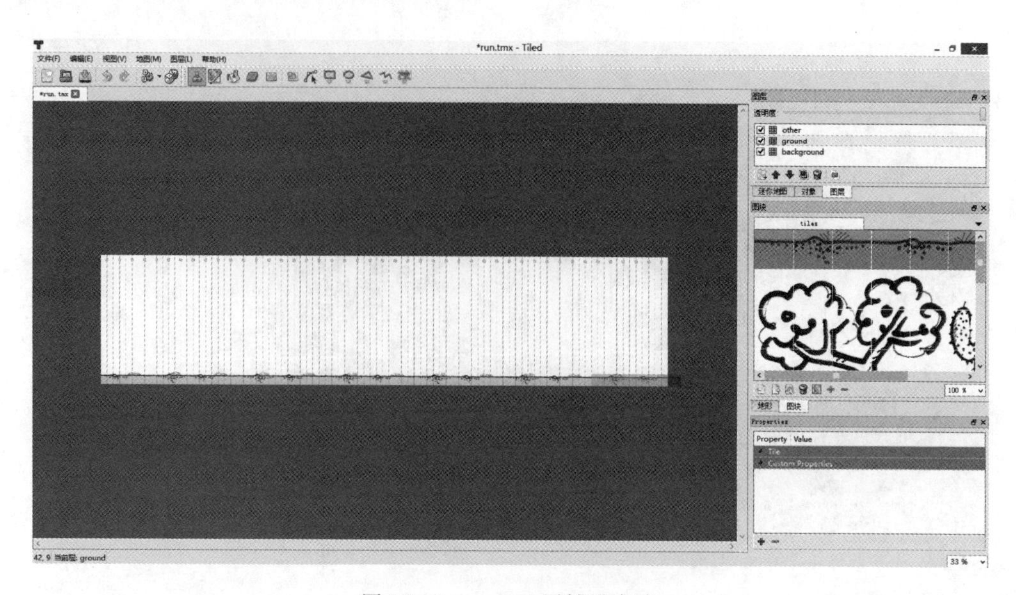

图 13-26　ground 层铺设完成

图 13-27　other 层铺设完成

13.3.5　在对象层上添加对象

对象层上可以添加很多对象，我们可以通过程序代码访问这些对象。在 Tiled 中添加一个对象层，并命名为“objects”(如图 13-28 所示)，这个对象层要处于所有层之上。

在对象层上添加对象的过程是：首先选中 objects 对象层，然后在对象层绘制工具栏中选择插入矩形按钮，在对象层上相应的位置绘制矩形区域，如图 13-29 所示。

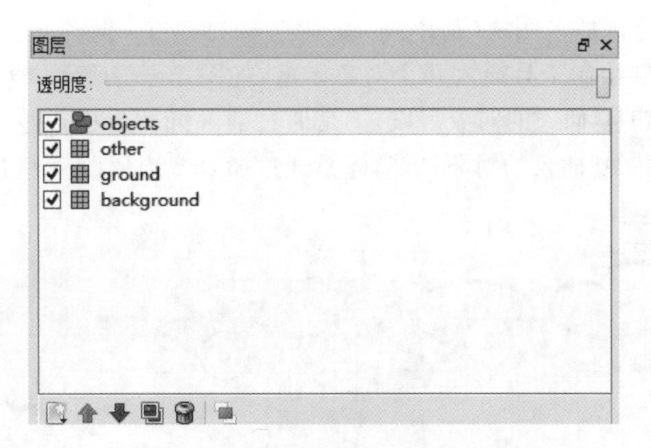

图 13-28　添加对象层

图 13-29　在对象层插入矩形

在对象层中可以添加很多对象，通过对象层绘制工具栏可以插入很多不同形状的对象，对象层绘制工具栏如图 13-30 所示，说明如下：

- 选择对象：可以通过它选择对象，然后可以移动对象。
- 编辑多边形：可以编辑多边形，可以改变它的大小区域。
- 插入矩形：可以插入矩形区域。
- 插入椭圆形：可以插入椭圆形区域。
- 插入多边形：可以插入多边形区域。
- 插入折线：可以使用折线自己绘制多边形区域。

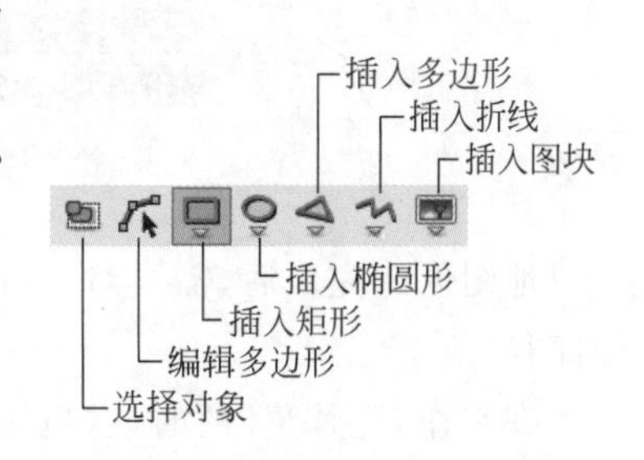

图 13-30　对象层绘制工具栏

□ 插入图块：可以插入图块（瓦片）。

我们通过对象层绘制工具插入几个对象区域，如图 13-31 所示，编号为①～④，其中①是通过插入矩形按钮插入的对象区域，②是通过插入椭圆形按钮插入的对象区域，③是通过插入折线按钮插入的对象区域，④是通过插入多边形按钮插入的对象区域。

图 13-31　插入对象区域

对象插入到对象层后，需要为对象命名，首先选中对象层中的对象，再打开对象视图，如图 13-32 所示，双击对象名使其处于编辑状态，然后输入“hero”。地图创建完成后需要保存，注意地图文件与瓦片集文件的相对路径。

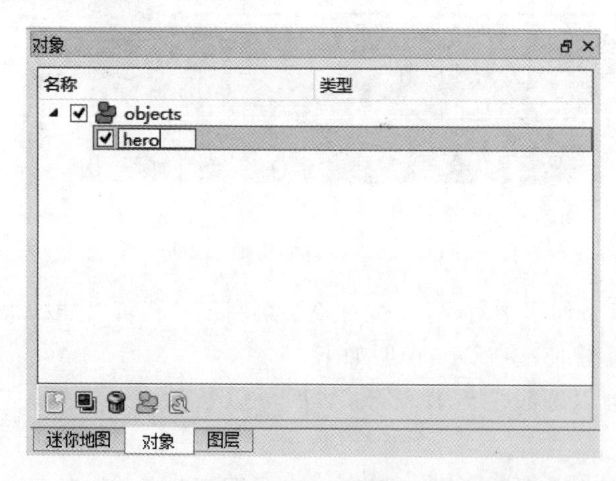

图 13-32　对象命名

地图创建完成后，需要对 Tiled 文件进行保存，注意地图文件与瓦片集文件要保存在相同路径。

在制作“瓦片集”的时候，也可以尝试将所有的云放在一个瓦片集文件中，把所有树放在一个瓦片集文件中，这样可以制作几种不同的瓦片集文件。但是在“Tiled 地图编辑器”里，一个层使用的瓦片集只能来自一个图片集文件，假如这时将“树”和“云”放到同一个层中，地图显示就会有问题。当然，如果分别建立“树”层和“云”层，这样的问题就不会出现了。但是层不能太多(最好不超过4个)，这会增加系统开销。因此，这个过程的取舍和思考，需要游戏美术设计师和程序开发人员仔细斟酌。

13.4 实例：忍者无敌

这一节再介绍一个完整的实例，使广大读者能够了解开发瓦片地图应用的完整流程。

实例如图13-33所示，地图上有一个忍者精灵，玩家点击他周围的上、下、左、右，他能够向这个方向行走。当他遇到障碍物后是无法穿越的，障碍物(除了草地以外)包括树木、山峰、河流等。

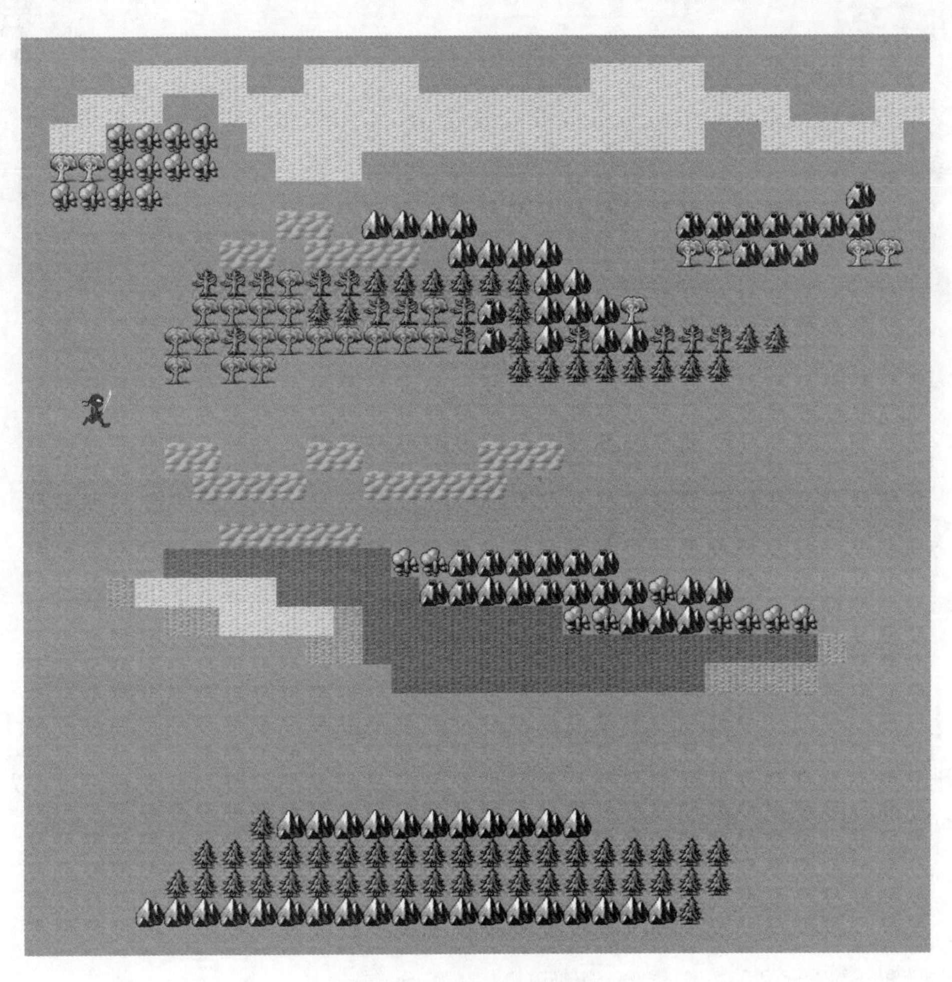

图13-33 忍者实例地图

13.4.1 设计地图

我们采用 David Gervais(http://pousse.rapiere.free.fr/tome/index.htm)提供开源免费瓦片集，下载文件 dg_grounds32.gif，gif 文件格式会有一定的问题，需要转换为.jpg 或.png 文件。本例使用 PhotoShop 将其转换为 dg_grounds32.jpg。

David Gervais 提供的瓦片集中的瓦片是 32×32 像素，我们创建的地图大小是 32×32 瓦片。先为地图添加普通层和对象层。普通层按照图 13-34 设计，对象层中添加几个矩形区域对象，制作的具体细节可参考 13.3 节，这里不再赘述。这个阶段设计完成的结果如图 13-34 所示。保存文件名为 MiddleMap.tmx，保存目录为 Resources\map。

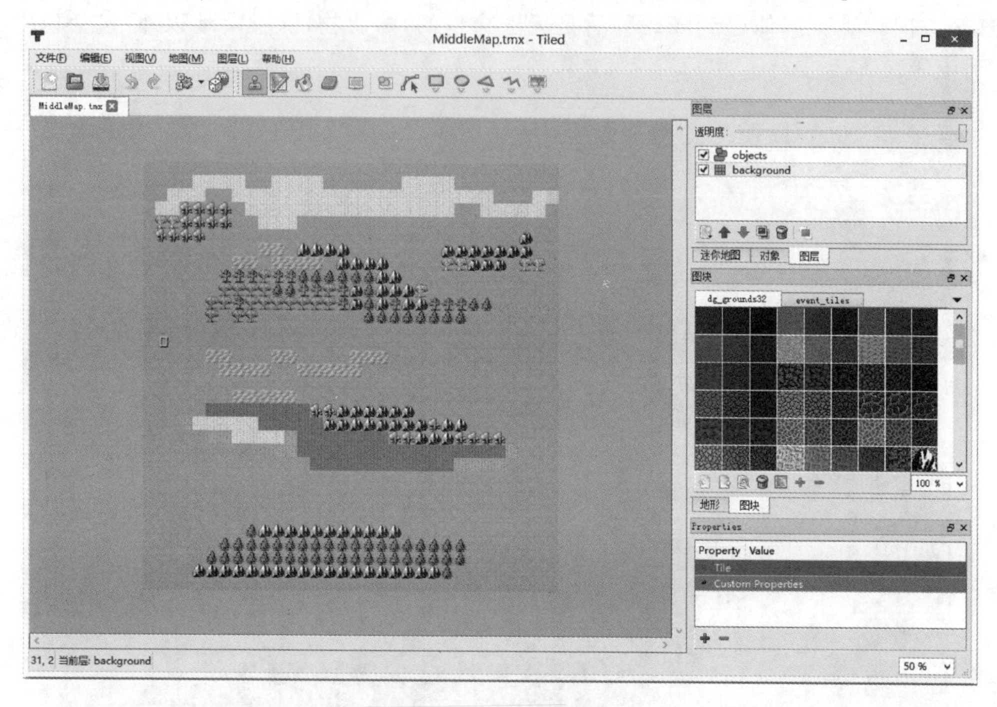

图 13-34 设计地图

13.4.2 程序中加载地图

地图设计完成后就可以在程序中加载地图了。下面再看看具体的程序代码，首先看一下 app.js 文件，代码如下：

```
var _player;                                                    ①
var _tileMap;                                                   ②

var HelloWorldLayer = cc.Layer.extend({

    ctor: function () {
```

```
        this._super();
        var size = cc.director.getWinSize();

        _tileMap = new cc.TMXTiledMap (res.MiddleMap_tmx);                ③
        this.addChild(_tileMap,0,100);                                    ④

        var group = _tileMap.getObjectGroup("objects");                   ⑤
        //获得 ninja 对象
        //var spawnPoint = group.getObject("ninja");                      ⑥
        var array = group.getObjects();                                   ⑦
        for (var i = 0, len = array.length; i < len; i++) {               ⑧
            var spawnPoint = array[i];                                    ⑨
            if (spawnPoint["name"] == "ninja") {                          ⑩
                var x = spawnPoint["x"];                                  ⑪
                var y = spawnPoint["y"];                                  ⑫
                _player = new cc.Sprite(res.ninja_png);                   ⑬
                _player.x = x;                                            ⑭
                _player.y = y;                                            ⑮
                this.addChild(_player, 2, 200);

                break;
            }
        }


        return true;
    }
});
```

上述代码第①行是定义精灵全局变量_player。第②行是定义地图全局变量_tileMap。

第③行代码是创建 TMXTiledMap 对象，地图文件是 MiddleMap.tmx，map 是资源目录 res 下的子目录。TMXTiledMap 对象也是 Node 对象，需要通过第④行代码添加到当前场景中。

第⑤行代码是通过对象层名 objects 获得层中对象组集合。

第⑥行代码是从对象组中，通过对象名获得 ninja 对象信息。但是 group.getObject("ninja")函数在 Web 浏览器运行无法获得 ninja 对象，我们可以采用第⑦～⑩行代码获得 ninja 对象，第⑦行代码 var array = group.getObjects()是取出层中对象集合，第⑧行代码循环遍历 array 对象集合，第⑨行代码 var spawnPoint = group[i]是获得集合中的元素。第⑩行代码是比较元素是否为 ninja 对象。

第⑪行代码 spawnPoint["x"]就是从 spawnPoint 按照 x 键取出它的值，即 x 轴坐标。第⑫行代码是获得 y 轴坐标。

第⑬行代码是创建精灵_player，第⑭～⑮行代码是设置精灵位置，这个位置是从对象层中 ninja 对象信息获取的。

注意 如果在 Web 浏览器中运行瓦片地图程序，不仅需要加载.tmx 瓦片地图文件，还要加载瓦片集文件，本例中的瓦片集文件是 dg_grounds32.jpg。需要加载的文件要在 resource.js 文件中设置，代码如下：

```
var res = {
    //image
    ninja_png: res.ninja_png,
    dg_grounds32_jpg: "res/map/dg_grounds32.jpg",
    //plist
    //fnt
    //tmx
    MiddleMap_tmx: res.MiddleMap_tmx
    //bgm
    //music
    //effect
};
var g_resources = [

];

for (var i in res) {
    g_resources.push(res[i]);
}
```

13.4.3 移动精灵

移动精灵是通过触摸事件实现的。关于触摸事件，我们在第 10 章已经介绍，本章不再赘述。下面再看看具体的程序代码，首先看一下 app.js 文件，代码如下：

```
var _player;
var _tileMap;

var HelloWorldLayer = cc.Layer.extend({
    ctor: function () {
        this._super();
        var size = cc.director.getWinSize();

        _tileMap = new cc.TMXTiledMap(res.MiddleMap_tmx);
        this.addChild(_tileMap, 0, 100);

        var group = _tileMap.getObjectGroup("objects");
        //var spawnPoint = group.getObject("ninja");
        var array = group.getObjects();
        for (var i = 0, len = array.length; i < len; i++) {
            var spawnPoint = array[i];
```

```
            var name = spawnPoint["name"];
            if (name == "ninja") {
                var x = spawnPoint["x"];
                var y = spawnPoint["y"];
                _player = new cc.Sprite(res.ninja_png);
                _player.x = x;
                _player.y = y;
                this.addChild(_player, 2, 200);
                break;
            }
        }

        return true;
    },
    onEnter: function () {
        this._super();
        cc.log("HelloWorld onEnter");
        cc.eventManager.addListener({                                   ①
            event: cc.EventListener.TOUCH_ONE_BY_ONE,                   ②
            onTouchBegan: this.onTouchBegan,
            onTouchMoved: this.onTouchMoved,
            onTouchEnded: this.onTouchEnded
        }, this);
    },
    onTouchBegan: function (touch, event) {
        cc.log("onTouchBegan");
        return true;                                                    ③
    },
    onTouchMoved: function (touch, event) {
        cc.log("onTouchMoved");
    },
    onTouchEnded: function (touch, event) {
        cc.log("onTouchEnded");
        //获得坐标
        var touchLocation = touch.getLocation();                        ④
        //获得精灵位置
        var playerPos = _player.getPosition();                          ⑤

        var diff = cc.pSub(touchLocation, playerPos);                   ⑥

        if (Math.abs(diff.x) > Math.abs(diff.y)) {                      ⑦
            if (diff.x > 0) {                                           ⑧
                playerPos.x += _tileMap.getTileSize().width;
                _player.runAction(cc.flipX(false));                     ⑨
            } else {
                playerPos.x -= _tileMap.getTileSize().width;
                _player.runAction(cc.flipX(true));                      ⑩
            }
        } else {
            if (diff.y > 0) {                                           ⑪
```

```
                playerPos.y += _tileMap.getTileSize().height;
            } else {
                playerPos.y -= _tileMap.getTileSize().height;
            }
        }
        _player.setPosition(playerPos);                                    ⑫

    },
    onExit: function () {
        this._super();
        cc.log("HelloWorld onExit");
        cc.eventManager.removeListeners(cc.EventListener.TOUCH_ONE_BY_ONE);
    }
});
```

上述代码第①行是采用快捷方式添加事件监听器，第②行设置添加事件为单点触摸事件。

为了能够触发 onTouchMoved 和 onTouchEnded 函数，需要在 onTouchBegan 函数返回 true，见代码第③行。

第④行代码 touch. getLocation()用于获得 Open GL 坐标，Open GL 坐标的坐标原点是左下角，touch 对象封装了触摸点对象。第⑤行代码_player. getPosition()用于获得精灵的位置。第⑥行代码是使用 cc. pSub 函数获得触摸点与精灵位置之差，类似地，函数 cc. pAdd 是两个位置之和。

第⑦行代码是比较触摸点与精灵位置之差，是 y 轴之差大还是 x 轴之差大，哪个差值较大就沿着哪个轴移动。

第⑧行代码，diff. x > 0 情况是沿着 x 轴正方向移动，否则情况是沿着 x 轴负方向移动。第⑨行代码_player. runAction(cc. flipX(false))是把精灵翻转回原始状态。第⑩行代码_player. runAction(cc. flipX(true))是把精灵沿着 y 轴水平翻转。

第⑪行代码是沿着 y 轴移动，diff. y > 0 是沿着 y 轴正方向移动，否则是沿着 y 轴负方向移动。

第⑫行代码是重新设置精灵坐标。

13.4.4 检测碰撞

到目前为止，游戏中的精灵已可以穿越任何障碍物。为了能够检测到精灵是否碰撞到障碍物，我们需要再添加一个普通层(collidable)，添加的目的不是显示地图，而是检测碰撞。我们在检测碰撞层中使用瓦片覆盖 background 层中的障碍物，如图 13-35 所示。

检测碰撞层中的瓦片集可以是满足格式要求的任何图片文件。本例使用一个 32×32 像素的单色 jpg 图片文件 collidable_tiles. jpg，它的大小与瓦片大小一样，也就是说这个瓦片集中只有一个瓦片。导入这个瓦片集到地图后，我们需要为瓦片添加一个自定义属性，瓦片本身也有一些属性，例如坐标属性 x 和 y。

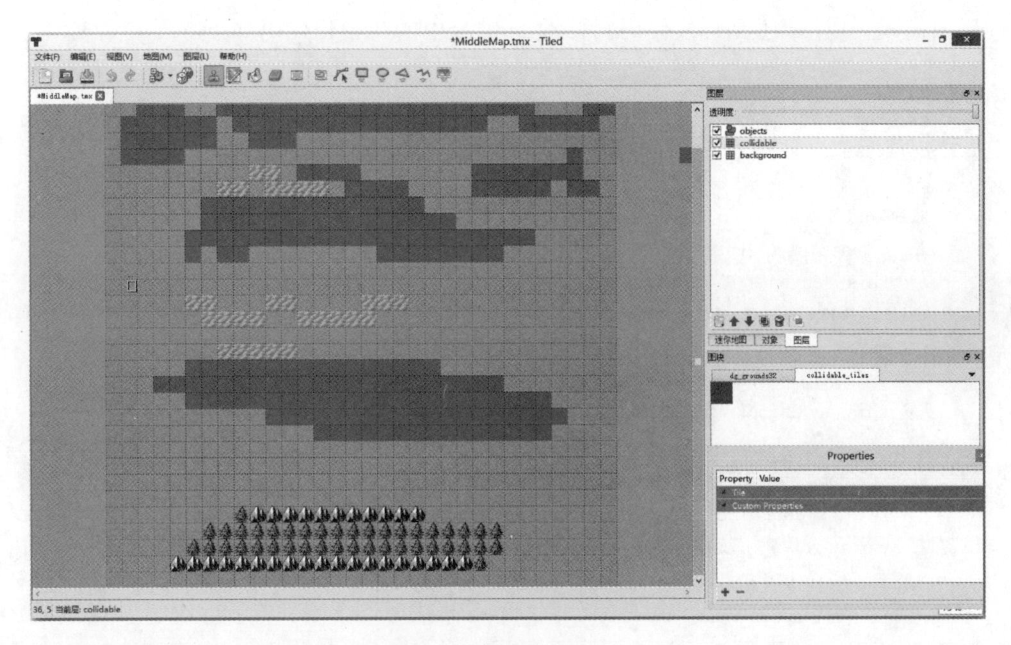

图 13-35 检测碰撞层

我们要添加的属性名为“Collidable”，属性值为“true”，添加过程如图 13-36 所示。首先，选择 collidable_tiles 瓦片集中的要设置属性的瓦片。然后，单击属性视图中左下角“+”按钮，添加自定义属性，这时会弹出一个对话框，我们在对话框中输入自定义属性名“Collidable”，单击“确定”按钮。这时回到属性视图，在 Collidable 属性后面是可以输入内容的，这里输入“true”。

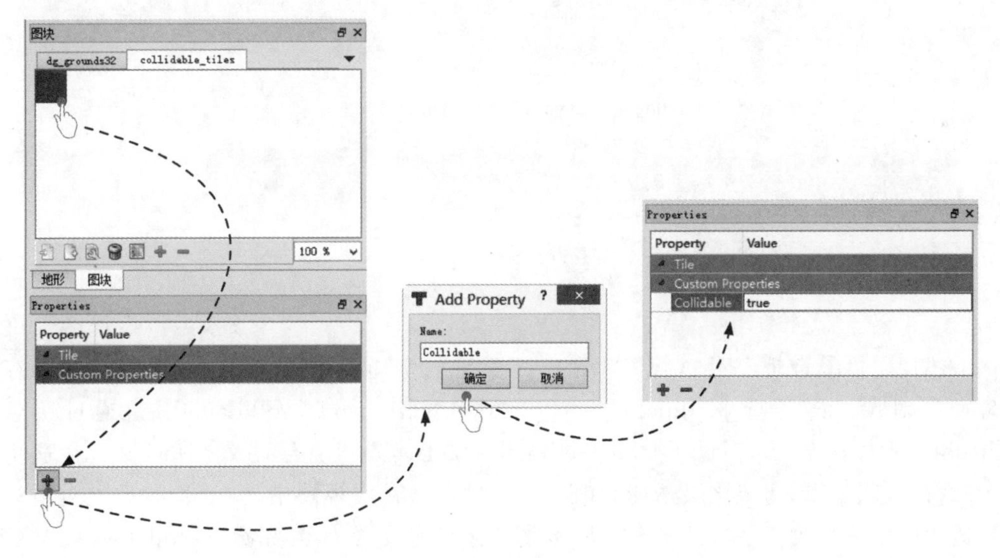

图 13-36 添加检测碰撞属性

地图修改完成后，还要修改代码。修改 app.js 中的初始化代码如下：

```
var _player;
var _tileMap;
var _collidable;                                                    ①

var HelloWorldLayer = cc.Layer.extend({
    ctor: function () {
        this._super();
        var size = cc.director.getWinSize();

        _tileMap = new cc.TMXTiledMap(res.MiddleMap_tmx);
        this.addChild(_tileMap, 0, 100);

       var group = _tileMap.getObjectGroup("objects");
        //var spawnPoint = group.getObject("ninja");
        var array = group.getObjects();
        for (var i = 0, len = array.length; i < len; i++) {
            var spawnPoint = array[i];
            var name = spawnPoint["name"];
            if (name == "ninja") {
                var x = spawnPoint["x"];
                var y = spawnPoint["y"];
                _player = new cc.Sprite(res.ninja_png);
                _player.x = x;
                _player.y = y;
                this.addChild(_player, 2, 200);
                break;
            }
        }
        _collidable = _tileMap.getLayer("collidable");              ②
        _collidable.setVisible(false);                              ③

        return true;
    }
    ……
});
```

上述代码第①行是声明一个 TMXLayer 类型的全局变量_collidable，它是用来保存地图碰撞层对象。第②行_collidable = _tileMap.getLayer("collidable")是通过层名字collidable 创建层，第③行_collidable.setVisible(false)是设置层隐藏，我们要么在这里隐藏，要么在地图编辑时，将该层透明，如图 13-37 所示，在层视图中选择层，然后通过滑动上面的透明度滑块来改变层的透明度，本例中将透明度设置为 0，那么_collidable.setVisible(false)语句就不再需要了。

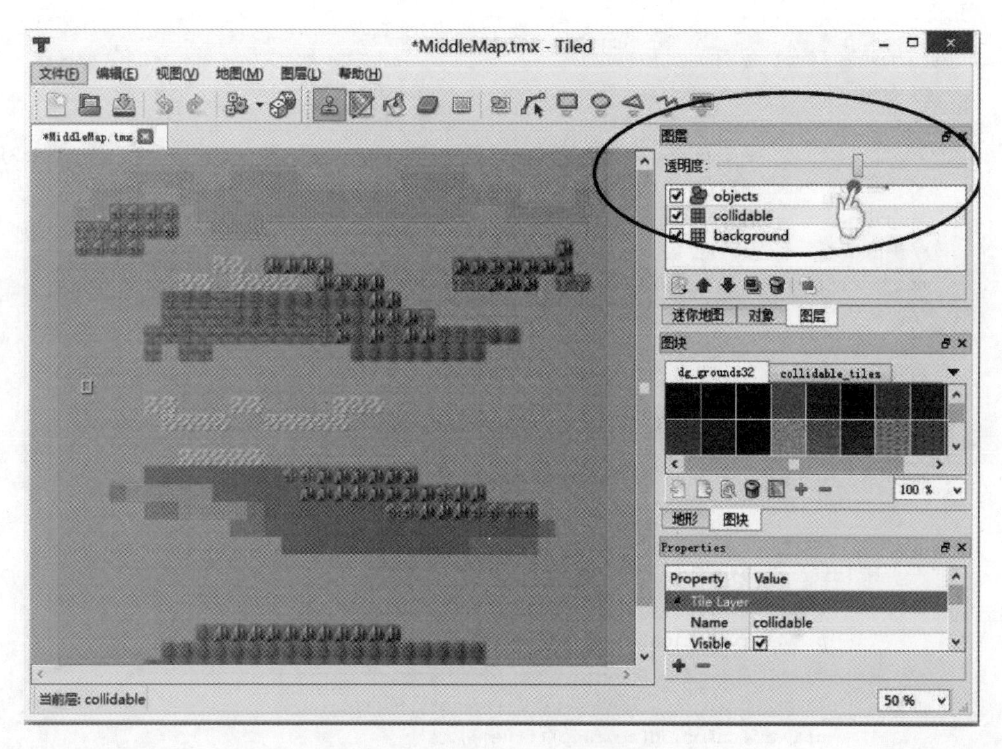

图 13-37 设置层透明度

注意 在地图编辑器中，设置层的透明度为 0 或者设置层隐藏，虽然在地图上看起来一样，但是这两种方式有本质的区别。设置层隐藏是无法通过_collidable = _tileMap.getLayer("collidable")语句访问的。

我们在前面也介绍过，collidable 层不是用来显示地图内容的，而是用来检测碰撞的。修改 app.js 中的触摸事件代码如下：

```
onEnter: function () {
    this._super();
    cc.log("HelloWorld onEnter");
    cc.eventManager.addListener({
        event: cc.EventListener.TOUCH_ONE_BY_ONE,
        onTouchBegan: this.onTouchBegan,
        onTouchMoved: this.onTouchMoved,
        onTouchEnded: this.onTouchEnded
    }, this);                                                      ①
},
onTouchBegan: function (touch, event) {
    cc.log("onTouchBegan");
    return true;
```

```
    },
    onTouchMoved: function (touch, event) {
        cc.log("onTouchMoved");
    },
    onTouchEnded: function (touch, event) {
        cc.log("onTouchEnded");
        var target = event.getCurrentTarget();                                  ②
        //获得坐标
        var touchLocation = touch.getLocation();
        //转换为当前层的模型坐标系
        touchLocation = target.convertToNodeSpace(touchLocation);               ③
        //获得精灵位置
        var playerPos = _player.getPosition();

        var diff = cc.pSub(touchLocation, playerPos);

        if (Math.abs(diff.x) > Math.abs(diff.y)) {
            if (diff.x > 0) {
                playerPos.x += _tileMap.getTileSize().width;
                _player.runAction(cc.flipX(false));
            } else {
                playerPos.x -= _tileMap.getTileSize().width;
                _player.runAction(cc.flipX(true));
            }
        } else {
            if (diff.y > 0) {
                playerPos.y += _tileMap.getTileSize().height;
            } else {
                playerPos.y -= _tileMap.getTileSize().height;
            }
        }
        target.setPlayerPosition(playerPos);                                    ④
    }
```

注意，上述代码第①行 cc.eventManager.addListener({…}, this)中的第二个参数是this，事实上它可以是任何对象，它会在 onTouchEnded 等函数中通过第②行 var target = event.getCurrentTarget()代码取出该对象，target 与 cc.eventManager.addListener 第二个参数是同一个对象。

我们为什么要传递 this 给 onTouchEnded 等函数呢？this 是当前层对象，那么第④行代码 target.setPlayerPosition(playerPos)就是在调用 HelloWorldLayer 的 setPlayerPosition 函数。onTouchEnded 等函数不能通过 this 调用 setPlayerPosition 函数，因为 onTouchEnded 等函数中的 this 与第①行代码中的 this 不是指代同一个对象。onTouchEnded 等函数中的 this 是 EventListener 事件监听器对象，通过 cc.eventManager.addListener({…},…)添加事件管理器。第①行代码 this 是 HelloWorldLayer 层对象。

上述代码第③行使用了 target.convertToNodeSpace(touchLocation)语句将精灵坐标转换为相对与当前层的模型坐标。

与 13.4.3 节比较，第①行代码 target.setPlayerPosition(playerPos)替换了_player→setPosition(playerPos)，setPlayerPosition 是我们自定义的函数，这个函数的作用是移动精灵和检测碰撞。setPlayerPosition 代码如下：

```
setPlayerPosition: function (pos) {
    //从像素点坐标转化为瓦片坐标
    var tileCoord = this.tileCoordFromPosition(pos);                    ①
    //获得瓦片的 GID
    var tileGid = _collidable.getTileGIDAt(tileCoord);                  ②

    if (tileGid > 0) {                                                  ③
        var prop = _tileMap.getPropertiesForGID(tileGid);               ④
        var collision = prop["Collidable"];                             ⑤

        if (collision == "true") { //碰撞检测成功                       ⑥
            cc.log("碰撞检测成功");
            cc.audioEngine.playEffect(res.empty_wav);                   ⑦
            return;
        }
    }
    //移动精灵
    _player.setPosition(pos);
    }
```

上述代码第①行 this.tileCoordFromPosition(pos)是调用函数，实现从像素点坐标转化为瓦片坐标。第②行_collidable.getTileGIDAt(tileCoord)是通过瓦片坐标获得 GID 值。

第③行代码 tileGid ＞ 0 可以判断瓦片是否存在，tileGid ＝＝ 0 是瓦片不存在情况。第④行代码_tileMap.getPropertiesForGID(tileGid)是通过地图对象的 getPropertiesForGID 返回，它的返回值是“键-值”对结构。

第⑤行代码 var collision ＝ prop["Collidable"]是将 prop 变量中的 Collidable 属性取出来。第⑥行代码 collision ＝＝ "true"是碰撞检测成功的情况。第⑦行代码是碰撞检测成功情况下处理，在本例中是播放音效。

tileCoordFromPosition 代码如下：

```
tileCoordFromPosition: function (pos) {
      var x = pos.x / _tileMap.getTileSize().width;                     ①
      //float 转换为 int
      x = parseInt(x, 10);                                              ②
      var y = ((_tileMap.getMapSize().height * _tileMap.getTileSize().height) - pos.y)
/ _tileMap.getTileSize().height;                                        ③
```

```
        //float 转换为 int
        y = parseInt(y, 10);                                                    ④
        return cc.p(x, y);
    }
```

在该函数中第①行代码 pos.x / _tileMap.getTileSize().width 是获得 x 轴瓦片坐标(单位是瓦片数),pos.x 是触摸点 x 轴坐标(单位是像素),_tileMap.getTileSize().width 是每个瓦片的宽度,单位是像素。

第②和④行代码是将 float 转换为 int 类型,因为瓦片的坐标都是整数。

第③行代码是获得 y 轴瓦片坐标(单位是瓦片数),这个计算有点麻烦,瓦片坐标的原点在左上角,而触摸点使用的坐标是 Open GL 坐标,坐标原点在左下角,表达式(_tileMap.getMapSize().height * _tileMap.getTileSize().height) - pos.y)是反转坐标轴,结果除以每个瓦片的高度_tileMap.getTileSize().height,就得到 y 轴瓦片坐标了。

13.4.5 滚动地图

由于地图比屏幕要大,当移动精灵到屏幕的边缘时,那些处于屏幕之外的地图部分应该滚动到屏幕之内。这需要我们重新设置视点(屏幕的中心点),使得精灵一直处于屏幕的中心。但是精灵太靠近地图的边界时,有可能不在屏幕的中心。精灵与地图的边界距离的规定是:左右边界距离不小于屏幕宽度的一半,否则会出现图 13-38 和图 13-39 所示的左右黑边问题。上下边界距离不小于屏幕高度的一半,否则也会在上下出现黑边问题。

重新设置视点的方式很多,本章中采用移动地图位置实现这种效果。

我们在 app.js 中再添加一个函数 setViewpointCenter,添加后代码如下:

```
setViewpointCenter : function(pos) {
    cc.log("setViewpointCenter");
    var size = cc.director.getWinSize();

    //可以防止,视图左边超出屏幕之外
    var x = Math.max(pos.x, size.width / 2);                                   ①
    var y = Math.max(pos.y, size.height / 2);                                  ②

        //可以防止,视图右边超出屏幕之外
        x = Math.min(x, (_tileMap.getMapSize().width * _tileMap.getTileSize().width)
            - size.width / 2);                                                 ③
        y = Math.min(y, (_tileMap.getMapSize().height * _tileMap.getTileSize().height)
            - size.height/2);                                                  ④

        //屏幕中心点
        var pointA = cc.p(size.width/2, size.height/2);                        ⑤
        //使精灵处于屏幕中心,移动地图目标位置
        var pointB = cc.p(x, y);                                               ⑥
```

```
        //地图移动偏移量
        var offset = cc.pSub(pointA, pointB);                          ⑦
        // log("offset ( % f, % f) ",offset.x, offset.y);              ⑧
        this.setPosition(offset);
    }
```

上述代码第①～④行是保障精灵移动到地图边界时不会再移动，防止屏幕超出地图之外，这一点非常重要。其中第①行代码是防止屏幕左边超出地图之外（见图 13-38），Math.max(pos.x, size.width / 2)语句表示当 position.x < size.width / 2 情况下，x 轴坐标始终是 size.width / 2，即精灵不再向左移动。第②行代码与第①行代码类似，这里不再解释。第③行代码是防止屏幕右边超出地图之外（见图 13-39），Math.min(x, (_tileMap.getMapSize().width * _tileMap.getTileSize().width) - size.width / 2)语句表示当 x > (_tileMap.getMapSize().width * _tileMap.getTileSize().width) - size.width / 2)时，x 轴坐标取值为(_tileMap.getMapSize().width * _tileMap.getTileSize().width)表达式计算的结果。第④行代码与第③行代码类似，这里不再解释。

提示 size 是表示屏幕的大小，(_tileMap.getMapSize().width * _tileMap.getTileSize().width) - size.width / 2)表达式计算的是地图的宽度减去屏幕宽度的一半。

图 13-38 屏幕左边超出地图

代码第⑤～⑧行实现了移动地图效果，使得精灵一直处于屏幕的中心。要理解这段代码，请参考图 13-40，A 点是目前屏幕的中心点，也是精灵的位置。玩家触摸 B 点，精灵会向 B 点移动。为了让精灵保持在屏幕中心，地图一定要向相反的方向移动（见图 13-40 中的虚线）。

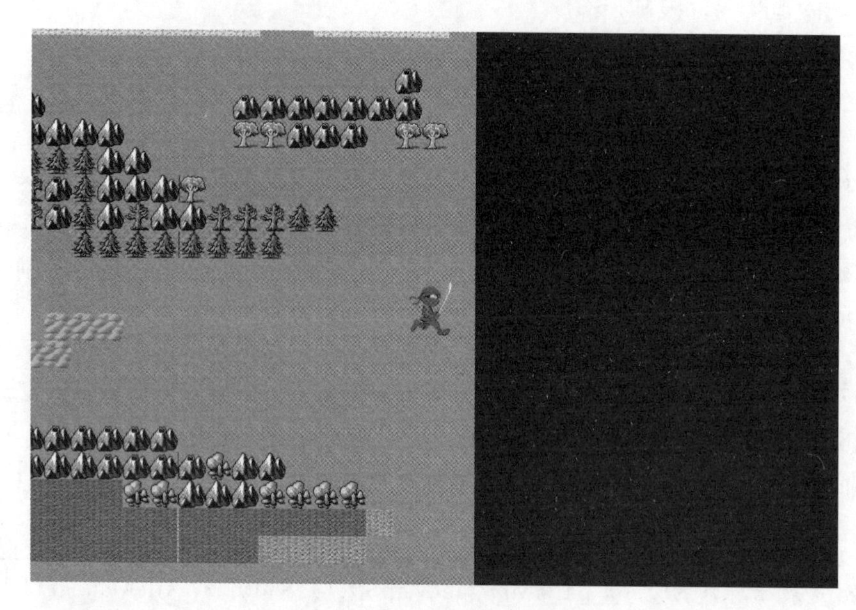

图 13-39 屏幕右边超出地图

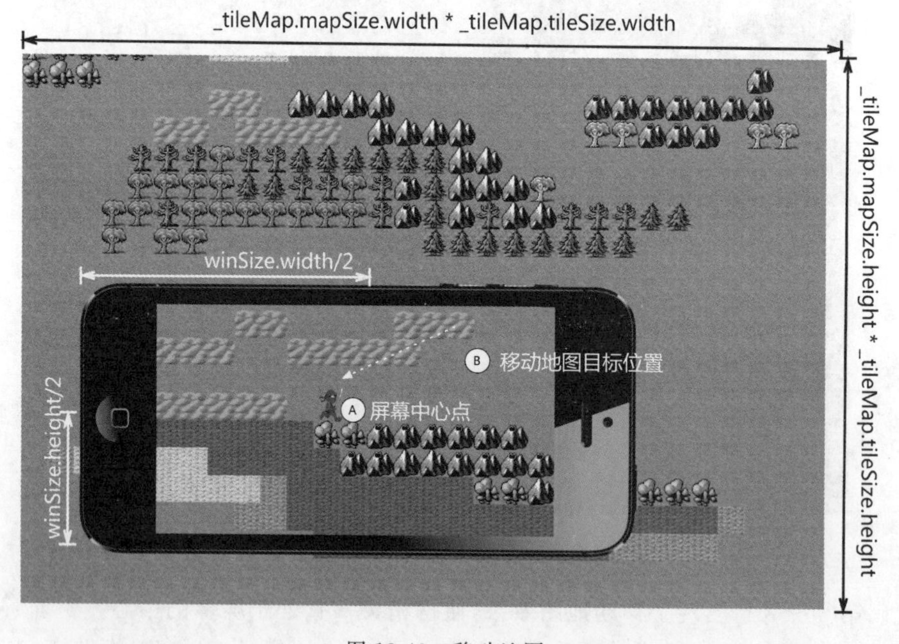

图 13-40 移动地图

第⑤行代码是获取屏幕中心点(A点)。第⑥行代码是获取移动地图目标位置(B点)。第⑦行代码是计算A点与B点两者之差,这个差值就是地图要移动的距离。由于精灵的世界坐标就是地图层的模型坐标,即精灵的坐标原点是地图的左下角,因此第⑧行代码 this.setPosition(offset)是将地图坐标原点移动 offset 位置。

本章小结

通过本章的学习,读者了解到瓦片地图在解决大背景问题的优势,熟悉了 Cocos2d-x JS 中瓦片地图的 API,掌握了瓦片地图开发过程。

第 14 章

物 理 引 擎

你玩过《Angry Birds》[①]（愤怒的小鸟）（见图 14-1）和《Bubble Ball2》[②]（见图 14-2）吗？在《Angry Birds》中，小鸟在空中飞行，它在空中飞行的轨迹是一条符合物理规律的抛物线，我们通过改变它的发射角度，可以让它飞得更远。在《Bubble Ball》中，小球沿着木板的滚动非常逼真，滚动距离跟下落高度、木板的倾斜角度和材质都有关系。

图 14-1　Angry Birds 的游戏场景

这些游戏的共同特点是：场景中的精灵能够符合物理规律，与我们生活中看到的现象基本一样。这种在游戏世界中模仿真实世界物理运动规律的能力，是通过“物理引擎”实现的。严格意义上说，“物理引擎”模仿的物理运动规律是指牛顿力学运动规律，而不符合量子

① 《愤怒的小鸟》(芬兰语 Vihainen Lintu，英语 Angry Birds)是芬兰 Rovio 娱乐推出的一款益智游戏。在游戏中玩家控制一架弹弓发射无翅小鸟来打击建筑物和小猪，并以摧毁关中所有的小猪为最终目的。这款游戏于 2009 年 12 月发布于苹果公司的 iOS 平台，至今已经有超过 1200 万人在 App Store 付费下载，因而促使该游戏公司开发新的游戏版本以支持包括 Android、Symbian OS 等操作系统在内的拥有触控式功能的智能手机。

② 《Bubble Ball》是益智类游戏，玩家通过改变场景中的木板的位置和角度，使得小球滚到小旗的位置，玩家就赢得此关。它是由 Robert Nay 开发的，当时他只有 14 岁，他是在母亲的帮助下，使用 Corona SDK 游戏引擎开发的。

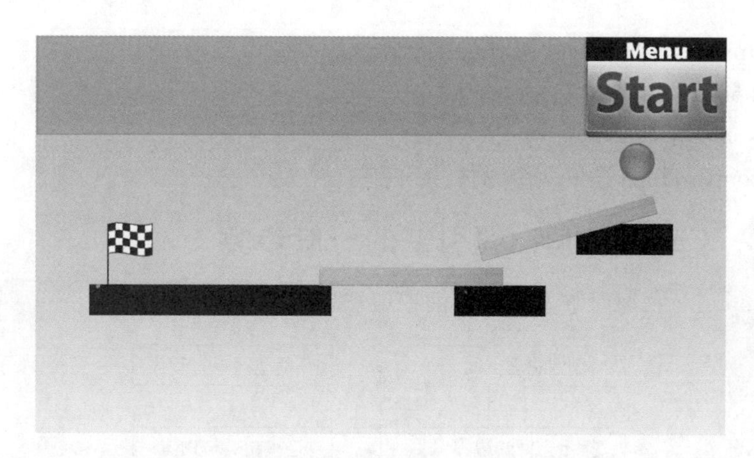

图 14-2 Bubble Ball 游戏

力学运动规律。

14.1 使用物理引擎

物理引擎能够模仿真实世界物理运动规律，使得精灵做出自由落体、抛物线运动、互相碰撞、反弹等效果。

使用物理引擎还可以进行精确地碰撞检测，检测碰撞不使用物理引擎时，往往只是将碰撞的精灵抽象为矩形、圆形等规则的几何图形，这样算法比较简单。但是碰撞的真实效果就比较差了，而且编写代码时往往算法没有经过优化，性能也不是很好。物理引擎是经过优化的，所以建议还是使用已有的成熟的物理引擎。

目前主要使用的物理引擎有 Chipmunk 和 Box2D。在 Cocos2d-x 中，对 Chipmunk 引擎进行了封装，很好地支持 Chipmunk，无论 Cocos2d-x JSB 本地运行还是 Cocos2d-html 的 Web 平台运行都没有问题。但是 Cocos2d-x JS API 对 Box2D 支持不是很好，Box2D 可以很好地在 Cocos2d-html 的 Web 平台上运行，但是不能在 Cocos2d-x JSB 本地运行。

考虑到需求的多样性，在本章中将会介绍 Chipmunk 引擎。

14.2 Chipmunk 引擎

这一节介绍轻量级的物理引擎——Chipmunk。Chipmunk 物理引擎，由 Howling Moon Software 的 Scott Lebcke 开发，用 C 语言编写。Chipmunk 的下载地址是 http://code.google.com/p/chipmunk-physics/，技术论坛是 http://chipmunk-physics.net/forum。

14.2.1 Chipmunk 核心概念

Chipmunk 物理引擎有一些自己的核心概念，这些核心概念主要有以下几种：

- 空间(space)：物理空间，所有物体都在这个空间中发生；
- 物体(body)：物理空间中的物体；
- 形状(shape)：物体的形状；
- 关节(joint)：用于连接两个物体的约束。

14.2.2 Chipmunk 物理引擎的一般步骤

使用 Chipmunk 物理引擎进行开发的一般步骤如图 14-3 所示。

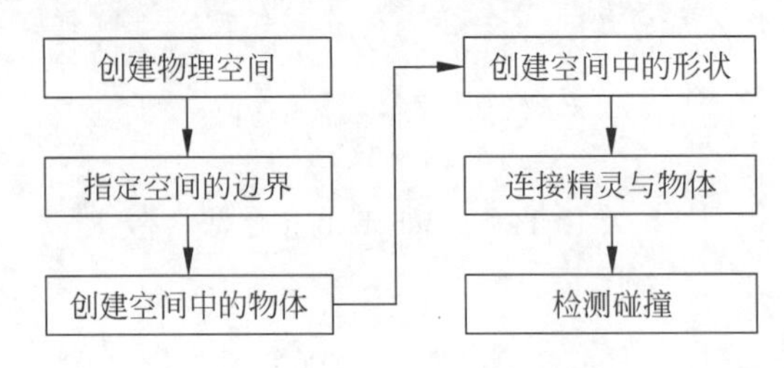

图 14-3 使用 Chipmunk 物理引擎的一般步骤

从图 14-3 中可见使用 Chipmunk 物理引擎的步骤还是比较简单的。我们还需要自己在游戏循环中将精灵与物体连接起来，使得精灵与物体的位置和角度等状态同步。最后的检测碰撞是根据业务需求而定，也可能是使用关节。

14.2.3 实例：HelloChipmunk

下面通过一个实例介绍在 Cocos2d-x JS API 中，使用 Chipmunk 物理引擎的开发过程，熟悉这些 API 的使用。这个实例运行后的场景如图 14-4 所示，当场景启动后，玩家可以触摸点击屏幕，每次触摸时，就会在触摸点生成一个新的精灵，精灵的运行是自由落体运动。

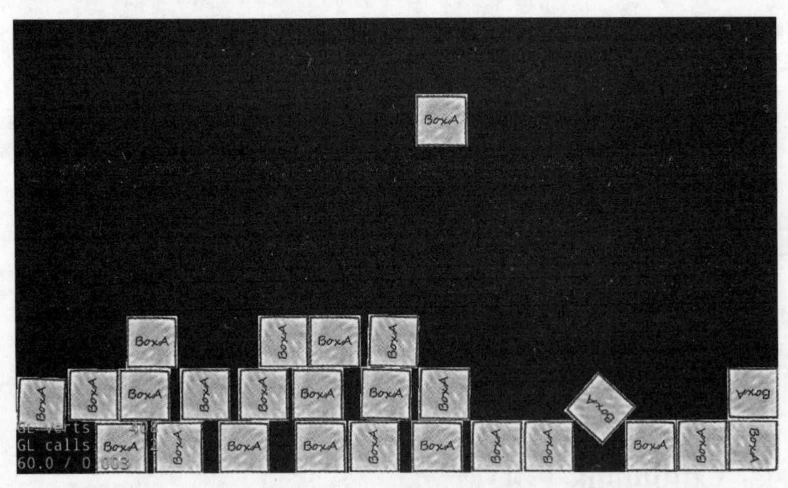

图 14-4 HelloChipmunk 实例

下面看一下代码部分，app.js 文件中 HelloWorldLayer 初始化相关代码如下：

```
var SPRITE_WIDTH = 64;                                                    ①
var SPRITE_HEIGHT = 64;                                                   ②
var DEBUG_NODE_SHOW = true;                                               ③

var HelloWorldLayer = cc.Layer.extend({                                   ④
    space: null,                                                          ⑤
    ctor: function () {

        this._super();

        this.initPhysics();                                               ⑥

        this.scheduleUpdate();                                            ⑦

    }
        ……
});
```

上述第①行代码是定义精灵宽度常量 SPRITE_WIDTH，第②行代码是定义精灵高度常量 SPRITE_HEIGHT，第③行代码定义是否绘制调试遮罩开关常量 DEBUG_NODE_SHOW。

第④行代码是声明 HelloWorldLayer 层。第⑤行代码是声明物理空间成员变量 space。第⑥行代码是在构造函数中调用 this.initPhysics()语句实现初始化物理引擎。第⑦行代码是在构造函数中调用 this.scheduleUpdate()语句开启游戏循环，一旦开启游戏循环就开始回调 update(dt)函数。

HelloWorldLayer 中调试相关函数 setupDebugNode 代码如下：

```
setupDebugNode: function () {
    this._debugNode = new cc.PhysicsDebugNode(this.space);               ①
    this._debugNode.visible = DEBUG_NODE_SHOW;                            ②
    this.addChild(this._debugNode);                                       ③
}
```

上述代码中第①行是创建 PhysicsDebugNode 对象，它是一个物理引擎调试 Node 对象，参数是 this.space 物理空间成员变量。第②行是设置绘制调试遮罩 visible 属性。第③行是将调试遮罩对象添加到当前层，图 14-5 所示是设置 visible 属性为 true。

注意　绘制调试遮罩在 JSB 本地方式下运行没有效果，在 Web 浏览器下运行才能够看到效果。

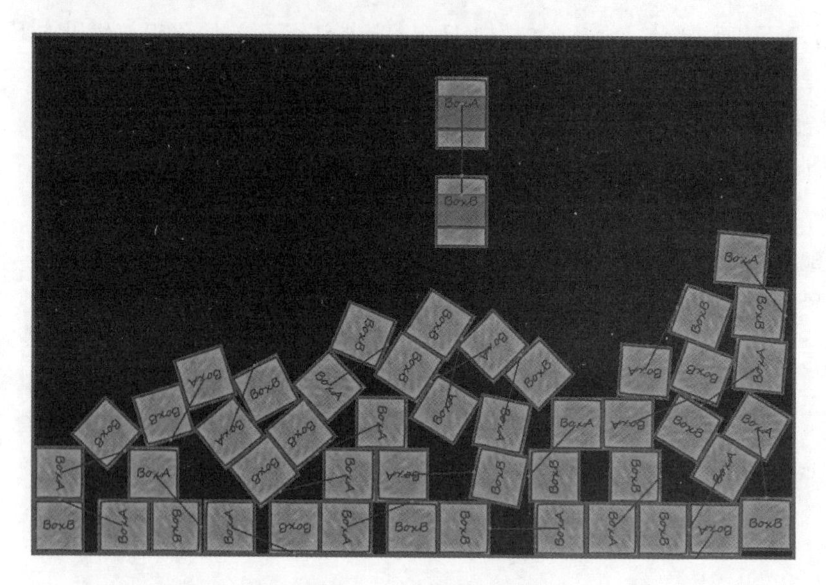

图 14-5　绘制调试遮罩

HelloWorldLayer 中触摸事件相关的代码如下：

```
onEnter: function () {
    this._super();
    cc.log("onEnter");
    cc.eventManager.addListener({
        event: cc.EventListener.TOUCH_ONE_BY_ONE,
        onTouchBegan: this.onTouchBegan
    }, this);
},
onTouchBegan: function (touch, event) {
    cc.log("onTouchBegan");
    var target = event.getCurrentTarget();
    var location = touch.getLocation();
    target.addNewSpriteAtPosition(location);                    ①
    return false;
},
onExit: function () {
    this._super();
    cc.log("onExit");
    cc.eventManager.removeListeners(cc.EventListener.TOUCH_ONE_BY_ONE);
}
```

上述代码中第①行是调用当前层的 addNewSpriteAtPosition 函数实现，是在触摸点添加精灵对象，其中，target 是当前层对象，注意这里不能使用 this。

HelloWorldLayer 中初始化物理引擎 initPhysics()函数代码如下：

```
initPhysics: function () {

    var winSize = cc.director.getWinSize();

    this.space = new cp.Space();                                                    ①
    this.setupDebugNode();                                                          ②

    // 设置重力
    this.space.gravity = cp.v(0, -100);                                             ③
    var staticBody = this.space.staticBody;                                         ④

    // 设置空间边界
    var walls = [ new cp.SegmentShape(staticBody, cp.v(0, 0),
                                        cp.v(winSize.width, 0), 0),                 ⑤
        new cp.SegmentShape(staticBody, cp.v(0, winSize.height),
                                        cp.v(winSize.width, winSize.height), 0),    ⑥
        new cp.SegmentShape(staticBody, cp.v(0, 0),
                                        cp.v(0, winSize.height), 0),                ⑦
        new cp.SegmentShape(staticBody, cp.v(winSize.width, 0),
                                        cp.v(winSize.width, winSize.height), 0)     ⑧
    ];
    for (var i = 0; i < walls.length; i++) {
        var shape = walls[i];
        shape.setElasticity(1);                                                     ⑨
        shape.setFriction(1);                                                       ⑩
        this.space.addStaticShape(shape);                                           ⑪
    }
}
```

上述第①行代码 new cp. Space()是创建物理空间。第②行代码 this. setupDebugNode()是设置调试 Node 对象。第③行代码 this. space. gravity = cp. v(0, －100)是为空间设置重力，cp. v(0, －100)是创建一个 cp. v 结构体，cp. v 是 Chipmunk 中的二维矢量类型，参数(0, －100)表示只有重力作用物体，－100 表示沿着 y 轴向下，其中 100 也是一个经验值。

第④行代码 var staticBody = this. space. staticBody 是从物理空间中获得静态物体。

第⑤～⑧行代码是创建物理空间，它由 4 条线段形状构成，从上到下分别创建这 4 条线段形状(cp. SegmentShape)，new cp. SegmentShape 语句可以创建一条线段形状，它的构造函数有 4 个参数，第一个形状所附着的物体，由于是静态物体，本例中使用 this. space. staticBody 表达式获得静态物体。第二个参数是线段开始点，第三个参数是线段结束点，第四个参数是线段的宽度。

第⑨～⑪行代码是设置线段形状属性，有 4 条边需要循环。其中第⑨行代码是通过函数 shape. setElasticity(1)设置弹性系数属性为 1。第⑩行代码是通过 shape. setFriction(1)设置摩擦系数。

第⑪行代码 this. space. addStaticShape(shape)是将静态物体与形状关联起来。

HelloWorldLayer 中创建精灵 addNewSpriteAtPosition()函数代码如下：

```
addNewSpriteAtPosition: function (p) {
    cc.log("addNewSpriteAtPosition");

    var body = new cp.Body(1, cp.momentForBox(1, SPRITE_WIDTH, SPRITE_HEIGHT));    ①
    body.setPos(p);                                                                ②
    this.space.addBody(body);                                                      ③

    var shape = new cp.BoxShape(body, SPRITE_WIDTH, SPRITE_HEIGHT);                ④
    shape.setElasticity(0.5);
    shape.setFriction(0.5);
    this.space.addShape(shape);                                                    ⑤

    //创建物理引擎精灵对象
    var sprite = new cc.PhysicsSprite(res.BoxA2_png);                              ⑥
    sprite.setBody(body);                                                          ⑦
    sprite.setPosition(cc.p(p.x, p.y));
    this.addChild(sprite);
}
```

上述代码中第①行是使用 cp. Body 构造函数创建一个动态物体，构造函数第一个参数质量，这里的 1 是一个经验值，可以通过改变它的大小来改变物体的物理特性。第二个参数惯性值，决定了物体运动时受到的阻力，设置惯性值使用 cp. momentForBox 函数。cp. momentForBox 函数是计算多边形的惯性值，它的第一个参数是惯性力矩[①]，这里的 1 也是一个经验值，第二个参数是设置物体的宽度，第三个参数是设置物体的高度，类似的函数还有很多，如 cp. momentForBox、cp. momentForSegment 和 cp. momentForCircle 等。

第②行代码 body. setPos(p)是设置物体重心(物体的几何中心)的坐标。第③行代码 this. space. addBody(body)是把物体添加到物理空间中。

第④行代码是创建 cp. BoxShape 形状对象。第⑤行代码 this. space. addShape(shape)是添加形状到空间中。

第⑥行代码是创建物理引擎精灵对象，其中，cc. PhysicsSprite 是由 Cocos2d-x JS API 提供的物理引擎精灵对象，采用 cc. PhysicsSprite 类自动将精灵与物体位置和旋转角度同步起来，在游戏循环函数中用简单的语句就可以实现它们的同步。第⑦行代码 sprite. setBody(body)是设置精灵所关联的物体。

HelloWorldLayer 中创建精灵 update 函数代码如下：

---

① 惯性力矩，也叫"MOI"，是 Moment Of Inertia 的缩写，惯性力矩是用来判断一个物体在受到力矩作用时，绕着中心轴转动的数值。——引自百度百科 http://www. baike. com/wiki/惯性力矩

```
update: function (dt) {
    var timeStep = 0.03;                                    ①
    this.space.step(timeStep);                              ②
}
```

上述代码中第①行的 timeStep 表示自上一次循环过去的时间，它影响到物体本次循环将要移动的距离和旋转的角度。我们不建议使用 update 的 dt 参数作为 timeStep，因为 dt 时间是上下浮动的，所以使用 dt 作为 timeStep 时间，物体的运动速度就不稳定。建议使用固定的 timeStep 时间。

第②行代码 this.space.step(timeStep)是更新物理引擎世界。

最后修改 project.json 文件，添加模块声明，代码如下：

```
{
    "project_type": "javascript",

    "debugMode" : 1,
    "showFPS" : true,
    "frameRate" : 60,
    "id" : "gameCanvas",
    "renderMode" : 2,
    "engineDir":"frameworks/cocos2d-html5",

    "modules" : ["cocos2d", "external"],                    ①

    "jsList" : [
        "src/resource.js",
        "src/app.js"
    ]
}
```

在第①行代码"modules"配置中添加 external 模块，external 模块包含 chipmunk 等子模块，这些模块的定义大家可以打开＜工程目录＞\frameworks\cocos2d-html5\moduleConfig.json，这里包括 Cocos2d-x JS API 的所有模块，以及每个模块所包含的 js 文件。

14.2.4　实例：碰撞检测

在 Chipmunk 中碰撞检测是通过 Space 的 addCollisionHandler 函数来设定碰撞规则，addCollisionHandler 函数的定义如下：

```
addCollisionHandler(a, b, begin, preSolve, postSolve, separate)
```

这些参数说明如下：

- a 和 b：是两个形状的碰撞测试类型，它们是两个整数，只有当两个物体的碰撞测试类型相同时，碰撞才能发生，才能回调下面的函数。

- begin 事件：两个物体开始接触时触发该事件，在整个碰撞过程只触发一次。其指定函数的返回值是布尔值类型，如果返回为 true 会触发后面事件。
- preSolve 事件：持续接触时触发该事件，它会多次触发。其指定函数返回值也是布尔值类型，如果返回为 true 情况下 postSolve 事件会触发。
- postSolve 事件：持续接触时触发该事件。
- separate：分离时触发该事件，在整个碰撞过程只触发一次。

HelloWorldLayer 中与碰撞检测初始化相关代码如下：

```
......
var COLLISION_TYPE = 1;                                                    ①

var HelloWorldLayer = cc.Layer.extend({
    space: null,
    ......
    initPhysics: function () {
    ......
        //设置检测碰撞
        this.space.addCollisionHandler(                                    ②
                COLLISION_TYPE,                                            ③
                COLLISION_TYPE,                                            ④
                this.collisionBegin.bind(this),                            ⑤
                this.collisionPre.bind(this),                              ⑥
                this.collisionPost.bind(this),                             ⑦
                this.collisionSeparate.bind(this)                          ⑧
        );
    },
    addNewSpriteAtPosition: function (p) {
        cc.log("addNewSpriteAtPosition");

        var body = new cp.Body(1, cp.momentForBox(1, SPRITE_WIDTH, SPRITE_HEIGHT));
        body.p = p;                                         //body.setPos(p);
        this.space.addBody(body);

        var shape = new cp.BoxShape(body, SPRITE_WIDTH, SPRITE_HEIGHT);
        shape.e = 0.5;
        shape.u = 0.5;
        shape.setCollisionType(COLLISION_TYPE);                            ⑨
        this.space.addShape(shape);

        //创建物理引擎精灵对象
        var sprite = new cc.PhysicsSprite(res.BoxA2_png);
        sprite.setBody(body);
        sprite.setPosition(cc.p(p.x, p.y));
        this.addChild(sprite);
```

```
        body.data = sprite;                                              ⑩

    }
```

上述代码中第①行是定义碰撞检测类型常量 COLLISION_TYPE。第②行是调用 addCollisionHandler 函数设置碰撞检测规则。第③行和第④行是为要碰撞的两个形状设置碰撞过程,两个形状能够碰撞的前提是碰撞检测类型相同。为此还需要在第⑨行通过 shape.setCollisionType(COLLISION_TYPE)语句为形状设置碰撞检测类型。

第⑤~⑧行代码是绑定事件与回调函数,collisionBegin 函数是 begin 事件回调的函数,collisionPre 函数是 preSolve 事件回调的函数,collisionPost 函数是 postSolve 事件回调的函数,collisionSeparate 函数是 separate 事件回调的函数。

另外,第⑩行代码 body.data = sprite 也是新添加的,目的是把精灵放到物体的 data 数据成员中,这样在碰撞发生时可以通过下面语句从物体中取出精灵对象。

HelloWorldLayer 中与碰撞检测相关 4 个回调函数代码如下:

```
    collisionBegin : function ( arbiter, space ) {                       ①
        cc.log('collision Begin');

        var shapes = arbiter.getShapes();                                ②
        var bodyA = shapes[0].getBody();                                 ③
        var bodyB = shapes[1].getBody();                                 ④

        var spriteA = bodyA.data;                                        ⑤
        var spriteB = bodyB.data;                                        ⑥

        if (spriteA != null && spriteB != null) {                        ⑦
            spriteA.setColor(new cc.Color(255, 255, 0, 255));            ⑧
            spriteB.setColor(new cc.Color(255, 255, 0, 255));            ⑨
        }

        return true;
    },

    collisionPre : function ( arbiter, space ) {                         ⑩
        cc.log('collision Pre');
        return true;
    },

    collisionPost : function ( arbiter, space ) {                        ⑪
        cc.log('collision Post');
    },
```

```
    collisionSeparate : function ( arbiter, space ) {                          ⑫

        var shapes = arbiter.getShapes();
        var bodyA = shapes[0].getBody();
        var bodyB = shapes[1].getBody();

        var spriteA = bodyA.data;
        var spriteB = bodyB.data;

        if (spriteA != null && spriteB != null) {
            spriteA.setColor(new cc.Color(255, 255, 255, 255));                ⑬
            spriteB.setColor(new cc.Color(255, 255, 255, 255));                ⑭
        }

        cc.log('collision Separate');
    }

});
```

在上述代码中第①行定义 collisionBegin 回调函数，其中第一个参数 arbiter 称为"仲裁者"，它包含两个碰撞的形状和物体，第二个参数 space 是碰撞发生的物理空间。

第②行代码 var shapes = arbiter.getShapes()是获得相互的碰撞形状集合，因为碰撞是发生在两个形状之上，所有可以通过 shapes[0]和 shapes[1]获得两个碰撞的形状对象。第③行和第④行代码是从两个形状对象中取出碰撞的两个物体。第⑤行和第⑥行代码是从两个碰撞物体的 data 成员中取出精灵对象。

第⑦行代码判断是否能够成功地从两个碰撞物体的 data 成员中取出精灵对象。如果成功则进行碰撞处理。

第⑧行和第⑨行代码是设置两个精灵的颜色为黄色。

第⑩行代码是定义 collisionPre 回调函数，第⑪行代码是定义 collisionPost 回调函数，第⑫行代码是定义 collisionSeparate 回调函数。

第⑬行和第⑭行代码是设置两个精灵的颜色为白色，实际上是清除了它们的颜色。

14.2.5 实例：使用关节

在游戏中可以通过关节约束两个物体的运动。下面通过一个距离关节实例，介绍一下如何使用关节。

这个实例运行后的场景如图 14-6 所示，当场景启动后，玩家可以触摸点击屏幕，每次触摸时，就会在触摸点和附近生成两个新的精灵，它们的运行是自由落体运动，相互之间的距离是固定的。图 14-5 所示是开启了绘制调试遮罩，从图中可见，调试遮罩不仅会显示物体，还会显示关节。

图 14-6 使用距离关节实例

HelloWorldLayer 层中与使用关节的相关代码如下：

```
addNewSpriteAtPosition: function (p) {
    cc.log("addNewSpriteAtPosition");
    var body1 = this.createBody(res.BoxA2_png, p);                                          ①
    var body2 = this.createBody(res.BoxB2_png, cc.pAdd(p, cc.p(100, -100)));                ②
    this.space.addConstraint(new cp.PinJoint(body1, body2,
                                          cp.v(0,0), cp.v(0, SPRITE_WIDTH / 2)));           ③
},
createBody : function(fileName, pos ) {

    var body = new cp.Body(1, cp.momentForBox(1, SPRITE_WIDTH, SPRITE_HEIGHT));
    body.p = pos;
    this.space.addBody(body);

    var shape = new cp.BoxShape(body, SPRITE_WIDTH, SPRITE_HEIGHT);
    shape.e = 0.5;
    shape.u = 0.5;
    this.space.addShape(shape);

    //创建物理引擎精灵对象
    var sprite = new cc.PhysicsSprite(fileName);
    sprite.setBody(body);
    sprite.setPosition(pos);
    this.addChild(sprite);

    return body;
}
```

上述代码中第①行通过调用 createBody 函数创建物体对象，在该函数中不仅创建物体对象，同时创建形状和精灵对象，并且把形状添加到物理空间，把精灵添加到当前层，最后把物体对象返回。第②行与第①行类似，区别在于位置不同。

第③行代码是物理空间的 addConstraint 函数添加关节约束，其中，参数是 cp. PinJoint 关节对象。cp. PinJoint 的构造函数有 4 个参数，其中第一个参数是物体 1，第二个参数是物体 2，第三个参数是物体 1 的锚点，第四个参数是物体 2 的锚点。

注意 物理引擎关节所提的锚点与 Cocos2d-x JS API 中节点（Node）的锚点不同。Cocos2d-x JS API 中 Node 的锚点是相对于位置的比例，如图 14-7 所示，锚点在 Node1 的中心，它的锚点为(0.5,0.5)。物理引擎关节中的锚点不是相对值，而是以具体的坐标点来表示，如图 14-8 所示，采用模型坐标(本地坐标)表示两个物体的锚点，Body1 的锚点位于 Body1 的中心，它的坐标为(0,0)。Body2 的锚点位于 Body2 的上边界中央，它的坐标为(0, Body2. Width /2)，Body2. Width /2 表示 Body2 宽度的一半。

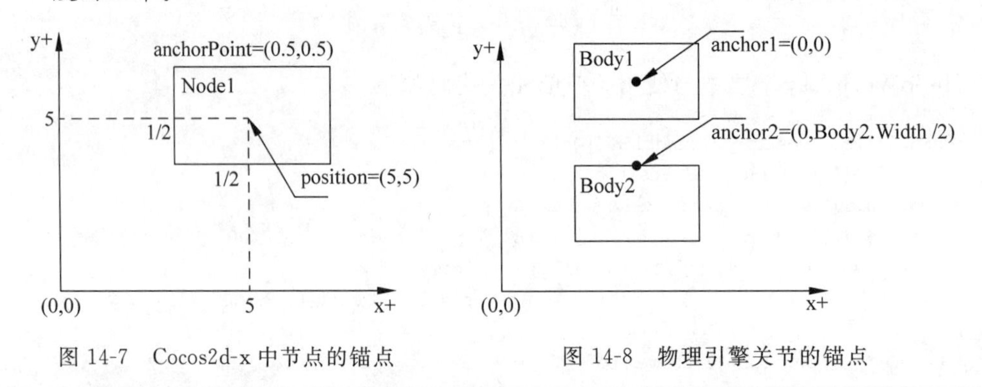

图 14-7 Cocos2d-x 中节点的锚点　　　　图 14-8 物理引擎关节的锚点

本章小结

通过本章的学习，读者可以了解什么是物理引擎，并掌握了 Cocos2d-x JS API 中的 Chipmunk 物理引擎。

第 15 章

多分辨率屏幕适配

多分辨率屏幕适配问题在本书的开始就想给大家介绍，考虑到在 Cocos Code IDE 和 Webstorm 等工具开发中，多分辨率屏幕适配问题并不突出，只有在移植到 Web、Android 和 iOS 等平台时才会很突出，所以才在本章介绍多分辨率屏幕适配问题。分两个方面介绍：一方面是同一个平台下屏幕尺寸的适配问题，例如，在 Android 平台下多种设备屏幕适配，iOS 平台下 iPhone 3.5 英寸、iPhone 4 英寸和 iPad 等设备屏幕适配；另一方面是不同平台间屏幕尺寸适配的问题，例如，应用要能够适配 Android、iOS 和 Window Phone 主流尺寸屏幕。

15.1 屏幕适配问题的提出

很多初学者会对设备屏幕适配感到困惑。下面比较一个 iOS 平台的实例。图 15-1 所示的是屏幕适配有问题的情况，其中左图是资源图片 320×480 像素，屏幕尺寸 iPhone 3.5 英寸 Retina 显示屏(苹果高清显示屏)，分辨率是 640×960 像素设备，这种情况下图片太小了，周围用黑色填充。中图是资源图片 640×1136 像素，屏幕尺寸是 640×960 像素设备，导致图片上下超出屏幕。右图是资源图片 640×960 像素，屏幕尺寸是 640×1136 像素设备，导致屏幕上下有黑边。

注意 在 iOS 设备中配置 Retina 显示屏的设备：iPhone 6/6s Plus、iPhone 6/6s、iPhone 5/5s/5c、iPod touch 5、iPhone 4s、iPad Air、iPad 2 和 iPad mini2 等设备。其中，iPhone 6/6s Plus 显示屏中的 1 点＝ 3 倍像素，其他 Retina 显示屏的 1 点＝2 倍像素，而普通显示屏是 1 点＝1 倍像素。

图 15-1　多分辨率屏幕适配

15.2　Cocos2d-x 屏幕适配

Cocos2d-x 给出了解决屏幕适配问题的方案，这里先看看它的原理。

15.2.1　三种分辨率

在 Cocos2d-x 中定义了三种分辨率：资源分辨率、设计分辨率和屏幕分辨率。

- 资源分辨率：是资源图片的大小，单位是像素。
- 设计分辨率：逻辑上游戏屏幕大小，在这里设置其分辨率为 320×480 为例，那么在游戏中设置精灵的位置便可以参考该值。
- 屏幕分辨率：是以像素为单位的屏幕大小，对于 iPhone 3.5 英寸普通显示屏是 320×480 像素，而对于 iPhone3.5 英寸 Retina 显示屏是 640×960 像素。

从资源文件显示到屏幕上分为两个阶段：资源分辨率到设计分辨率设置和设计分辨率到屏幕分辨率设置。这两个阶段如图 15-2 所示。

注意　图 15-2 所示的过程目前在 Cocos2d-x 引擎已经实现，并有完善的 API 支持，但是在 Cocos2d-x JS API 引擎中从“资源分辨率”到“设计分辨率”过程并没有支持，因此需要将“资源分辨率”和“设计分辨率”设计为大小相同，也就是说“设计分辨率”就是“资源分辨率”的大小。

在上一节中，cc.view.setDesignResolutionSize(640, 960, cc.ResolutionPolicy.NO_BORDER)语句中 640 和 960 是设计分辨率宽和高，这里之所以设置为 640×960 是因为背景图片资源的大小是 640×960。

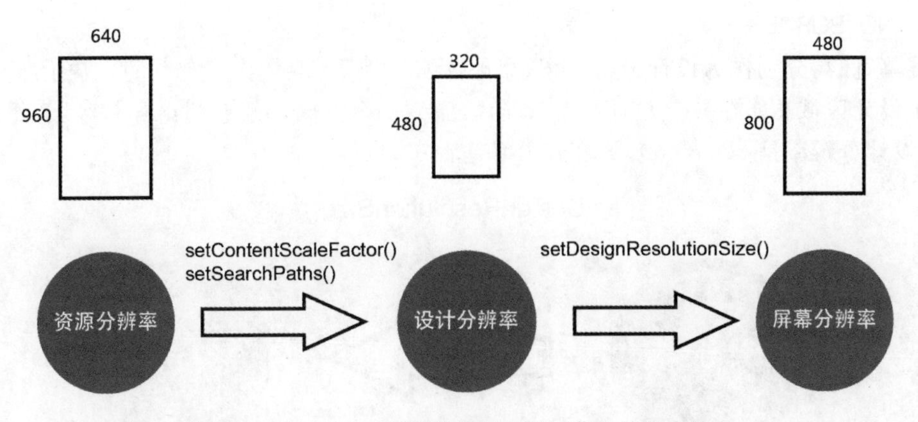

图 15-2　Cocos2d-x 资源文件显示到屏幕上的两个阶段

屏幕分辨率是设备屏幕的大小，如果是使用 Cocos Code IDE 工具的模拟器，那么就是在 config.json 文件中设置的，具体内容如下：

```
{
  "init_cfg": {
    "isLandscape": false,
    "name": "CocosJSGame",
    "width": 640,                                                    ①
    "height": 1136,                                                  ②
    "entry": "main.js",
    "consolePort": 0,
    "debugPort": 0
  },
  "simulator_screen_size": [
    ……
  ]
}
```

上述代码中第①行和第②行是设置模拟器的宽和高，即模拟器屏幕分辨率。

15.2.2　分辨率适配策略

在 setDesignResolutionSize 方法中，cc.ResolutionPolicy.NO_BORDER 是分辨率适配策略，cc.ResolutionPolicy.NO_BORDER 只是适配策略的一种，Cocos2d-x JS API 提供了 5 种适配策略。这 5 种策略的表示常量如下：

- cc.ResolutionPolicy.NO_BORDER：无边策略。
- cc.ResolutionPolicy.FIXED_HEIGHT：固定高度。
- cc.ResolutionPolicy.FIXED_WIDTH：固定宽度。
- cc.ResolutionPolicy.SHOW_ALL：全显示策略。
- cc.ResolutionPolicy.EXACT_FIT：精确配合。

1. NO_BORDER

屏幕宽、高分别作为设计分辨率宽、高计算缩放因子，取较大者作为宽、高的缩放因子。保证了设计区域总能在一个方向上铺满屏幕，而另一个方向一般会超出屏幕区域，如图 15-3 所示，设计分辨率是 320×480，屏幕分辨率是 480×800。

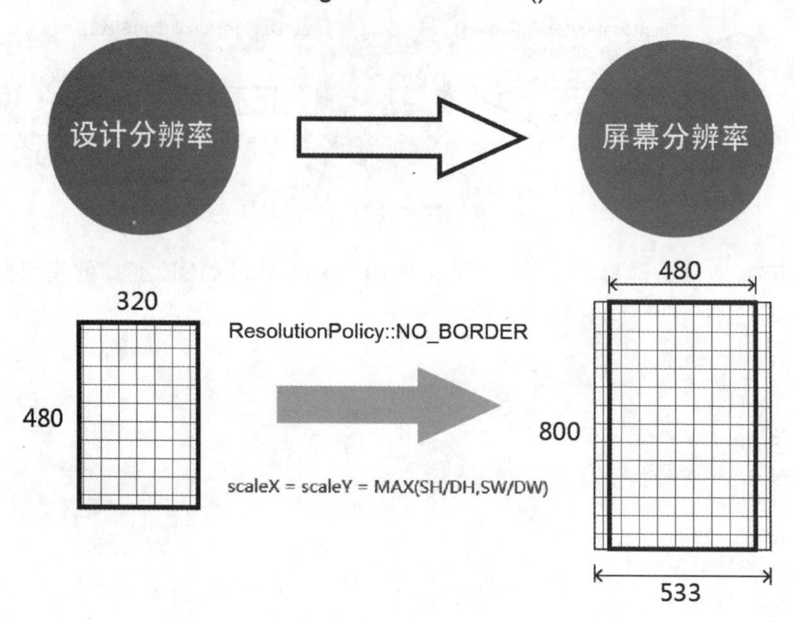

图 15-3 NO_BORDER 策略

注意 图中 SH 表示屏幕分辨率的高，SW 表示屏幕分辨率的宽，DH 表示设计分辨率的高，DW 表示设计分辨率的宽，scaleX 是 X 轴缩放因子，scaleY 是 Y 轴缩放因子，MAX 函数表示取最大值，MIN 函数表示取最小值，ceilf(x)函数返回的是大于 x 的最小整数，这些表示方式在后面章节中的含义不同。

NO_BORDER 没有拉伸图像，同时在一个方向上铺满了屏幕，是推荐的策略。但是这种策略有一个问题，它不能根据我们的意愿向特定方向拉伸，如果有这样的需要，可以使用 FIXED_HEIGHT 和 FIXED_WIDTH。

2. FIXED_HEIGHT 和 FIXED_WIDTH

FIXED_HEIGHT 和 FIXED_WIDTH 可以保证图像按照固定的高或宽无拉伸填充满屏幕，如图 15-4 所示，其中，ceilf 函数是取参数的上限，例如 ceilf(5.61) = 6。

FIXED_ HEIGHT 适合在高度方向需要填充满，宽度方向可以裁剪的游戏界面。FIXED_WIDTH 适合在宽度方向需要填充满，高度方向可以裁剪的游戏界面。

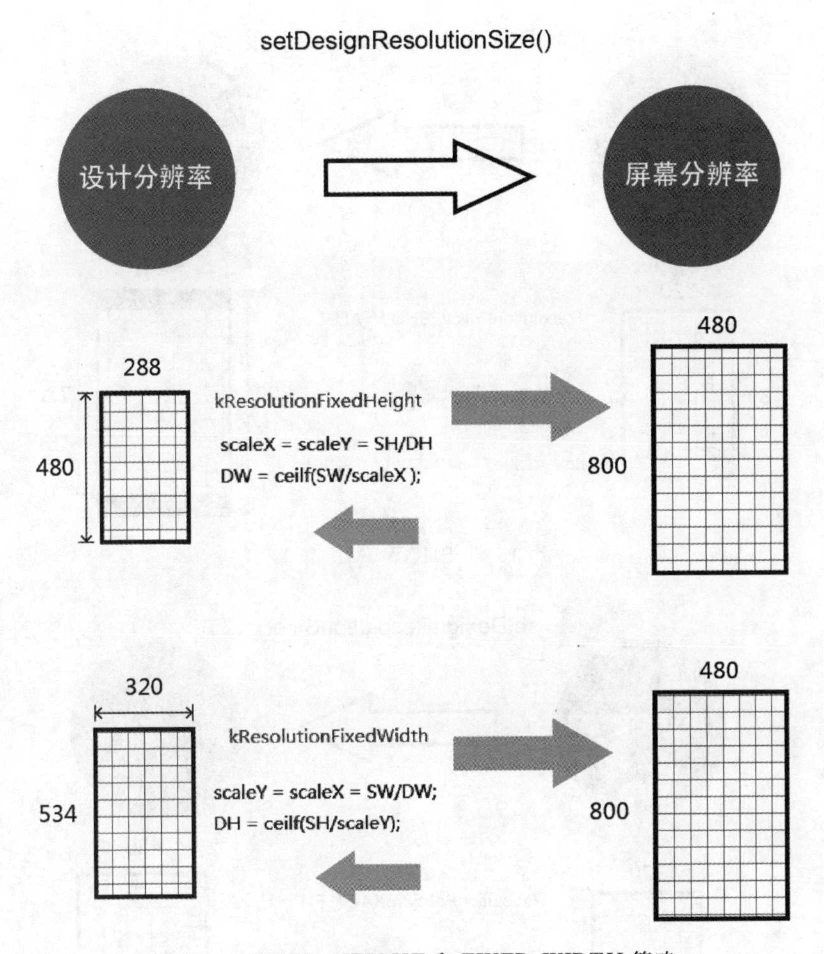

图 15-4 FIXED_HEIGHT 和 FIXED_WIDTH 策略

3. SHOW_ALL

屏幕宽、高分别作为设计分辨率宽、高计算缩放因子，取较小者作为宽、高的缩放因子。保证了设计区域全部显示到屏幕上，但可能会有黑边。如图 15-5 所示，其中，MIN 函数是取最小值。

4. EXACT_FIT

屏幕分辨率宽与设计分辨率宽比例，作为 x 轴方向的缩放因子，屏幕分辨率高与设计分辨率高比例，作为 y 轴方向的缩放因子。保证了设计区域完全铺满屏幕，但是可能会出现图像拉伸，如图 15-6 所示。

总结上面的 5 种策略，我们重点推荐使用 FIXED_HEIGHT 和 FIXED_WIDTH，次之是 NO_BORDER。除非特殊需要，一定要全部显示填充屏幕可以使用 EXACT_FIT，一定要全部无变形显示可以使用 SHOW_ALL。

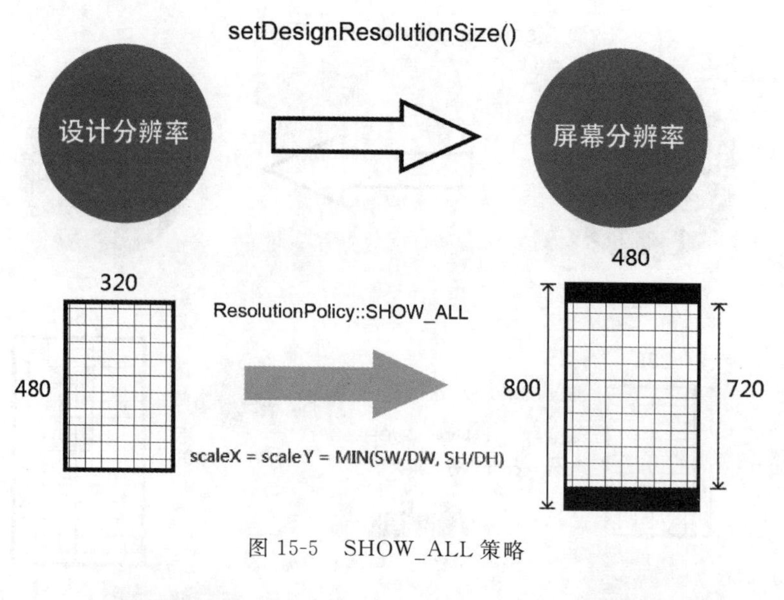

图 15-5 SHOW_ALL 策略

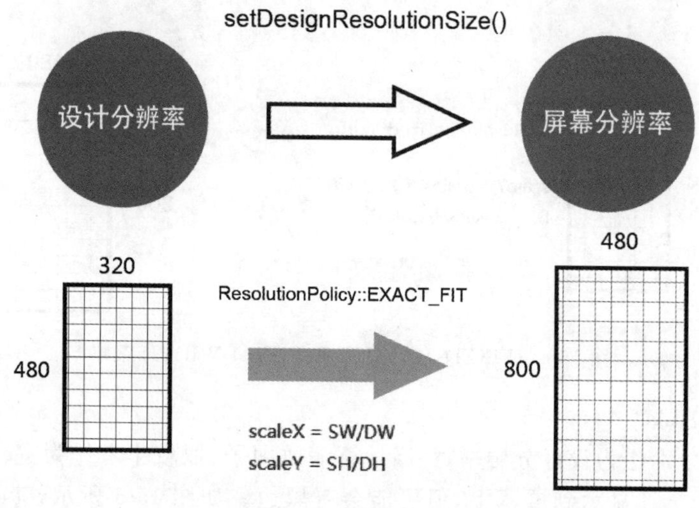

图 15-6 EXACT_FIT 策略

本章小结

通过本章的学习，了解了多分辨率屏幕适配问题，并掌握了三种分辨率概念，以及几种分辨率策略。

第16章 敏捷开发项目实战——迷失航线手机游戏

本章介绍项目实战，这也是本书的画龙点睛之笔。这里通过一个实际的手机游戏，介绍从设计到开发过程，使读者能够将本书前面讲过的知识点串联起来。该游戏基于 Cocos2d-x JS API 开发，整个开发过程采用最为流行的开发方法——敏捷开发。

16.1 迷失航线游戏分析与设计

本节从策划这个项目开始，然后进行分析和设计，设计过程包括原型设计、场景设计、脚本设计和架构设计。

16.1.1 迷失航线故事背景

这款游戏构思的初衷，是大英博物馆里珍藏的一份"二战"时期的飞行报告。该报告讲述了一名英国皇家空军飞行员在执行任务时遭遇了暴风雨，迫降在不列颠一个不知名的军用机场，看到绿色的跑道和米色的塔楼，等暴风雨平息后再次起飞却依然再次遭遇相同的困境。到最终返航提交飞行报告时，却被告知根本不存在这个军用机场。迷惑的飞行员百思不得其解，直到20世纪70年代的一次飞行中，他降落在一个刚刚竣工的军用机场，目睹的一切与当年看到的情景完全一样(刚刚粉刷好的绿色的跑道和米色的塔楼)。因此，这份飞行记录成为关键证据，造就了世界知名的未解之谜。

因此，我们计划以这个超现实主义的故事为背景，设计并制作一款简单、轻松的射击类游戏，让我们的飞机穿越时空进行冒险。

16.1.2 需求分析

这是一款非过关类的第三视角射击游戏。

游戏主角是一架"二战"时期的老式轰炸机，在迷失航线后穿越宇宙、穿越时空，在与敌人激战的同时躲避虚拟时空里的生物和小行星。

由于是一款手机游戏，因此需要操作简单、节奏明快，适合用户利用空闲或琐碎的时间来娱乐。

这里采用用例分析方法描述用例图，如图 16-1 所示。

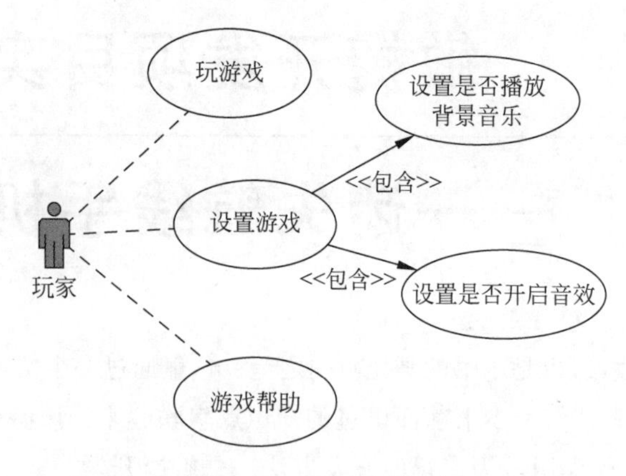

图 16-1 客户端用例图

16.1.3 原型设计

原型设计草图对于应用设计人员、开发人员、测试人员、UI 设计人员以及用户都是非常重要的，该案例的原型如图 16-2 所示。

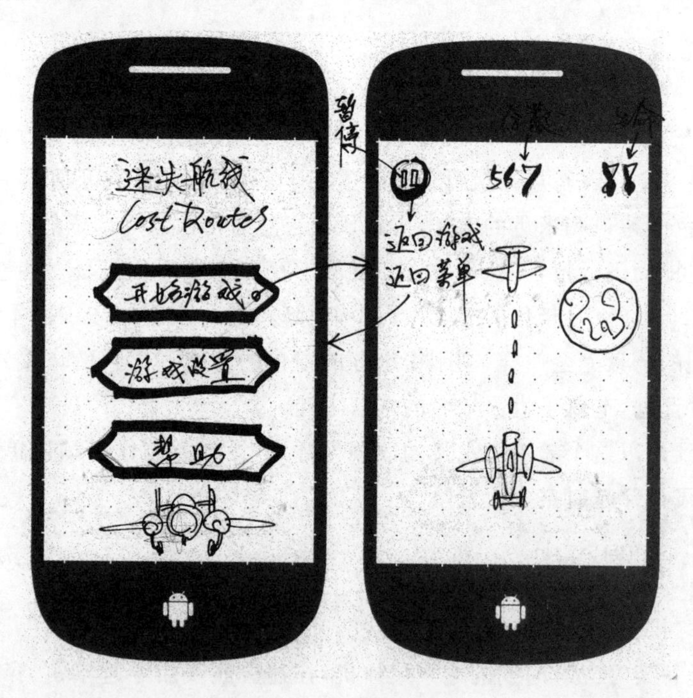

图 16-2 原型设计草图

图 16-2 是个草图，它是我们最初的想法。一旦确定这些想法，我们的 UI 设计师就会将这些草图变成高保真原型设计图，如图 16-3 所示。

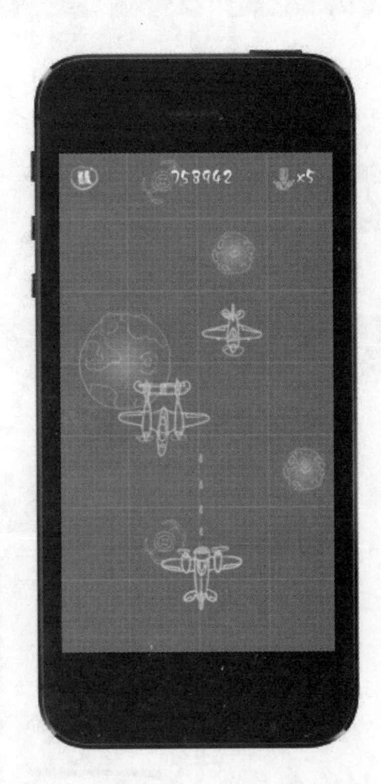

图 16-3　高保真原型设计图

我们最终希望采用另类的圆珠笔手绘风格界面，并把战斗和冒险的场景安排在坐标纸上。这会给玩家带来耳目一新、超乎想象的个性体验。

16.1.4　游戏脚本

为了在游戏实现的过程中使团队配合更加默契，工作更加有效，我们事先制作了一个简单的手绘游戏脚本，如图 16-4 所示。

脚本描绘了界面的操作、交互流程和游戏的场景，包括场景中的敌人种类、玩家飞机位置、它们的生命值、击毁一个敌人获得的加分情况、加分超过 1000 分给玩家增加一条生命等。

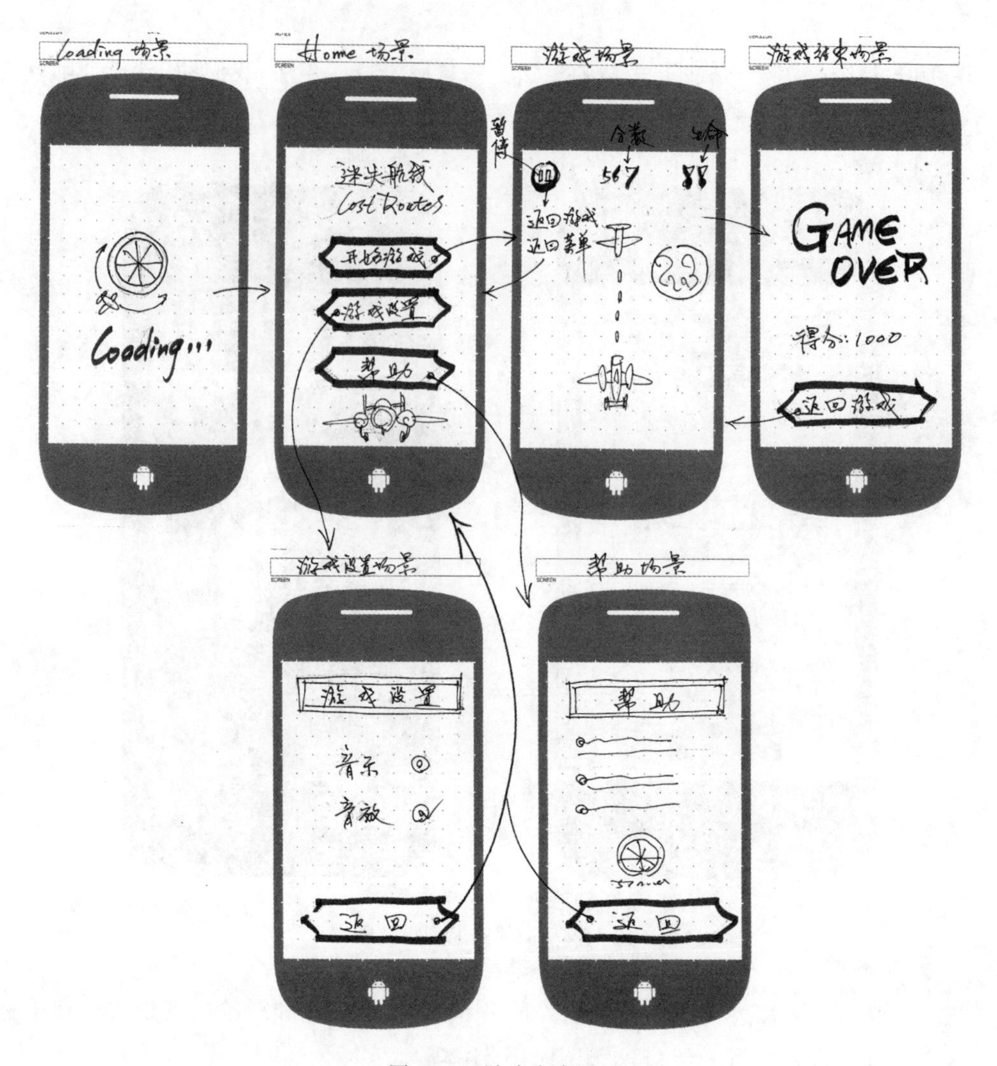

图 16-4 游戏脚本图

16.2 任务1：游戏工程的创建与初始化

在开发项目之前，应该由一个开发人员搭建开发环境，然后把环境复制给其他人使用。

16.2.1 迭代1.1：创建工程

首先，使用 Cocos Code IDE 工具创建名为 LostRoutes 的 Cocos JS 工程，具体步骤可参考4.2.1节。

16.2.2 迭代 1.2：添加资源文件

我们需要为 LostRoutes 游戏工程准备资源文件，目录结构如下：

```
res
├─fonts
│       BMFont.fnt
│       BMFont.png
├─map
│       blueBg.tmx
│       blueTiles.png
│       playBg.tmx
│       redBg.tmx
│       redTiles.png
├─particle
│       explosion.plist
│       fire.plist
│       light.plist
├─sound
│       Blip.caf
│       Blip.wav
│       Explosion.caf
│       Explosion.wav
│       gameBg.aifc
│       gameBg.mp3
│       homeBg.aifc
│       homeBg.mp3
└─texture
        LostRoutes_Texture.plist
        LostRoutes_Texture.png
        LostRoutes_Texture.pvr.ccz
        LostRoutes_Texture_pvr.plist
```

fonts 目录是保存位图字体两个文件。loading 目录是保存加载图片的文件。map 目录是保存地图资源文件。particle 目录是保存粒子系统的文件。sound 目录是保存背景音乐和音效的文件。texture 目录是保存纹理图集的文件。

文件的创建过程在前面的章节中已经介绍了，这里不再赘述。

16.2.3 迭代 1.3：添加常量文件 SystemConst.js

在项目中，为了方便管理常量，我们可以在一个 JS 文件中给予定义，在本例中添加 SystemConst.js 文件，SystemConst.js 代码如下：

```
// Home 菜单操作标识
HomeMenuActionTypes = {
    MenuItemStart: 100,
```

```
    MenuItemSetting: 101,
    MenuItemHelp: 102
};

//定义敌人类型
EnemyTypes = {
    Enemy_Stone: 0,//陨石
    Enemy_1: 1,//敌机 1
    Enemy_2: 2,//敌机 2
    Enemy_Planet: 3 //行星
};

//定义敌人名称 也是敌人精灵帧的名字
EnemyName = {
    Enemy_Stone: "gameplay.stone1.png",
    Enemy_1: "gameplay.enemy-1.png",
    Enemy_2: "gameplay.enemy-2.png",
    Enemy_Planet: "gameplay.enemy.planet.png"
};

//游戏场景中使用的标签常量
GameSceneNodeTag = {
    StatusBarFighterNode: 301,
    StatusBarLifeNode: 302,
    StatusBarScore: 303,
    BatchBackground: 800,
    Fighter: 900,
    ExplosionParticleSystem: 901,
    Bullet: 100,
    Enemy: 700
};

//精灵速度常量
Sprite_Velocity = {
    Enemy_Stone: cc.p(0, -300),
    Enemy_1: cc.p(0, -80),
    Enemy_2: cc.p(0, -100),
    Enemy_Planet: cc.p(0, -50),
    Bullet: cc.p(0, 300)
};

//游戏分数
EnemyScores = {
    Enemy_Stone:5,
    Enemy_1:10,
    Enemy_2:15,
    Enemy_Planet:20
```

```
};

//敌人初始生命值
Enemy_initialHitPoints = {
    Enemy_Stone:3,
    Enemy_1:5,
    Enemy_2:15,
    Enemy_Planet:20
};

//我方飞机生命数
Fighter_hitPoints = 5;

//碰撞类型
Collision_Type = {
    Enemy: 1,
    Fighter: 1,
    Bullet: 1
};

//保存音效状态键
EFFECT_KEY = "sound_key";
//保存声音状态键
MUSIC_KEY = "music_key";
//保存最高分记录键
HIGHSCORE_KEY = "highscore_key";

//自定义的布尔常量
BOOL = {
    NO:"0",
    YES:"1"
}
```

16.2.4　迭代1.4：多分辨率适配

我们的游戏要发布到多个不同的平台，就需要考虑多分辨率支持。相关技术内容可以参考15.2节。

这里我们的美工只是设计了一套规格为640×960像素的资源文件，我们需要修改main.js代码如下：

```
cc.game.onStart = function(){
   …
   cc.view.setDesignResolutionSize(640, 960, cc.ResolutionPolicy.FIXED_WIDTH);      ①
   cc.view.resizeWithBrowserSize(true);
   …
};
```

我们通过第①行代码设置游戏程序的分辨率是 640×960 像素。资源文件就是 640×960 像素，并设置了分辨率策略 cc.ResolutionPolicy.FIXED_WIDTH，即固定宽度策略。

16.2.5 迭代 1.5：配置文件 resource.js

我们需要将所有的资源文件配置在 resource.js 文件中，代码如下：

```
var res = {                                                                ①
    loading_jpg: "res/loading/loading.jpg",
    // 瓦片地图中使用的图片
    red_tiles_png: "res/map/redTiles.png",
    blue_tiles_png: "res/map/blueTiles.png",
    // 配置 plist
    explosion_plist: "res/particle/explosion.plist",
    fire_plist: "res/particle/fire.plist",
    light_plist: "res/particle/light.plist",
    //tmx
    blue_bg_tmx: "res/map/blueBg.tmx",
    red_bg_tmx: "res/map/redBg.tmx",
    play_bg_tmx: "res/map/playBg.tmx",
    //字体
    BMFont_png: "res/fonts/BMFont.png",
    BMFont_fnt: "res/fonts/BMFont.fnt"
};

var res_platform = { };                                                    ②


//本地 iOS 平台
var res_NativeiOS = {                                                      ③
    //texture 资源
    texture_res: 'res/texture/LostRoutes_Texture.pvr.ccz',
    //plist
    texture_plist: 'res/texture/LostRoutes_Texture_pvr.plist',
    //music
    musicGame: "res/sound/gameBg.aifc",
    musicHome: "res/sound/homeBg.aifc",
    //effect
    effectExplosion: "res/sound/Explosion.caf",
    effectBlip: "res/sound/Blip.caf"
};

//其他平台包括 Web 和 Android 等
var res_Other = {                                                          ④
    //texture 资源
    texture_res: 'res/texture/LostRoutes_Texture.png',
    //plist
```

```
    texture_plist: 'res/texture/LostRoutes_Texture.plist',
    //music
    musicGame: "res/sound/gameBg.mp3",
    musicHome: "res/sound/homeBg.mp3",
    //effect
    effectExplosion: "res/sound/Explosion.wav",
    effectBlip: "res/sound/Blip.wav"
};

var g_resources = [ ];

if (cc.sys.os == cc.sys.OS_IOS) {
    res_platform = res_NativeiOS;
} else {
    res_platform = res_Other;
}
//加载资源
for (var i in res) {
    g_resources.push(res[i]);
}
//加载特定平台资源
for (var i in res_platform) {
    g_resources.push(res_platform[i]);
}
```

上述代码第①行定义 res 变量保存了所有平台都是使用的资源文件。第②行定义 res_platform 变量保存了特定平台使用的资源文件。第③行定义 res_NativeiOS 变量保存了 iOS 平台使用的资源文件。第④行定义 res_Other 变量保存了 Web 和 Android 等其他平台使用的资源文件。

16.3 任务2：创建 Home 场景

Home 场景是主菜单界面，通过它可以进入游戏场景、设置场景和帮助场景。

16.3.1 迭代3.1：添加场景和层

首先通过 Cocos Code IDE 开发工具创建 Home 场景类文件 HomeScene.js。我们需要在 HomeScene.js 中声明一个主菜单层 HomeMenuLayer 类。HomeScene.js 代码如下：

```
//是否播放背景音乐状态
var musicStatus;
//是否播放音效状态
var effectStatus;
//屏幕大小
var winSize;
```

```
var HomeMenuLayer = cc.Layer.extend({

    ctor: function () {
        //////////////////////////////
        // 1. super init first
        this._super();
        winSize = cc.director.getWinSize();
        //加载精灵帧缓存
        cc.spriteFrameCache.addSpriteFrames(res_platform.texture_plist,
                                            res_platform.texture_res);
        musicStatus = cc.sys.localStorage.getItem(MUSIC_KEY);
        effectStatus = cc.sys.localStorage.getItem(EFFECT_KEY);

        var bg = new cc.TMXTiledMap(res.red_bg_tmx);                    ①
        this.addChild(bg);

        var top = new cc.Sprite("#home-top.png");
        top.x = winSize.width / 2;
        top.y = winSize.height - top.getContentSize().height / 2;
        this.addChild(top);

        var end = new cc.Sprite("#home-end.png");
        end.x = winSize.width / 2;
        end.y = end.getContentSize().height / 2;
        this.addChild(end);

        return true;
    },
    onEnterTransitionDidFinish: function () {
        this._super();
        cc.log("HomeMenuLayer onEnterTransitionDidFinish");
        if (musicStatus == BOOL.YES) {
            cc.audioEngine.playMusic(res_platform.musicHome, true);
        }
    },
    onExit: function () {
        this._super();
        cc.log("HomeMenuLayer onExit");
    },
    onExitTransitionDidStart: function () {
        this._super();
        cc.log("HomeMenuLayer onExitTransitionDidStart");
        cc.audioEngine.stopMusic(res_platform.musicHome);
    }
});

var HomeScene = cc.Scene.extend({
```

```
    onEnter: function () {
        this._super();
        var layer = new HomeMenuLayer();
        this.addChild(layer);
    }
});
```

上述第①行代码 var bg = new cc.TMXTiledMap(res.red_bg_tmx)是场景瓦片地图背景,red_bg.tmx 是我们设计的红色底纹的瓦片地图。

16.3.2 迭代 3.2：添加菜单

在 Home 场景中有三个菜单,HomeScene.js 中的相关代码如下：

```
var HomeMenuLayer = cc.Layer.extend({

    ctor: function () {
        ......

        // 开始菜单
        var startSpriteNormal = new cc.Sprite("#button.start.png");
        var startSpriteSelected = new cc.Sprite("#button.start-on.png");
        var startMenuItem = new cc.MenuItemSprite(
            startSpriteNormal,
            startSpriteSelected,
            this.menuItemCallback, this);
        startMenuItem.setTag(HomeMenuActionTypes.MenuItemStart);

        // 设置菜单
        var settingSpriteNormal = new cc.Sprite("#button.setting.png");
        var settingSpriteSelected = new cc.Sprite("#button.setting-on.png");
        var settingMenuItem = new cc.MenuItemSprite(
            settingSpriteNormal,
            settingSpriteSelected,
            this.menuItemCallback, this);
        settingMenuItem.setTag(HomeMenuActionTypes.MenuItemSetting);

        // 帮助菜单
        var helppriteNormal = new cc.Sprite("#button.help.png");
        var helpSpriteSelected = new cc.Sprite("#button.help-on.png");
        var helpMenuItem = new cc.MenuItemSprite(
            helppriteNormal,
            helpSpriteSelected,
            this.menuItemCallback, this);
        helpMenuItem.setTag(HomeMenuActionTypes.MenuItemHelp);

        var mu = new cc.Menu(startMenuItem, settingMenuItem, helpMenuItem);
```

```
        mu.x = winSize.width / 2;
        mu.y = winSize.height / 2;
        mu.alignItemsVerticallyWithPadding(10);

        this.addChild(mu);
        return true;
    },

    menuItemCallback: function (sender) {
        //播放音效
        if (effectStatus == BOOL.YES) {
            cc.audioEngine.playEffect(res_platform.effectBlip);
        }
        var tsc = null;
        switch (sender.tag) {
            case HomeMenuActionTypes.MenuItemStart:
                tsc = new cc.TransitionFade(1.0, new GamePlayScene());
                cc.log("StartCallback");
                break;
            case HomeMenuActionTypes.MenuItemHelp:
                tsc = new cc.TransitionFade(1.0, new HelpScene());
                cc.log("HelpCallback");
                break;
            case HomeMenuActionTypes.MenuItemSetting:
                tsc = new cc.TransitionFade(1.0, new SettingScene());
                cc.log("SettingCallback");
                break;
        }
        if (tsc) {
            cc.director.pushScene(tsc);
        }
    },
    ......

});
```

三个菜单都回调 menuItemCallback 函数，我们在 menuItemCallback 函数中判断 MenuItem 的 tag 属性。

16.4 任务3：创建设置场景

创建设置场景过程中，首先需要通过 Cocos Code IDE 开发工具创建设置场景类文件 SettingScene.js。

SettingScene.js 中的主要代码如下：

```
var SettingLayer = cc.Layer.extend({

    ctor: function () {
        //////////////////////////////
        // 1. super init first
        this._super();

        var bg = new cc.TMXTiledMap(res.red_bg_tmx);
        this.addChild(bg);

        var settingPage = new cc.Sprite("#setting.page.png");
        settingPage.x = winSize.width / 2;
        settingPage.y = winSize.height / 2;
        this.addChild(settingPage);

        //音效.
        var soundOnMenuItem = new cc.MenuItemImage(
            "#check-on.png", "#check-on.png");
        var soundOffMenuItem = new cc.MenuItemImage(
            "#check-off.png", "#check-off.png");
        var soundToggleMenuItem = new cc.MenuItemToggle(
            soundOnMenuItem,
            soundOffMenuItem,
            this.menuSoundToggleCallback, this);
        soundToggleMenuItem.x = winSize.width / 2 + 100;
        soundToggleMenuItem.y = winSize.height / 2 + 180;

        //音乐.
        var musicOnMenuItem = new cc.MenuItemImage(
            "#check-on.png", "#check-on.png");
        var musicOffMenuItem = new cc.MenuItemImage(
            "#check-off.png", "#check-off.png");
        var musicToggleMenuItem = new cc.MenuItemToggle(
            musicOnMenuItem,
            musicOffMenuItem,
            this.menuMusicToggleCallback, this);
        musicToggleMenuItem.x = soundToggleMenuItem.x;
        musicToggleMenuItem.y = soundToggleMenuItem.y - 110;

        //Ok 菜单.
        var okNormal = new cc.Sprite("#button.ok.png");
        var okSelected = new cc.Sprite("#button.ok-on.png");
        var okMenuItem = new cc.MenuItemSprite(okNormal, okSelected,
                                        this.menuOkCallback, this);
        okMenuItem.x = 410;
        okMenuItem.y = 75;
```

```
    var mu = new cc.Menu(soundToggleMenuItem,
                                             musicToggleMenuItem, okMenuItem);
    mu.x = 0;
    mu.y = 0;
    this.addChild(mu);

    //设置音效和音乐选中状态
    if (musicStatus == BOOL.YES) {
        musicToggleMenuItem.setSelectedIndex(0);
    } else {
        musicToggleMenuItem.setSelectedIndex(1);
    }
    if (effectStatus == BOOL.YES) {
        soundToggleMenuItem.setSelectedIndex(0);
    } else {
        soundToggleMenuItem.setSelectedIndex(1);
    }

    return true;
},
menuSoundToggleCallback: function (sender) {
    cc.log("menuSoundToggleCallback!");
    if (effectStatus == BOOL.YES) {
        cc.sys.localStorage.setItem(EFFECT_KEY, BOOL.NO);                    ①
            effectStatus == BOOL.NO
    } else {
        cc.sys.localStorage.setItem(EFFECT_KEY, BOOL.YES);
            effectStatus == BOOL.YES
    }
},
menuMusicToggleCallback: function (sender) {
    cc.log("menuMusicToggleCallback!");
    if (musicStatus == BOOL.YES) {
        cc.sys.localStorage.setItem(MUSIC_KEY, BOOL.NO);
            musicStatus = BOOL.NO;
        cc.audioEngine.stopMusic();
    } else {
        cc.sys.localStorage.setItem(MUSIC_KEY, BOOL.YES);
            musicStatus = BOOL.YES;
        cc.audioEngine.playMusic(res_platform.musicHome, true);
    }
},
menuOkCallback: function (sender) {
    cc.log("menuOkCallback!");
    cc.director.popScene();
    //播放音效
    if (effectStatus == BOOL.YES) {
```

```
            cc.audioEngine.playEffect(res_platform.effectBlip);
        }
    },
    onEnterTransitionDidFinish: function () {
        this._super();
        cc.log("SettingLayer onEnterTransitionDidFinish");
        if (musicStatus == BOOL.YES) {
            cc.audioEngine.playMusic(res_platform.musicHome, true);                    ②
        }
    },
    onExit: function () {
        this._super();
        cc.log("SettingLayer onExit");
    },
    onExitTransitionDidStart: function () {
        this._super();
        cc.log("SettingLayer onExitTransitionDidStart");
        cc.audioEngine.stopMusic(res_platform.musicHome);                              ③
    }
});

var SettingScene = cc.Scene.extend({
    onEnter: function () {
        this._super();
        var layer = new SettingLayer();
        this.addChild(layer);
    }
});
```

上述第①行代码 cc.sys.localStorage.setItem(EFFECT_KEY, BOOL.NO)是将播放音效状态保存在 cc.sys.localStorage 对象中。第②行代码是在 onEnterTransitionDidFinish 函数中播放背景音乐。第③行代码是在 onExitTransitionDidStart 函数中停止播放背景音乐。至于为什么在这两个函数中停止和播放背景音乐，读者可以参考第 11 章的相关内容来了解。

16.5　任务 4：创建帮助场景

创建帮助场景过程中，首先需要通过 Cocos Code IDE 开发工具创建帮助场景类文件 HelpScene.js。

HelpScene.js 中的主要代码如下：

```
var HelpLayer = cc.Layer.extend({

    ctor: function () {
        ///////////////////////////////
```

```
        // 1. super init first
        this._super();

        var bg = new cc.TMXTiledMap(res.red_bg_tmx);
        this.addChild(bg);

        var page = new cc.Sprite("#help.page.png");
        page.x = winSize.width / 2;
        page.y = winSize.height / 2;
        this.addChild(page);
        //Ok菜单.
        var okNormal = new cc.Sprite("#button.ok.png");
        var okSelected = new cc.Sprite("#button.ok-on.png");
        var okMenuItem = new cc.MenuItemSprite(okNormal, okSelected,
                                                this.menuItemCallback, this);
        okMenuItem.x = 400;
        okMenuItem.y = 80;

        var mu = new cc.Menu(okMenuItem);
        mu.x = 0;
        mu.y = 0;
        this.addChild(mu);

        return true;
    },
    menuItemCallback: function (sender) {
        cc.log("Touch Start Menu Item " + sender);
        cc.director.popScene();
        //播放音效
        if (effectStatus == BOOL.YES) {
            cc.audioEngine.playEffect(res_platform.effectBlip);
        }
    },
    onEnterTransitionDidFinish: function () {
        this._super();
        cc.log("HelpLayer onEnterTransitionDidFinish");
        if (musicStatus == BOOL.YES) {
            cc.audioEngine.playMusic(res_platform.musicHome, true);
        }
    },
    onExit: function () {
        this._super();
        cc.log("HelpLayer onExit");
    },
    onExitTransitionDidStart: function () {
        this._super();
        cc.log("HelpLayer onExitTransitionDidStart");
```

```
        cc.audioEngine.stopMusic(res_platform.musicHome);
    }
});

var HelpScene = cc.Scene.extend({
    onEnter: function () {
        this._super();
        var layer = new HelpLayer();
        this.addChild(layer);
    }
});
```

上述代码比较简单就不再赘述了。

16.6　任务5：游戏场景实现

我们开发的主要工作是游戏场景的实现，首先需要通过 Cocos Code IDE 开发工具创建游戏场景类文件 GamePlayScene.js。

16.6.1　迭代6.1：创建敌人精灵

由于敌人精灵比较复杂，我们不能直接使用 cc.Sprite 类，而是根据需要进行封装。我们需要继承 cc.Sprite 类，并定义敌人精灵类 Enemy 的特有函数和成员。

Enemy.js 主要代码如下：

```
var Enemy = cc.PhysicsSprite.extend({
    enemyType: 0,                                        //敌人类型
    initialHitPoints: 0,                                 //初始的生命值
    hitPoints: 0,                                        //当前的生命值
    velocity: null,                                      //速度
    space: null,                                         //所在物理空间
    ctor: function (enemyType, space) {
        //精灵帧
        var enemyFramName = EnemyName.Enemy_Stone;
        //得分值
        var hitPointsTemp = 0;
        //速度
        var velocityTemp = cc.p(0, 0);
        switch (enemyType) {                                                   ①
        case EnemyTypes.Enemy_Stone:
            enemyFramName = EnemyName.Enemy_Stone;
            hitPointsTemp = Enemy_initialHitPoints.Enemy_Stone;
            velocityTemp = Sprite_Velocity.Enemy_Stone;
            break;
        case EnemyTypes.Enemy_1:
```

```
        enemyFramName = EnemyName.Enemy_1;
        hitPointsTemp = Enemy_initialHitPoints.Enemy_1;
        velocityTemp = Sprite_Velocity.Enemy_1;
        break;
    case EnemyTypes.Enemy_2:
        enemyFramName = EnemyName.Enemy_2;
        hitPointsTemp = Enemy_initialHitPoints.Enemy_2;
        velocityTemp = Sprite_Velocity.Enemy_2;
        break;
    case EnemyTypes.Enemy_Planet:
        enemyFramName = EnemyName.Enemy_Planet;
        hitPointsTemp = Enemy_initialHitPoints.Enemy_Planet;
        velocityTemp = Sprite_Velocity.Enemy_Planet;
        break;
    }                                                                          ②

    this._super("#" + enemyFramName);                                          ③
    this.setVisible(false);

    this.initialHitPoints = hitPointsTemp;                                     ④
    this.velocity = velocityTemp;                                              ⑤
    this.enemyType = enemyType;                                                ⑥

    this.space = space;                                                        ⑦

    var shape;

    if (enemyType == EnemyTypes.Enemy_Stone
            || enemyType == EnemyTypes.Enemy_Planet) {
        this.body = new cp.Body(10, cp.momentForCircle(1, 0,
                            this.getContentSize().width / 2 - 5, cp.v(0, 0))); ⑧
        shape = new cp.CircleShape(this.body, this.getContentSize().
                                            width / 2 - 5, cp.v(0, 0));        ⑨
    } else if (enemyType == EnemyTypes.Enemy_1) {
        var verts = [
                    -5, -91.5,
                    -59, -54.5,
                    -106, -0.5,
                    -68, 86.5,
                    56, 88.5,
                    110, -4.5
                    ];
        this.body = new cp.Body(1, cp.momentForPoly(1, verts, cp.vzero));      ⑩
        shape = new cp.PolyShape(this.body, verts, cp.vzero);                  ⑪
    } else if (enemyType == EnemyTypes.Enemy_2) {
        var verts = [
```

```
                2.5, 64.5,
                73.5, -9.5,
                5.5, -63.5,
                -71.5, -6.5
                ];
        this.body = new cp.Body(1, cp.momentForPoly(1, verts, cp.vzero));
        shape = new cp.PolyShape(this.body, verts, cp.vzero);
    }

    this.space.addBody(this.body);                                    ⑫

    shape.setElasticity(0.5);                                         ⑬
    shape.setFriction(0.5);                                           ⑭
    shape.setCollisionType(Collision_Type.Enemy);                     ⑮
    this.space.addShape(shape);                                       ⑯
    this.body.data = this;                                            ⑰

    this.scheduleUpdate();
  },
  ……
});
```

上述代码第①～②行是根据不同的敌人类型获得精灵帧名、生命值(承受的打击次数)和速度。第③行是根据精灵帧名调用父类构造函数。第④行是初始化生命值成员变量。第⑤行是初始化速度成员变。第⑥行是初始化敌人类型成员变量。第⑦行是初始化敌人所在物理空间，使用物理空间引入物理引擎，进行碰撞检测。

第⑧～⑰行代码是将敌人对象添加物理引擎支持，使之能够利用物理引擎精确检测碰撞。当然，不使用物理引擎也可以检测碰撞，但一般情况下只能检测简单的矩形碰撞，且不够精确。

第⑧行代码是在敌人类型是陨石和行星的情况下创建物体对象，cp.momentForCircle 函数是创建圆形物理惯性力矩，其中第一个参数是质量，1 是一个经验值；第二个参数是圆形内径；第三个参数是圆形外径；第四个参数是偏移量。第⑨行代码是为物体添加圆形形状，其中 this.getContentSize().width / 2 是半径，-5 是一个修正值。美工制作的图片如图 16-5 所示，球体与边界有一些空白。

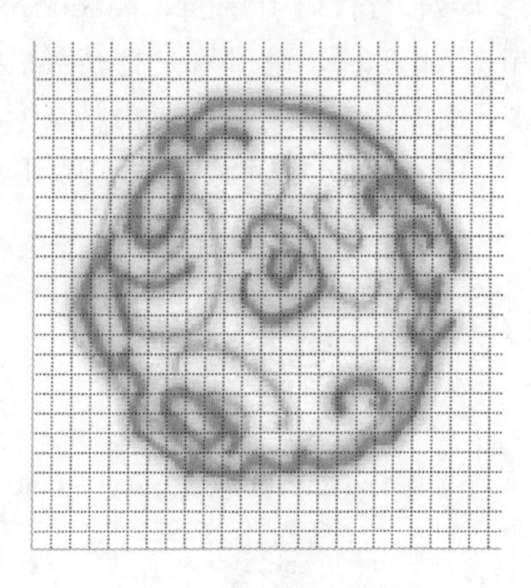

图 16-5 陨石图片的空白

第⑩行代码是使用 verts 坐标数组创建物体，第⑪行代码是为物体添加多边形形状，这是针对飞机形状的敌人，见图 16-6(a)。我们需要指定形状的顶点坐标，其中 verts 是顶点坐标数组，顶点坐标个数是 6，如图 16-6(b)所示。

注意 由于底层封装了 chipmunk 引擎，chipmunk 要求多边形顶点数据必须是按照顺时针排列，必须是凸多边形，见图 16-6(b)。如果遇到凹多边形的情况，可以把它分割为几个凸多边形。另外，顶点坐标的原点在图形的中心，并注意它向上的方向是 y 轴正方向，向右的方向是 x 轴正方向，如图 16-6(b)所示。

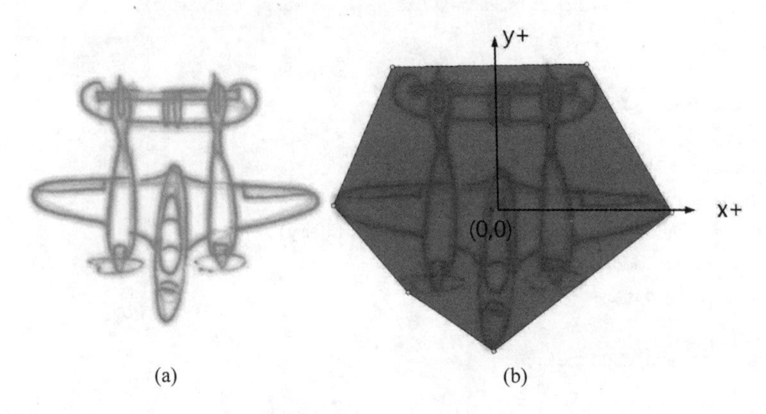

图 16-6 多边形顶点

代码第⑫行 this. space. addBody(this. body)是将上面定义好的物体对象添加到物理空间中。第⑬行 shape. setElasticity(0. 5)是为形状设置弹性系数，第⑭行 shape. setFriction(0. 5)是为形状设置摩擦系数。第⑮行通过 shape. setCollisionType(Collision_Type. Enemy)语句为形状设置碰撞检测类型。

第⑯行代码 this. space. addShape(shape)语句将形状添加到物理空间中。第⑰行代码 this. body. data = this 是把精灵放到物体的 data 数据成员中，这样在碰撞发生时就可以通过下面的语句从物体中取出精灵对象。

Enemy. js 中的游戏循环调用函数和产生敌人的函数代码如下：

```
update: function (dt) {                                                    ①
    //设置陨石和行星旋转
    switch (this.enemyType) {
    case EnemyTypes.Enemy_Stone:
        this.setRotation(this.getRotation() - 0.5);                        ②
        break;
    case EnemyTypes.Enemy_Planet:
        this.setRotation(this.getRotation() + 1);                          ③
        break;
    }
    //计算移动位置
    var newX = this.body.getPos().x + this.velocity.x * dt;                ④
    var newY = this.body.getPos().y + this.velocity.y * dt;                ⑤

    this.body.setPos(cc.p(newX, newY));                                    ⑥
```

```
    //超出屏幕重新生成敌人
    if (this.body.getPos().y + this.getContentSize().height / 2 < 0) {       ⑦
        this.spawn();
    }
},
spawn: function () {                                                          ⑧
    var yPos = winSize.height + this.getContentSize().height / 2;             ⑨
    var xPos = cc.random0To1() * (winSize.width - this.getContentSize().width)
                                + this.getContentSize().width / 2;           ⑩
    this.body.setPos(cc.p(xPos, yPos));
    this.hitPoints = this.initialHitPoints;
    this.setVisible(true);
}
```

上述代码第①行的 update 函数是游戏循环调用函数，在该函数中我们需要改变当前对象运动的位置和旋转的角度，这样就可以在场景中看到不断运动的敌人了。

第②行代码是逆时针旋转陨石类型敌人，−0.5 表示逆时针旋转。第③行代码是顺时针旋转行星类型敌人，+1 表示顺时针旋转。

第④行和第⑤行代码是计算本次 update 敌人移动的距离，velocity 变量表示速度。第⑥行代码是根据新的位置设置物体的位置，只有物体的位置发生变化，对应的精灵才会跟物体一起同步。

第⑦行代码是在判断敌人运动到屏幕之外调用重新生成敌人。图 16-7 中的虚线表示敌人，从图中可见，敌人运动到屏幕之外的判断语句是 this.body.getPos().y + this.getContentSize().height / 2 < 0。

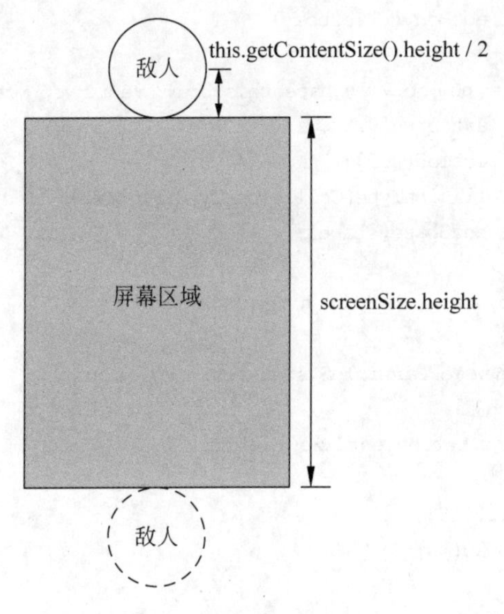

图 16-7　敌人运动示意图

第⑧行代码 spawn 是生成敌人精灵函数。第⑨行代码是生成敌人精灵 y 轴坐标，从坐标看它是在屏幕之外。第⑩行代码是生成敌人精灵 x 轴坐标，x 轴坐标的生成是随机的。

16.6.2 迭代 6.2：创建玩家飞机精灵

玩家飞机精灵没有敌人精灵那么复杂，玩家飞机只有一种，我们需要继承 cc.Sprite 类，并定义飞机精灵类 Fighter 的特有函数和成员。

Fighter.js 代码如下：

```
var Fighter = cc.PhysicsSprite.extend({
        hitPoints: true,                                  //当前的生命值
        space: null,                                      //所在物理空间
        ctor: function (spriteFrameName, space) {
            this._super(spriteFrameName);
            this.space = space;                                                     ①

            var verts = [
                -94, 31.5,
                -52, 64.5,
                57, 66.5,
                96, 33.5,
                0, -80.5];

            this.body = new cp.Body(1, cp.momentForPoly(1, verts, cp.vzero));
            this.body.data = this;
            this.space.addBody(this.body);

            var shape = new cp.PolyShape(this.body, verts, cp.vzero);
            shape.setElasticity(0.5);
            shape.setFriction(0.5);
            shape.setCollisionType(Collision_Type.Fighter);
            this.space.addShape(shape);                                             ②

            this.hitPoints = Fighter_hitPoints;

            var ps = new cc.ParticleSystem(res.fire_plist);                         ③
            //在飞机下面
            ps.x = this.getContentSize().width / 2;                                 ④
            ps.y = 0;                                                               ⑤
            ps.setScale(0.5);                                                       ⑥
            this.addChild(ps);                                                      ⑦
        },
        ......

});
```

上述代码第①～②行设置飞机所在的物理引擎特性，这里使用物理引擎的目的是进行精确碰撞检测。

第③～⑦行代码是创建飞机后面喷射烟雾粒子效果，第④行和第⑤行代码是设置烟雾粒子在飞机的下面。由于粒子设计人员设计的粒子比较大，我们通过第⑥行代码 ps.setScale(0.5)缩小一半。第⑦行代码 fighter.addChild(ps)是将粒子系统添加到飞机精灵上。

Fighter.js 中的设置位置函数代码如下：

```
setPosition: function (newPosition) {

    var halfWidth = this.getContentSize().width / 2;
    var halfHeight = this.getContentSize().height / 2;
    var pos_x = newPosition.x;
    var pos_y = newPosition.y;

    if (pos_x < halfWidth) {                                              ①
        pos_x = halfWidth;
    } else if (pos_x > (winSize.width - halfWidth)) {
        pos_x = winSize.width - halfWidth;
    }                                                                     ②

    if (pos_y < halfHeight) {                                             ③
        pos_y = halfHeight;
    } else if (pos_y > (winSize.height - halfHeight)) {
        pos_y = winSize.height - halfHeight;
    }                                                                     ④

    this.body.setPos(cc.p(pos_x, pos_y));

}
```

setPosition 函数重新设置飞机的位置。setPosition 函数事实上是重写父类的函数，重写它的目的是防止飞机超出屏幕。其中第①～②行代码是计算飞机的 x 轴坐标，第③～④行代码是计算飞机的 y 轴坐标。

16.6.3　迭代 6.3：创建炮弹精灵

Bullet 也没有直接使用 cc.Sprite 类，而是进行了封装，让它继承 cc.Sprite 类。Bullet.js 主要代码如下：

```
var Bullet = cc.PhysicsSprite.extend({
    space: null,                                          //所在物理空间
    velocity: 0,                                          //速度
    ctor: function (spriteFrameName, space) {
        this._super(spriteFrameName);
```

```
        this.space = space;                                                              ①
        this.body = new cp.Body(1, cp.momentForBox(1, this.getContentSize().width,
                                            this.getContentSize().height));
        this.space.addBody(this.body);

        var shape = new cp.BoxShape(this.body, this.getContentSize().width,
                                            this.getContentSize().height);
        shape.setElasticity(0.5);
        shape.setFriction(0.5);
        shape.setCollisionType(Collision_Type.Bullet);
        this.space.addShape(shape);
        this.setBody(this.body);
        this.body.data = this;                                                           ②

    },
    shootBulletFromFighter: function (p) {                                               ③
        this.body.data = this;
        this.body.setPos(p);
        this.scheduleUpdate();
    },
    update: function (dt) {                                                              ④
        //计算移动位置
        this.body.setPos(cc.p(this.body.getPos().x + this.velocity.x * dt,
                                    this.body.getPos().y + this.velocity.y * dt));
        if (this.body.getPos().y >= winSize.height) {
            this.unscheduleUpdate();
            this.body.data = null;
            this.removeFromParent();
        }
    },
    unuse: function () {                                                                 ⑤
        this.retain();                                  //if in jsb
        this.setVisible(false);
    },
    reuse: function (spriteFrameName, space) {                                           ⑥
      this.spriteFrameName = spriteFrameName;
      this.space = space;
      this.setVisible(true);
    }
});

Bullet.create = function(spriteFrameName, space){                                        ⑦
    if(cc.pool.hasObject(Bullet)) {                                                      ⑧
        return cc.pool.getFromPool(Bullet, spriteFrameName, space);                      ⑨
    } else {
        return new Bullet(spriteFrameName, space);                                       ⑩
    }
}
```

上述代码第①～②行设置炮弹所在的物理引擎特性，这里使用物理引擎的目的是进行精确碰撞检测。

第③行代码是发射炮弹函数，在该函数中主要是设置物体与精灵的关联。设置物体的位置，而不是炮弹的位置，物理引擎会同步物体与炮弹的位置。最后开启游戏循环。

第④行代码是 update 函数，它的作用是根据炮弹物体的速度不断修改炮弹物体的位置，如果超出屏幕之外，将炮弹设置为不可见，并停止游戏循环，然后通过 this. body. data = null 停止炮弹物体与炮弹对象之间的关联，并且通过 this. removeFromParent()语句移除炮弹对象，这样炮弹对象就会被自动释放。

第⑤行代码的 unuse 函数、第⑥行代码的 reuse 函数，以及第⑦～⑩行代码都是设置炮弹的对象池。由于炮弹精灵是大量重复产生，为了提高性能可以使用对象池管理这些炮弹精灵对象。其中第⑤行代码的 unuse 函数和第⑥行代码的 reuse 函数都是对象池设置所要求的，unuse 函数是对象被放入池中时调用。reuse 函数是从池中获得重用对象时使用的。

第⑦～⑩行代码创建获得炮弹对象，其中第⑧行代码 cc. pool. hasObject(Bullet)是判断对象池中是否有可以重用的炮弹对象。如果对象池中有可重用对象，则通过 cc. pool. getFromPool(Bullet, spriteFrameName, space)语句获得可重用对象，如代码第⑨行所示。如果对象池中没有可重用对象，可以通过第⑩行代码 new Bullet(spriteFrameName, space)创建一个新的炮弹对象。

16.6.1　迭代 6.4：初始化游戏场景

为了能够清楚地介绍游戏场景实现，我们将分几部分来介绍。

首先看看初始化游戏场景，在这一部分涉及的函数有 ctor、onExit、onEnterTransitionDidFinish 和 initBG。

我们可以将 ctor 和 initBG 函数一起考虑，这两个函数是在场景初始化时调用。GamePlayScene. js 中的这两个函数代码如下：

```
ctor: function () {

    cc.log("GamePlayLayer ctor");
    this._super();
    this.initBG();

    return true;
}
//初始化游戏背景
initBG: function () {

    //添加背景地图
    var bg = new cc.TMXTiledMap(res.blue_bg_tmx);
    this.addChild(bg, 0, GameSceneNodeTag.BatchBackground);
```

```
//放置发光粒子背景
var ps = new cc.ParticleSystem(res.light_plist);
ps.x = winSize.width / 2;
ps.y = winSize.height / 2;
this.addChild(ps, 0, GameSceneNodeTag.BatchBackground);

//添加背景精灵 1
var sprite1 = new cc.Sprite("#gameplay.bg.sprite-1.png");
sprite1.setPosition(cc.p(-50, -50));
this.addChild(sprite1, 0, GameSceneNodeTag.BatchBackground);

var ac1 = cc.moveBy(20, cc.p(500, 600));
var ac2 = ac1.reverse();
var as1 = cc.sequence(ac1, ac2);
sprite1.runAction(cc.repeatForever(new cc.EaseSineInOut(as1)));

//添加背景精灵 2
var sprite2 = new cc.Sprite("#gameplay.bg.sprite-2.png");
sprite2.setPosition(cc.p(winSize.width, 0));
this.addChild(sprite2, 0, GameSceneNodeTag.BatchBackground);

var ac3 = cc.moveBy(10, cc.p(-500, 600));
var ac4 = ac3.reverse();
var as2 = cc.sequence(ac3, ac4);
sprite2.runAction(cc.repeatForever(new cc.EaseExponentialInOut(as2)));

//添加陨石 1
var stone1 = new Enemy(EnemyTypes.Enemy_Stone, this.space);
this.addChild(stone1, 10, GameSceneNodeTag.BatchBackground);

//添加行星
var planet = new Enemy(EnemyTypes.Enemy_Planet, this.space);
this.addChild(planet, 10, GameSceneNodeTag.Enemy);

//添加敌机 1
var enemyFighter1 = new Enemy(EnemyTypes.Enemy_1, this.space);
this.addChild(enemyFighter1, 10, GameSceneNodeTag.Enemy);

//添加敌机 2
var enemyFighter2 = new Enemy(EnemyTypes.Enemy_2, this.space);
this.addChild(enemyFighter2, 10, GameSceneNodeTag.Enemy);

//玩家的飞机
this.fighter = new Fighter("#gameplay.fighter.png", this.space);
this.fighter.body.setPos(cc.p(winSize.width / 2, 70));
this.addChild(this.fighter, 10, GameSceneNodeTag.Fighter);
```

```
    //创建触摸飞机事件监听器
    this.touchFighterlistener = cc.EventListener.create({
        event: cc.EventListener.TOUCH_ONE_BY_ONE,
        swallowTouches: true, // 设置是否吞没事件
        onTouchBegan: function (touch, event) {
            return true;
        },
        onTouchMoved: function (touch, event) {

            var target = event.getCurrentTarget();
            var delta = touch.getDelta();
            // 移动当前按钮精灵的坐标位置
            var pos_x = target.body.getPos().x + delta.x;
            var pos_y = target.body.getPos().y + delta.y;
            target.body.setPos(cc.p(pos_x, pos_y));
        }
    });
    //注册触摸飞机事件监听器
    cc.eventManager.addListener(this.touchFighterlistener, this.fighter);
    this.touchFighterlistener.retain();

    //在状态栏中设置玩家的生命值
    this.updateStatusBarFighter();
    //在状态栏中显示得分
    this.updateStatusBarScore();

}
```

initBG 函数中创建了瓦片地图背景精灵、背景发光粒子，以及两个背景有动画效果的精灵。

GamePlayScene.js 中的 onExit 函数代码如下：

```
onExit: function () {

    cc.log("GamePlayLayer onExit");
    this.unscheduleUpdate();
    //停止调用 shootBullet 函数
    this.unschedule(this.shootBullet);
    //注销事件监听器
    if (this.touchFighterlistener != null) {                              ①
        cc.eventManager.removeListener(this.touchFighterlistener);        ②
        this.touchFighterlistener.release();                              ③
        this.touchFighterlistener = null;                                 ④
    }
    this.removeAllChildren(true);                                         ⑤
    cc.pool.drainAllPools();                                              ⑥
```

```
        this._super();
    }
```

在 onExit 函数中的第①～④行代码是注销事件监听器，其中第①行代码是判断 this.touchFighterlistener 成员变量是否为 null，第②行代码是 this.touchFighterlistener 成员变量非 null 时注销监听器。第③行代码 this.touchFighterlistener.release()是要释放 touchFighterlistener 对象内存。第④行代码是将 touchFighterlistener 变量设置为 null。

第⑤行代码是调用 this.removeAllChildren(true)语句移除所有子 Node 元素。第⑥行代码 cc.pool.drainAllPools()是释放炮弹对象池。

GamePlayScene.js 中的 onEnterTransitionDidFinish 函数主要代码如下：

```
onEnterTransitionDidFinish: function () {
    this._super();
    cc.log("GamePlayLayer onEnterTransitionDidFinish");
    if (musicStatus == BOOL.YES) {
        //播放背景音乐
        cc.audioEngine.playMusic(res_platform.musicGame, true);
    }
}
```

在该函数中，我们主要初始化是否播放背景音乐。

16.6.2 迭代 6.5：游戏场景菜单实现

在游戏场景中有三个菜单：暂停、返回主页和继续游戏。暂停菜单位于场景的左上角，单击暂停菜单，会弹出返回主页和继续游戏菜单。

GamePlayScene.js 中的暂停菜单相关代码如下：

```
initBG: function () {
        ……
    //初始化暂停按钮
    var pauseMenuItem = new cc.MenuItemImage(
        "#button.pause.png", "#button.pause.png",
        this.menuPauseCallback, this);

    var pauseMenu = new cc.Menu(pauseMenuItem);
    pauseMenu.setPosition(cc.p(30, winSize.height - 28));
    this.addChild(pauseMenu, 200, 999);
    ……
},
  menuPauseCallback: function (sender) {

    //播放音效
    if (effectStatus == BOOL.YES) {
        cc.audioEngine.playEffect(res_platform.effectBlip);
```

```
}

var nodes = this.getChildren();
for (var i = 0; i < nodes.length; i++) {
    var node = nodes[i];
    node.unscheduleUpdate();
    this.unschedule(this.shootBullet);
}

//暂停触摸事件
cc.eventManager.pauseTarget(this.fighter);                          ①

//返回主菜单
var backNormal = new cc.Sprite("#button.back.png");
var backSelected = new cc.Sprite("#button.back-on.png");

var backMenuItem = new cc.MenuItemSprite(backNormal, backSelected,
    function (sender) {                                             ②
        //播放音效
        if (effectStatus == BOOL.YES) {
            cc.audioEngine.playEffect(res_platform.effectBlip);
        }
        cc.director.popScene();

    }, this);                                                       ③

//继续游戏菜单
var resumeNormal = new cc.Sprite("#button.resume.png");
var resumeSelected = new cc.Sprite("#button.resume-on.png");

var resumeMenuItem = new cc.MenuItemSprite(resumeNormal, resumeSelected,
    function (sender) {                                             ④
        //播放音效
        if (effectStatus == BOOL.YES) {
            cc.audioEngine.playEffect(res_platform.effectBlip);
        }
        var nodes = this.getChildren();
        for (var i = 0; i < nodes.length; i++) {
            var node = nodes[i];
            node.scheduleUpdate();
            this.schedule(this.shootBullet, 0.2);
        }
        //继续触摸事件
        cc.eventManager.resumeTarget(this.fighter);
        this.removeChild(this.menu);

    }, this);                                                       ⑤
```

```
        this.menu = new cc.Menu(backMenuItem, resumeMenuItem);
        this.menu.alignItemsVertically();
        this.menu.x = winSize.width / 2;
        this.menu.y = winSize.height / 2;

        this.addChild(this.menu, 20, 1000);
    }
```

上述代码第①行是暂停触摸事件，第③行是创建返回主菜单，第⑤行是创建继续游戏菜单。第②行是单击返回主菜单时回调的函数。第④行是单击继续游戏菜单时回调的函数。

16.6.3 迭代6.6：玩家飞机发射炮弹

玩家飞机需要不断发射炮弹，这个过程不需要玩家控制。我们需要一个调度计划定时重复发射，我们在initBG函数中初始化了这个调度计划，相关代码如下：

```
initBG: function () {
    ……
    //每 0.2s 调用 shootBullet 函数发射 1 发炮弹
    this.schedule(this.shootBullet, 0.2);
    ……
}
//飞机发射炮弹
shootBullet: function (dt) {
    if (this.fighter && this.fighter.isVisible()) {
        var bullet = Bullet.create("#gameplay.bullet.png", this.space);              ①
        bullet.velocity = Sprite_Velocity.Bullet;                                     ②
        if (bullet.getParent() == null) {                                             ③
            this.addChild(bullet, 0, GameSceneNodeTag.Bullet);                        ④
            cc.pool.putInPool(bullet);                                                ⑤
        }
        bullet.shootBulletFromFighter(cc.p(this.fighter.x,
                this.fighter.y + this.fighter.getContentSize().height / 2));          ⑥
    }
}
```

在shootBullet函数中需要判断飞机是否可见，如果不可见则不能发射炮弹。第①行代码Bullet.create("#gameplay.bullet.png", this.space)是获得炮弹精灵对象，create中使用了对象池技术；第②行代码是设置炮弹的速度；第③行代码bullet.getParent() == null判断当前的炮弹精灵对象是否已经添加到层中，如果没有添加则通过代码第④行将炮弹精灵添加到层中；第⑤行代码cc.pool.putInPool(bullet)是将炮弹精灵放入到对象池中；第⑥行代码是通过bullet.shootBulletFromFighter()函数发射炮弹。

16.6.4 迭代 6.7：炮弹与敌人的碰撞检测

本游戏项目需要检测碰撞的是在玩家发射的炮弹与敌人之间以及玩家飞机与敌人之间。碰撞检测中引入了物理引擎检测碰撞，这样会更加精确检测碰撞。为了能够在游戏场景中使用物理引擎，需要将当前场景变成具有物理世界的场景，为此需要添加物理空间初始化函数 initPhysics。GamePlayScene.js 中相关代码如下：

```
ctor: function () {
    this._super();
    this.initPhysics();                                                    ①
    this.initBG();
    this.scheduleUpdate();
    return true;
},

// 物理空间初始化
initPhysics: function () {

    //////////////////////////////////////物理空间初始化 开始 //////////////////////////////////////////
    this.space = new cp.Space();                                           ②
    // 设置重力
    this.space.gravity = cp.v(0, 0);          //cp.v(0, -100);             ③
    this.space.addCollisionHandler(Collision_Type.Bullet, Collision_Type.Enemy,
        this.collisionBegin.bind(this), null, null, null
    );                                                                     ④
    //////////////////////////////////////物理空间初始化 结束 //////////////////////////////////////////
},
update: function (dt) {
    var timeStep = 0.03;
    this.space.step(timeStep);
}
```

我们需要在 ctor 中调用 initPhysics 函数，见代码第①行。在 initPhysics 函数中第②行代码是创建物理空间，第③行代码是设置重力，注意设置的重力参数是 cp.v(0, 0)，说明物体不受重力的影响，让物体处于“失重状态”。

第④行代码是添加物体碰撞事件监听器，在发生碰撞接触时回调 collisionBegin 函数。collisionBegin 函数相关代码如下：

```
collisionBegin: function (arbiter, space) {

    var shapes = arbiter.getShapes();

    var bodyA = shapes[0].getBody();
    var bodyB = shapes[1].getBody();
```

```
        var spriteA = bodyA.data;
        var spriteB = bodyB.data;

        //检查到炮弹击中敌机
        if (spriteA instanceof Bullet && spriteB instanceof Enemy && spriteB.isVisible()) {   ①
            //使得炮弹消失
            spriteA.setVisible(false);                                                         ②
            this.handleBulletCollidingWithEnemy(spriteB);                                      ③
            return false;
        }
        if (spriteA instanceof Enemy && spriteA.isVisible() && spriteB instanceof Bullet) {   ④
            //使得炮弹消失
            spriteB.setVisible(false);
            this.handleBulletCollidingWithEnemy(spriteA);
            return false;
        }

        return false;
    }
```

上述代码第①行和第④行是检测到炮弹击中敌机，它们的两个判断是类似的，我们只介绍第①行代码的判断，判断为 true 的情况是 spriteA 为炮弹精灵，通过第②行代码将炮弹设置为不可见。第③行代码是调用 this.handleBulletCollidingWithEnemy(spriteB)语句进行碰撞处理。

handleBulletCollidingWithEnemy 函数代码如下：

```
handleBulletCollidingWithEnemy: function (enemy) {
    enemy.hitPoints--;                                                                  ①
    if (enemy.hitPoints == 0) {                                                         ②
        var node = this.getChildByTag(GameSceneNodeTag.ExplosionParticleSystem);        ③
        if (node) {
            this.removeChild(node);
        }
        //爆炸粒子效果
        var explosion = new cc.ParticleSystem(res.explosion_plist);
        explosion.x = enemy.x;
        explosion.y = enemy.y;
        this.addChild(explosion, 2, GameSceneNodeTag.ExplosionParticleSystem);
        //爆炸音效
        if (effectStatus == BOOL.YES) {
            cc.audioEngine.playEffect(res_platform.effectExplosion);
        }                                                                               ④

        switch (enemy.enemyType) {                                                      ⑤
            case EnemyTypes.Enemy_Stone:
                this.score += EnemyScores.Enemy_Stone;
```

```
                this.scorePlaceholder += EnemyScores.Enemy_Stone;
                break;
            case EnemyTypes.Enemy_1:
                this.score += EnemyScores.Enemy_1;
                this.scorePlaceholder += EnemyScores.Enemy_1;
                break;
            case EnemyTypes.Enemy_2:
                this.score += EnemyScores.Enemy_2;
                this.scorePlaceholder += EnemyScores.Enemy_2;
                break;
            case EnemyTypes.Enemy_Planet:
                this.score += EnemyScores.Enemy_Planet;
                this.scorePlaceholder += EnemyScores.Enemy_Planet;
                break;
        }                                                                      ⑥
        //每次获得 1000 分数,生命值 加 1,scorePlaceholder 恢复 0
        if (this.scorePlaceholder >= 1000) {                                   ⑦
            this.fighter.hitPoints++;                                          ⑧
            this.updateStatusBarFighter();                                     ⑨
            this.scorePlaceholder -= 1000;
        }

        this.updateStatusBarScore();                                           ⑩
        //设置敌人消失
        enemy.setVisible(false);
        enemy.spawn();
    }
}
```

上述代码第①行 enemy.hitPoints--是给敌人生命值减 1。第②行是判断敌人生命值等于 0 情况下,即敌人应该消失、爆炸,并给玩家加分。第③～④行是实现敌人被击毁时爆炸音效和爆炸粒子效果。第⑤～⑥行是根据被击毁的敌人类型给玩家加不同的分值。

第⑦～⑨行代码是每次玩家获得 1000 分数,生命值加 1。第⑧行代码是给玩家生命值加 1,第⑨行代码 this.updateStatusBarFighter()更新状态栏中的玩家生命值。第⑩行代码 this.updateStatusBarScore()是更新状态栏中玩家的得分值。

16.6.5　迭代 6.8:玩家飞机与敌人的碰撞检测

玩家飞机与敌人的碰撞检测与炮弹与敌人的碰撞检测类似,都是在 collisionBegin 函数中实现的,collisionBegin 函数相关代码如下:

```
collisionBegin: function (arbiter, space) {

    var shapes = arbiter.getShapes();
```

```
        var bodyA = shapes[0].getBody();
        var bodyB = shapes[1].getBody();

        var spriteA = bodyA.data;
        var spriteB = bodyB.data;

        <检查到炮弹击中敌机>

        //检查到敌机与我方飞机碰撞
        if (spriteA instanceof Fighter && spriteB instanceof Enemy && spriteB.isVisible()) {    ①
            this.handleFighterCollidingWithEnemy(spriteB);                                      ②
            return false;
        }
        if (spriteA instanceof Enemy && spriteA.isVisible() && spriteB instanceof Fighter) {    ③
            this.handleFighterCollidingWithEnemy(spriteA);
        }

        return false;
    }
```

上述代码第①行和第③行是检测到敌机与我方飞机碰撞，它们的两个判断是类似的。第②行 this. handleFighterCollidingWithEnemy(spriteB)语句进行碰撞处理。

handleFighterCollidingWithEnemy 函数代码如下：

```
handleFighterCollidingWithEnemy: function (enemy) {

    var node = this.getChildByTag(GameSceneNodeTag.ExplosionParticleSystem);
    if (node) {
        this.removeChild(node);
    }
    //爆炸粒子效果
    var explosion = new cc.ParticleSystem(res.explosion_plist);
    explosion.x = this.fighter.x;
    explosion.y = this.fighter.y;
    this.addChild(explosion, 2, GameSceneNodeTag.ExplosionParticleSystem);
    //爆炸音效
    if (effectStatus == BOOL.YES) {
        cc.audioEngine.playEffect(res_platform.effectExplosion);
    }
    //设置敌人消失
    enemy.setVisible(false);                                                                    ①
    enemy.spawn();                                                                              ②

    //设置玩家消失
    this.fighter.hitPoints--;                                                                   ③
    this.updateStatusBarFighter();                                                              ④
    //游戏结束
```

```
    if (this.fighter.hitPoints <= 0) {                                    ⑤
        cc.log("GameOver");
        var scene = new GameOverScene();                                  ⑥
        var layer = new GameOverLayer(this.score);                        ⑦
        scene.addChild(layer);                                            ⑧
        cc.director.pushScene(new cc.TransitionFade(1, scene));
    } else {
        this.fighter.body.setPos(cc.p(winSize.width / 2, 70));            ⑨
        var ac1 = cc.show();
        var ac2 = cc.fadeIn(3.0);
        var seq = cc.sequence(ac1, ac2);
        this.fighter.runAction(seq);                                      ⑩
    }
}
```

上述代码第①行 enemy.setVisible(false)是设置敌人不可见，第②行 enemy.spawn()重新生成敌人。第③行 this.fighter.hitPoints--是给玩家生命值减 1。第④行更新状态栏中的玩家生命值。

第⑤行代码判断是否游戏结束(玩家生命值为 0)，在游戏结束时场景切换到游戏结束场景。游戏结束场景切换与其他的场景切换不同，我们需要把当前获得分值传递给游戏结束场景，第⑥行代码 var scene = new GameOverScene()是创建游戏结束场景对象。第⑦行代码 var layer = new GameOverLayer(this.score)是创建游戏结束层对象。第⑧行代码是将游戏结束层对象添加到游戏结束层中。

第⑨～⑩行代码是在玩家飞机与敌人精灵碰撞，但玩家还有生命值情况下执行的。首先重新设置玩家飞机的位置，然后再设置显示、淡入等动作效果。

16.6.6　迭代 6.9：玩家飞机生命值显示

玩家飞机生命值更新在生命值变化的时候才需要。在玩家飞机与敌人发生碰撞时，或者玩家每次得分超过 1000 分时，需要玩家飞机更新生命值，更新是通过调用 updateStatusBarFighter 函数实现的。

updateStatusBarFighter 函数代码如下：

```
updateStatusBarFighter: function () {
    //先移除上次的精灵
    var n = this.getChildByTag(GameSceneNodeTag.StatusBarFighterNode);
    if (n) {
        this.removeChild(n);
    }
    var fg = new cc.Sprite("#gameplay.life.png");
    fg.x = winSize.width - 80;
    fg.y = winSize.height - 28;

    this.addChild(fg, 20, GameSceneNodeTag.StatusBarFighterNode);
```

```
        //添加生命值 x 5
        var n2 = this.getChildByTag(GameSceneNodeTag.StatusBarLifeNode);
        if (n2) {
            this.removeChild(n2);
        }
        if (this.fighter.hitPoints < 0)
            this.fighter.hitPoints = 0;

        var lifeLabel = new cc.LabelBMFont("X" + this.fighter.hitPoints, res.BMFont_fnt);
        lifeLabel.setScale(0.5);
        lifeLabel.x = fg.x + 40;
        lifeLabel.y = fg.y;

        this.addChild(lifeLabel, 20, GameSceneNodeTag.StatusBarLifeNode);
    }
```

16.6.7 迭代 6.10：显示玩家得分情况

玩家得分更新是在击毁一个敌人后执行的。更新是通过调用 updateStatusBarScore 函数实现的。

updateStatusBarScore 函数代码如下：

```
    updateStatusBarScore: function () {
        cc.log(" this.score = " + this.score);
        var n = this.getChildByTag(GameSceneNodeTag.StatusBarScore);
        if (n) {
            this.removeChild(n);
        }

        var scoreLabel = new cc.LabelBMFont(this.score, res.BMFont_fnt);
        scoreLabel.setScale(0.8);
        scoreLabel.x = winSize.width / 2;
        scoreLabel.y = winSize.height - 28;

        this.addChild(scoreLabel, 20, GameSceneNodeTag.StatusBarScore);
    }
```

16.7 任务 6：游戏结束场景

游戏结束场景是游戏结束后由游戏场景进入的。我们需要在游戏结束场景显示最高记录分。最高记录分被保存在 cc.sys.localStorage 中。在游戏结束场景实现的时候还要考虑接受前一个场景(游戏场景)传递的分数值。

我们先看看 GameOverScene.js 文件，代码如下：

```
var GameOverLayer = cc.Layer.extend({
    score: 0,                                          //当前玩家比赛分数
    touchListener: null,
    ctor: function (score) {                                                      ①

        cc.log("GameOverLayer ctor");
        this._super();
        this.score = score;
        //添加背景地图
        var bg = new cc.TMXTiledMap(res.blue_bg_tmx);
        this.addChild(bg);

        //放置发光粒子背景
        var ps = new cc.ParticleSystem(res.light_plist);
        ps.x = winSize.width / 2;
        ps.y = winSize.height / 2 - 100;
        this.addChild(ps);

        var page = new cc.Sprite("#gameover.page.png");
        //设置位置
        page.x = winSize.width / 2;
        page.y = winSize.height - 300;
        this.addChild(page);

        var highScore = cc.sys.localStorage.getItem(HIGHSCORE_KEY);              ②
        highScore = highScore == null ? 0 : highScore;
        if (highScore < this.score) {
            highScore = this.score;
            cc.sys.localStorage.setItem(HIGHSCORE_KEY, highScore);
        }

        var hscore = new cc.Sprite("#Score.png");
        hscore.x = 223;
        hscore.y = winSize.height - 690;
        this.addChild(hscore);

        var highScoreLabel = new cc.LabelBMFont(highScore, res.BMFont_fnt);
        highScoreLabel.x = hscore.x;
        highScoreLabel.y = hscore.y - 80;
        this.addChild(highScoreLabel);

        var tap = new cc.Sprite("#Tap.png");
        tap.x = winSize.width / 2;
        tap.y = winSize.height - 860;
        this.addChild(tap);

        //创建触摸事件监听器
```

```
        this.touchListener = cc.EventListener.create({
            event: cc.EventListener.TOUCH_ONE_BY_ONE,
            swallowTouches: true,                  // 设置是否吞没事件
            onTouchBegan: function (touch, event) {
                //播放音效
                if (effectStatus == BOOL.YES) {
                    cc.audioEngine.playEffect(res_platform.effectBlip);
                }
                cc.director.popScene();

                return false;
            }
        });
        //注册触摸事件监听器
        cc.eventManager.addListener(this.touchListener, this);
        this.touchListener.retain();
        return true;
    },
    onEnter: function () {
        this._super();
        cc.log("GameOverLayer onEnter");
    },
    onEnterTransitionDidFinish: function () {
        this._super();
        cc.log("GameOverLayer onEnterTransitionDidFinish");
        if (musicStatus == BOOL.YES) {
            cc.audioEngine.playMusic(res_platform.musicGame, true);
        }
    },
    onExit: function () {
        this._super();
        cc.log("GameOverLayer onExit");
        //注销事件监听器
        if (this.touchListener != null) {
            cc.eventManager.removeListener(this.touchListener);
            this.touchListener.release();
            this.touchListener == null;
        }
    },
    onExitTransitionDidStart: function () {
        this._super();
        cc.log("GameOverLayer onExitTransitionDidStart");
        cc.audioEngine.stopMusic(res_platform.musicGame);
    }
});

var GameOverScene = cc.Scene.extend({
```

```
    onEnter: function () {
        this._super();
    }
});
```

上述代码第①行是定义构造函数 ctor(score)，在该函数中通过参数初始化 score 成员变量，它是从 GamePlayScene 传递过来的。

第②行代码是从 cc.sys.localStorage 中取出最高分数记录，如果当前得分大于这个记录，则使用当前得分更新 cc.sys.localStorage 取出最高分数记录。

本章小结

本章介绍了完整的游戏项目的分析、设计及编程过程，使读者了解了 Cocos2d-x JS API 游戏开发过程。通过本章的学习，读者能够将前面介绍的知识串联起来。